# 나는 독일에서 일한다

# 나는 독일에서 일한다

**해외 취업 판타지를 넘어 실전 독일 생존기**


초판발행 2018년 3월 30일
초판 3쇄 2019년 1월 11일

지은이 전나래
펴낸이 채종준
기획 · 편집 이아연
디자인 홍은표
마케팅 송대호

펴낸곳 한국학술정보(주)
주 소 경기도 파주시 회동길 230(문발동)
전 화 031-908-3181(대표)
팩 스 031-908-3189
홈페이지 http://ebook.kstudy.com
E-mail 출판사업부 publish@kstudy.com
등 록 제일산-115호(2000. 6. 19)

ISBN 978-89-268-8374-7 03980

해외 취업 판타지를 넘어
실전 독일 생존기

# 나는 독일에서 일한다

Ich arbeite in Deutschland

전나래 지음

이담 Books

## Prologue

한동안 불던 유학의 붐은 줄어드는 반면, 취업 이민에 대한 관심은 확실히 늘어난 것 같습니다. 그래서인지 독일에 온 지 햇수로 5년이 된 요즘, 정말 많은 사람으로부터 독일 취업과 이민에 대한 조언 요청을 받습니다. 왜 이렇게 많은 사람이 한국 떠나기를 희망할까 하는 질문은 잠시 뒤로 제쳐두더라도, 왜 점점 더 많은 사람이 유럽, 특히 그간 이민에서는 비인기 지역이던 독일로 그 관심을 돌리고 있는가 하는 질문은 흥미롭습니다. 올라가는 인기에 반하여 독일에 관한 현실적인 정보는 여전히 매우 부족합니다. '실제 독일 생활은 우리가 생각하는 것과 비슷한가?', '한국에서 안고 살던 문제와 불만들이 독일에 오면 해소될까?', '도대체 독일에서 일하고 산다는 건 어떤 것인가?', '다큐멘터리에서 조명되는 저녁이 있는 삶이 독일 삶을 대표하는 메시지인가?'…. 이처럼 늘어나는 질문에 대한 답을 준비할 때가 온 것 같습니다.

저는 요즘 "사회생활은 어딜 가나 거기서 거기다."라는 말을 자주 합니다. 고작 30대 초반밖에 안 된 사회 초년생이 내뱉기에는 부끄러운 말이지만요. 한국과 비교하면 물론 독일에선 내 시간이 존중되는 근무 환경, 일보다 일을 하는 사람이 주인이 되는 직장 문화, 입이 떡 벌어지는 세금으로 보장되는 비교적 안전한 노후라는 뚜렷한 장점들이 있긴 하지만 직장에서 어떻게 일을 하고 인정받으며, 어떻게 사람들과 관계를 맺고 성장해 나가는 가와 같은 사회생활의 기본 가치들은 자세히 들여다보면 다 비슷하기 때문입니다. 퇴근 시간이 2시간 더 빨라졌다고 해서 회사 생활의 만족도가 그 두 시간에 비례하는 양만큼 올라가는 것은 아닌가 봅니다.

어찌 보면 꼰대 같은 이런 소리를 처음부터 꺼내 놓는 이유는 요즘 대중매체에 자주 등장하는 해외 취업 관련 뉴스와 기사들을 보며 불편한 마음이 들었기 때문입니다. "한국에서 살기 힘드니? 너도 해외 취업에 도전해봐! 이렇게나 좋단다."라는 장밋빛 환상을 부추기는 듯한 메시지들이 많은 것 같아서요. "지방대학 중소기업 출신의 엔지니어, 스위스에서 연봉 5만 유로를 받는 인재로 거듭나다." 이런 가볍기 짝이 없는 기사들은 주인공이 한국에서 삶이 얼마나 불만족스러웠는지 그래서 해외 취업에 도전 후 얼마나 멋진 삶을 살고 있는 지 대충 떠들어대곤 그 이면의 이야기들은 모른 척 덮어 버립니다. 스위스에서 연봉 5만 유로를 받는다는 게 무슨 의미인지, 그 지역의 집세와 생활비를 고려하면 한국과 비교하여 어떤 수준인지는 알려주지 않습니다. 물가가 너무 비싸 한 달에 한 번 외식도 힘들다는 것, 고시원 크기 원룸이 1,500유로나 하는데 집 말고는 갈 곳이 별로 없다는 것 따위는 대중의 관심사가 아니라고 생각하는 걸까요? 아니면 오후 4시, 5시에 퇴근해서 하루의 반나절이나 자유롭게 쓸 수 있는 직장에 미세먼지가 하나도 없는 스위스의 좋은 공기 마시며 자연과 하나 되는 삶이라면 불평할 것 없지 않겠냐는 질투일까요?

떠나지 못하는 사람이 마치 도전 정신이 없는 사람인 것처럼 자꾸만 젊은이들 등을 떠미는 듯한 그 기사들이 너무 불편했습니다. 다니던 직장 화끈하게 때려치우고 세계 배낭여행을 가는 사람들이 용기 만점의 멋쟁이인 것처럼 포장하는 각종 여행 에세이도 위험하게 느껴지는 마당에 취업 이민이라니…. 그 메시지는 참으로 무책임하지 않은가 생각합니다. 매년 높아지는 청년 실업률에 해답 제시는커녕 "청년들이 텅텅 빌 정도로 다 중동에 가라고 하라"던 전대통령의 말처럼 대놓고 인재 유출을 장려하려는 건가라는 과장된 의심까지 드니 말입니다. 해외 취업에 도전했다 한국으로 돌아가는 것이 '실패'가 아님에도 불구하고 미디어는 이런 사례를 조명하지 않습니다.

누가 아무리 말리고 잔소리해도 사람은 자고로 본인이 하고 싶은 대로 하게 된다는 것을 알면서도 누군가 취업에 대한 조언을 구할 때면 파이팅! 희망 가득한 구호로 응원해주기보다 노파심에 자꾸만 "다시 한번 잘 생각해 봐"라고 말하게 됩니다. 그 해외 취업이라는 것이 현실적인 면모들은 고민하기보다 단순한 해외 생활에 대한 환상이나 현실 문제의 도피처에 기인한 것은 아닌지, 전에 여행이나 유학을 갔던 나라에 대한 향수에 젖어 그런 건 아닌지, 한국을 떠나서 잃는 것보다 얻는 것이 더 많다고 정말 확신하는지, 그리고 가장 중요하게는, 중간에 모든 걸 때려치우고 돌아갈 때 한국에서 삶이 더 불만족스러울 수 있다는 것도 충분히 염두에 두고 있는지를 자주 묻게 되거든요.

그래서 미디어에서 "너도 용기 있게 떠나라!"는 메시지보다 해외 생활에서 닥치는 크고 작은 어려움과 장벽들을 충분히 조명해주고 그 사람들은 그 어려움을 어떻게 극복하며 살고 있는지와 같은 무게 있는 콘텐츠를 제공했으면 좋겠다는 생각이 들었습니다. 이런 어려움이 있지만 그래도 스스로 부딪혀 보고 포기하는 게 낫겠다는 열정이 끓는다면 '적어도 한국에서 외국어는 절반 이상 익혀 올 것(기초 없이 가도 현지에서 보고 듣다 보면 귀가 뻥 뚫린다는 지독한 망상은 버릴 것), 해외는 채용 프로세스가 우리보다 몇 배는 더 오래 걸리므로 최소 6개월 일 없이 사람답게 살 수 있도록 지탱해 주는 여유 자금을 반드시 마련할 것, 자주 들려오는 낙방 소식에 조바심과 간절함만 늘어 한국이라면 쳐다도 보지 않을 일을 제대로 대우받지 못하면서 시작하지 않을 수 있는 두터운 자존감을 갖출 것, 마지막으로 무엇보다 모든 계획이 실패했을 때 한국으로 복귀해도 난 좋은 경험을 한 것으로 생각할 수 있는 마음의 여유를 키울 것!'과 같은 구체적 조언도 함께 말입니다.

앞으로 누군가 또 저에게 비슷한 조언을 구한다면 어떻게 대답해 주는 것이 좋을까 자꾸 고민하게 되는 요즘, 그래도 도울 수 있다면 해외 취업과 이민에 대한 환상보다 실현 가능한 기대를 하고 도전할 수 있도록 이끌어 주는 게 더 낫겠다는 작은 바람에서 제 역량의 부족함을 무릅쓰고 펜을 잡아 보기로 했습니다. 아무쪼록 이 책을 통해 독자들이 독일에서 직장인으로 산다는 것을 간접 경험하고 공감하며, 본인의 계획을 조금 더 다져볼 수 있는 계기를 마련할 수 있기를 희망합니다. 또 한편으로는 어쩔 수 없이 저의 주관적 경험과 생각이 많이 포함되더라도 그저 매일같이 독일에 대해 애정과 비판을 반복하면서도 몇 년째 떠나지 않고 사는 평범한 외국인 노동자의 삶을 들여다본다는 가벼운 마음으로 글을 읽어 주시기를 부탁드립니다.

Contents

## Chapter 3 화성에서 온 독일인 금성에서 온 한국인

Ich arbeite
in
Deutschland

Chapter 1

# 한국을
# 떠나며

# 01
# 두려움과 갈증

○ ○ ○

해외로 나가겠다는 무척이나 단순했던 열망은 고등학교 시절 스페인어를 가르치시던 담임선생님을 만나면서 처음 시작되었다. 국제 행사에 초청을 받아 통역 봉사를 종종 나가시던 그 선생님이 그 당시엔 얼마나 커 보였는지…. '국제', '글로벌'이라는 말이 주는 멋짐에 끌려 나도 반드시 국제적인 사람이 되겠다고 다짐했다. 더불어 2000년도 초반 한참 붐이던 유학 열풍에 하나둘씩 외국으로 유학을 떠나는 친구들을 보면서 막연히 해외 생활에 대해 동경까지 갖게 되어 버렸다.

다른 건 아무리 해도 늘지 않았지만 그래도 학교에서 배우는 외국어는 곧잘 한다고 건방을 떨던 때라 '아, 유학 가면 훨씬 더 잘할 수 있을 것 같은데,

왜 나는 이 작은 영등포에 여전히 남아 있어야 하는 걸까'라며 현실을 원망했다. 욕심이 극에 달한 철없던 시절, 하루는 부모님께 유학을 보내 달라고 폭풍 눈물로 호소했다. IMF를 정통으로 맞은 뒤 재기하지 못하고 고생하는 부모님의 어려움을 적나라하게 알면서도 욕심이 주체가 되지 않는 것이었다. 평소엔 나 정도면 꽤 괜찮은 딸이 아닌가 생각하다가도 이런 기억을 되짚어 볼 때면 나 역시 부모 가슴에 얼마나 여러 차례 못을 박았는지 깨닫게 된다. 엄마는 자식이 하고 싶은 걸 능력 없다고 무작정 반대할 수도 없고 그렇다고 보내줄 형편도 되지 않으니, 차라리 아빠와 이혼을 하고 위자료로 다만 1년이라도 지원해 주겠다는 어마어마한 답을 주셨다. 물론 이혼이라는 말에 겁을 먹은 사춘기의 나는 대학에 입학할 때까지 유학이라는 단어를 다시는 입 밖에 내지 못했으니 당시 엄마의 전략은 신의 한 수였던 것 같다.

직접 경험하지 못한 꿈에는 계속 미련이 남듯이 나도 결국 대학에 들어가자마자 해외로 나가야겠다는 생각을 다시 꺼냈다. 물론 해외에 가면 도대체 '무엇'을 잘할 수 있다는 건지 그리고 그 '해외'라는 것이 정확히 어디인지는 깊게 생각하지 않았다. 이 '무엇'을 그 이후에도 오랜 시간 고민해 보지 못하고 놓친 것이 내가 대학 시절 저지른 가장 큰 실수라고 생각한다. 그 고민을 조금 더 심각하게 했더라면 지금의 삶이 조금은 더 만족스럽지 않았을까? 무엇에 대한 고민은 나이가 들수록 더 어려운 것 같다.

20년을 살아본 한국이라는 나라에 내 삶을 가둬 놔야 한다면 4년 동안 억지로 다녔던 대학교 등록금이 아까워서 미칠 것 같았다. 졸업 후 특별한 스킬 없이(오, 물론 대학 4년 내내 했던 파워포인트 작성과 프레젠테이션 능력이 2000만원을 투자해 얻은 스킬이라면 모를까) 한국에서 취업할 경우 내게 주어진 시나리오는 두 가지 정도였다. 직장과 한 몸이 되어 열근하며 살다 서른 근처에 결혼과 임신을 하면 자의 반 타의 반으로 직장을 그만두고 가족에 올인하며 사는 1번 시나리오. 결혼과 임신을 하지 않고 싱글 커리어 우먼으로 장기 근속하다 살이 찌는 순간 볼품없는 노처녀로 강제 전락하는 2번 시나리오. 1번 시나리오를 선택하자니 제대로 된 연애를 해본 적이 없는 것이 문제요, 또 시나리오 2를 선택하자니 송은이 김숙처럼 내 곁을 지켜줄 평생 단짝이 없다는 두려움이 밀려왔다. 한국을 한 번은 제대로 떠나 봐야 이 굴레에서 벗어날 수 있을 것으로 생각했다. 서른이 넘은 지금의 내가 보면 근거 없는 허세에 불과했지만 말이다.

이후 내 대학 생활은 어떻게 하면 해외로 나갈 것인가에 초점이 맞춰졌다. 대학에 입학하자마자 귀신에 홀린 사람처럼 외국어만 공부했고 외국인 친구들만 만났다. 대학 1학년 때 사귄 동기들을 제외하면 학교 친구가 없는 엄청난 아웃사이더였다. 외국인이 오는 파티란 파티는 다 가고, 미군 부대와 함께하는 봉사 활동을 함께 하고 미군 부대에서 아르바이트하고, 외국인 교환학생들과 어울려 놀았다. 교양 과목을 제외하곤 영어 원어 수업만 들었다. 밥 먹듯이 휴학을 하며 돈을 벌고 학교에서 받은 장학금을 탈탈 털어 호주, 미국, 스페인, 영국까지 매년 왔다 갔다를 반복했다. 당시 우리 가족은 여전히 경제적으로 힘들었지만 나는 아주 이기적이고 싸가지 없게 여윳돈 모두를 오롯이 내 욕심에 쏟아부었다. 그리고 동기 친구들이 졸업 후 첫 직장에 입사했을 때, 결국 휴학을 더 하면 퇴학을 당할 수밖에 없는 한계까지 와서야 이 모든 것을 멈출 수 있었다.

이 들락날락 레이스가 이후에 많은 도움이 된 것은 사실이다. 얼굴 두꺼울 때 배운 외국어인지라 당시 6개월 배운 스페인어가 독일에 4년 살며 익힌 독일어보다 100배는 나으니까. 그러나 복학 후 쓰나미처럼 몰려온 취업이라는 현실의 장벽은 예상보다도 높았다. 내게는 특별한 경험들이었지만 사회 먼발치에서 보면 흔한 것이었고, 내가 구사하는 외국어는 당장 내 삶을 변화시킬 수 있을 만큼 엄청나지 않다는 것도 분명했다. 외국어를 잘하는 사람은 주변에 넘쳐 났다. 아무리 자신 있다고 허세를 부려봤자 통역번역대학원에 입학할 수준은 되지 못한다는 것을 인정해야 했다. 게다가 늦깎이 졸업생 신분에 입사를 위해 그간 준비한 스펙과 활동은 아무것도 없으니 한심하기 짝이 없었다. 한국에서도 번번이 고배를 마시는 비이공계 학부 졸업생이 해외에서 일하는 멋진 여자 따위를 꿈꾸다니? 도대체 그 멋진 여자는 무슨 일을 한단 말인가? 내 목표의 중심이 '장소'가 아니라 '무엇'에 있어야 했다는 것을 졸업을 눈앞에 두고서야 깨달았다. 부끄러운 순간이었다.

단순히 해외 기업 채용자 입장에서 나를 보면 이랬을 것이다.

- 잘 알지도 못하는 작은 '한국'이라는 나라에서 모든 학업을 마친 여자
- 특별한 기술도 없이 아무 짝에 쓸모없는 신문방송학 전공 졸업생

- 영어 원어민도 아니고
- 게다가 비자까지 지원해줘야 하는 무척 귀찮은 외국인

결국 '열정'과 '배우는 자세', 허울뿐인 '글로벌 감각' 따위로 날 써 달라고 하기엔 한국이든 외국이든 너무 부족했으므로 처음부터 시작해야 했다. 남들이 대학 기간에 한다는 인턴부터 차근차근 내가 배운 것으로 사회에 나가 무슨 일을 잘할 수 있는지 먼저 파악한 뒤, 어디에서 일하고 싶은지 생각해 보는 거다.

그래서 사회 등용문으로 선택한 것이 해외 인턴십이었다. 이는 외국에서 일해 본 첫 경험이자 이후 내 커리어에 가장 많은 영향을 미치는 계기가 되었다. 당시의 경험이 없었다면 현재의 나는 독일에 없을 확률이 높을 것이다. 그러나 아이러니하게 지금 누군가 내가 한 방식의 해외 인턴십을 하겠다고 하면 다리를 붙잡고 말리고 싶다. 얻은 것만큼이나 잃은 것도 많은 1년 넘는 시간이었기 때문이다. 앞으로 사회생활을 처음 시작하는 후배들은 내가 감수했던 많은 고생과 금전적 비용을 부담하지 않고 시간이 조금 더 걸리더라도 좋은 조건으로 해외에 발을 디딜 방법을 찾았으면 좋겠다.

미국 인턴십을 대표하는 한 마디를 꼽자면 단연 '돈지랄'이다. 그 기간 만났던 한없이 좋은 사람들을 제외하고 본다면 내가 비자와 1년 6개월간의 값비싼 미국 생활을 유지하기 위해 들여야 했던 비용들은 내가 얻은 것들에 비해 훨씬 높았던 것 같다. 도대체 무급 인턴들은 도대체 생활을 어찌 영위하

는지 궁금할 뿐이었다. 해외 인턴도 결국은 좋은 수저를 물어야 가능하다는 것을 실감케 하는 부분이다. 많은 비용 중 가장 부담이 되고 쓸모없던 것은 물론 취업 비자이다. 악명 높은 미국 비자는 신청에서 발급에 소요되는 시간도 너무 길지만, 수속비만 500만 원 가까이 든다는 최대의 단점이 있다. 그나마 이 비자도 발급 성공 확률이 높지가 않아 실패하더라도 돌려받을 수 있는 돈은 거의 없으므로 지원자 입장에서는 불합리의 최고봉이라 할 수 있다. 내가 받은 인턴 월급의 6개월 치를 앞당겨 쓴 후 비자를 받은 꼴이니 내 생활은 최저임금보다도 낮은 급여로 생존하는 것과 같았다. 더불어 차가 없으면 슈퍼마켓도 가기가 힘든 캘리포니아 환경에 언제 고장 날지 모르는 불안한 싸구려 중고차를 사서 끌고 다닌 것조차도 인턴 가계에는 많은 부담이 되었다.

국내 기관이 지원하는 해외 인턴십에서 많은 지원자가 알아야 하는 것은 두 가지이다. 어떤 기업에서 나를 채용하는가, 그리고 왜 그들이 나를 채용하는가. 인문, 사회 계열 학사 졸업자에게 이 두 가지 질문에 대한 답은 무척 쉽다. 대개 이런 인턴십에 참여하는 기업은 한인 기업이고(즉, 한국인 또는 한국 교포가 운영하는) 그들이 굳이 국내에서 인턴을 데려오는 가장 큰 이유는 값싼 노동력, 게다가 현지 채용보다 근로의 열정은 배가 넘는 고급 인력이다. 이 두 가지는 우리가 아무리 포장을 하려 해도 숨길 수 없는 진실이다. 정해진 기간에 맘 편히 인력을 부리고 비자가 끝나는 기간엔 더는 책임을 지지 않아도 되는 무척 편리한 시스템이기 때문에 기업 입장에서는 마다할 이유가 없다. 간혹 인턴 기간을 잘 마치고 나면 취업비자 수속을 도와주는 기업이 있기는 하지만, 그 성공률은 한 자릿수도 미치지 못한다고 봐도 무방하다.

이런 한계 때문에 사실 해외 인턴십에서 지원자 본인이 특별히 따로 노력하지 않는 한 제대로 된 일을 배우거나 외국어를 강화하는 건 일반적이지도 쉽지도 않다. 특히 기업의 규모가 작다면 모든 것을 열심히 하겠다는 처음의 열정은 빠르게 실망으로 바뀔 확률이 높다. 나의 경우를 예로 들면 처음 기관에서 연결해 준 업체가 본래 직무 기술서에 기재된 마케팅이 아닌 리셉션 업무를 주는 바람에 채용 담당자와 거의 3개월을 사투를 벌였다. 업체를 고발하고 나가겠다는 말을 하자 인사팀 부장님이 담당 업무를 바꿔 주겠다며 달랬지만 이미 회사에 대한 신뢰가 더 남아 있지 않았다. 다행히 미국에 떨어지자마자 직장 밖에서 활동한 무역 협회에서 좋은 평가를 받아 지인으로부터 일자리 몇 개를 제안받았고, 그 중 외국인 비율이 높은 온라인 스타트업 기업으로 옮기며 직장 안팎의 생활을 180도 개선할 수 있었다. 협회에서 구축한 좋은 네트워크가 아니었다면 나는 대부분의 경우처럼 꾹꾹 참으며 원래 회사에서 1년을 버텼거나 싸우다 지쳐 한국으로 돌아갔을 확률이 높다. 물론 그 회사는 내가 떠난 이후에 똑같은 프로세스로 한국 인턴을 계속 채용하여 쓰고 있다. 나 같은 또라이 싸움꾼은 1%에 불과할 뿐, 순수하고 열정 가득한 인턴은 넘쳐 나니 회사는 잃은 것이 없다.

이런 이유에서 본인의 가장 큰 목적이 비용을 감수하고서라도 해외 생활을 경험하고 인맥을 넓히는 것에 있지 않다면 국내 기관 알선을 통한 해외 인턴십은 추천하고 싶지 않다. 제대로 업무를 배우고 본인의 역량을 넓히는 것이 목표인 경우, 해외 기업 인턴 프로그램에 스스로 지원하여 무급인턴이라는 바늘구멍이라도 직접 통과하는 것이 낫다. 예컨대 국제기구 또는 다국적 대기업의 채용 사이트를 꾸준하게 찾아 끈질기게 지원하는 것이다. 그것도 아니라 단순히 외국어를 탄탄히 만들고자 함이라면, 국내에서 외국인을 상대로 영업하는 곳에서 근무하는 것이 더 나을지도 모른다는 가능성을 염두에 두면 좋겠다. 해외에 꼭 가야 외국어가 늘 것이라는 우리들의 기대는 현실과는 아주 다르다는 것을 주변에 있는 어학 연수생만 보더라도 알 수 있으니 말이다. 내가 가장 영어를 잘했을 때는 미친 사람처럼 영어만 붙잡고 늘어지던 대학 시절이었지 지금은 아니다.

1년 6개월의 긴 미국 생활을 마치고 돌아와 잡은 일자리는 멕시코 주재원이었다. 미국의 빡센 경험 이후 양질의 일자리가 아니라면 절대 해외에 나가지 않겠다고 다짐했지만 내세울 만한 능력이라곤 영어와 스페인어밖에 없었기 때문인지 가장 먼저 온 기회는 재미있게도 주재원이었다. 주재원의 가장 큰 장점은 해외 생활에 수반되는 모든 비용이 지원된다는 것이므로 금전적인 면에서는 매우 만족스러웠다. 집과 교통편, 점심 식사, 비자 발급을 회사에서 지급해 주었고, 멕시코 생활비와 한국 급여가 따로 지급되었으므로 한국 급여는 고스란히 저축할 수 있다는 것이 엄청난 혜택으로 느껴졌다. 몇 년만 일하면 아빠의 유일한 바람인 차 한 대쯤 쉽게 사주겠구나 싶었다. 더불어 해외법인의 특성상 대부분 상주하는 한국인이 직급이 높은 경우가 많아 부사장에게 직접 업무 보고를 한 것도 개인적인 성장에 많은 도움이 되었다.

그러나 멕시코 생활은 원했던 만큼 오래가지는 못했다. 멕시코 직장 생활의 가장 큰 단점은 상상 초월인 치안 문제와 그로 인해 회사에 송두리째 빼앗긴 사생활이었다. 특히 근무했던 지역이 미국과의 경계선에 위치한 지역이었기 때문에 다른 어느 곳보다도 치안이 좋지 않았다. 따라서 출퇴근은 회사에서 지원해주는 차량으로 하고, 혼자서는 따로 움직일 수 있는 회사 밖 영역이 전혀 없었다. 일을 마치고 돌아오면 주재원들끼리 식사를 하고 TV를 보며 저녁 시간을 보내다 각자의 숙소로 돌아와 잠만 자는 일정이 일주일 내내 계속되었다. 온전한 내 시간은 잠자고 씻는 시간 빼곤 없다는 것이 그간 누구보다 자유롭게 살아온 나에게 큰 고통으로 다가왔다. 그 당시 경험했던 불안정한 치안의 예로는 기관총을 들고 탱크를 몰고 다니는 경찰들, 외국인이 사는 주택 단지가 모두 철조망으로 둘러싸여 있다는 것, 잠시 주차한 사이 차 문을 다 부수고 안에 있는 기기나 자동차 부품을 모조리 빼가는 강도질, 길거리에 버려진 시체, 연신 뉴스에 나오는 마피아 보복 사례 등으로 할리우드 영화에나 나올 법한 얘기 같은 일들이었다. 이외에 창문을 잠시만 열어도 책상 위로 수북이 쌓이는 먼지가 알려주는 사막지대 환경은 나에게 피부병을 연신 달고 살게 만드는 고마운(?) 주범이었다.

짧지만 강렬했던 멕시코 생활을 마치고 돌아와 이번엔 정말 한국에 정상적으로 정착해 보겠다는 마음을 품었다. 그리고 운 좋게 원했던 기업에 입사했다. 솔직히 말하면 여태까지 했던 업무 중 내게 잘 맞고 재미있던 곳이었다. 근속률도 매우 높고 직장 필수 아이템인 야근도 잦지 않던 곳이라 불평할 만한 것이 별로 없었다. 그렇게 자리를 잡고 한참 안정적으로 직장인 놀이를 이어 가고 있을 때 나를 다시 마구 흔드는 사건이 생겼다. 미국에서 함께 일했던 지인으로부터 일자리를 제안받은 것이었다. 게다가 이번엔 취업 비자 발급에 드는 모든 비용을 지원해 주시겠다고 하니 당시 나로선 거절할 이유가 하나도 없었다. 이번에 나가면 내 한국의 경력은 끝이라는 겁도 났지만 20대에게만 해 볼 수 있는 도전이라는 생각에 제안을 받아들이기로 했다. 이때 까지만 해도 나는 여전히 안정적인 미래를 설계하기엔 한없이 미성숙했던 것 같다.

결론을 먼저 말하면, 미국에 가지 못했고 이 계기로 독일에 오게 되었다. 미국 취업 비자 발급에 처참히 떨어졌기 때문이다. 시간이 한참 흐른 오늘도 당시를 생각하면 비자에 큰 비용을 지원하고 아무런 이득을 얻지 못한 지인에게 죄책감마저 든다. 죄책감 때문에 연락도 잘 하지 못한다. 어쨌든 비자 실패를 예상하지 못하고 다니던 회사를 미리 그만두어 더는 오고 갈 곳이 없는 처지가 되고 말았다. 그때 내 단순한 계획은 '그래 이미 출국 준비를 다 했으니 죽이 되든 밥이 되든 나가보자'는 것이었다. 설사 모든 게 망하더라도 서른 전에 돌아온다면 재기할 수 있을 것이다. 그래서 첫 인턴 경험의 아픈 기억은 뇌의 기억 저장소 저 끝 편에 밀어 두고 해외 일자리에 다시 구직을 시작했다. 2개월 만에 두 곳, 호주와 독일에서 최종 입사를 제안받았다. 오랜 시간 고민 끝에 독일을 선택했고 4년이 지난 오늘도 여전히 독일에 있다. 독일 취업을 처음부터 계획하고 준비한 것이기보다 즉흥적인 선택이었기에 인생이라는 게 어쩌면 이렇게 계획과는 다른 방향으로 전개되기도 하는지 신기할 따름이다.

# 02
## 왜 선택의 기로에서 독일 행을 결정했는가?

○ ○ ○

아무것도 모르던 당시 독일을 선택한 계기는 단순했다. 독일의 발전된 산업과 좋은 근로 환경 같은 요인 따위는 내 기준에서 2순위였다. 1순위는 얼마나 취업 허가를 받는 것이 수월한 가였다. 미국에 크게 한 방 먹은 아픈 기억을 떨쳐 버리기도 힘들었거니와 더는 바닥을 치는 저축 통장을 비우면서 첫 시작을 끊고 싶은 마음은 조금도 없었다. 취업 이민 희망자의 입장에서 노동 허가만큼 중요한 것은 없다.

특히 만 나이가 30살이 넘지 않는 젊은이들에게는 '워킹 홀리데이'라는 유용한 지원군이 있다. 독일에서 합법적으로 근로할 수 있는 자격을 주면서 입국 전에 미리 직장을 잡지 않아도 되고, 도착하자마자 거주지 등록 문제로

골머리를 썩일 필요가 적어지기 때문이다. 이 거주지 등록 문제 때문에 집구하는 것이 두 배로 까다로워질 수 있다는 점에서 생각보다 큰 장점이 된다. 또한 아직 인기 국가인 캐나다나 호주보다는 신청자 수가 적어 비자 발급 절차도 수월한 편이다. 그 국가들처럼 할당량이 정해져 있지도, 신청 기간이 제한되어 있지도 않아서 본인이 준비되었을 때 주한 독일 대사관에 가서 신청만 하면 된다. 특별히 문제가 없는 한, 4주 안에 비자를 받을 수 있다. 워킹 홀리데이 비자는 근무 기간이 입국 후 12개월로 한정되어 있다. 독일 현지 기업들은 이 비자를 정상적 취업 허가라고 인정하지 않으므로 입사가 확정된 이후에는 반드시 정규직 취업 허가로 변경을 해야 한다. 그럼에도 초반에 본인이 현지 생활 적응과 같은 준비운동을 할 수 있는 시간을 충분히 벌 수 있어 유용하다.

독일의 취업 비자는 외국인 할당량이 정해져 있지 않아 입사 제의를 받으면 누구나 신청은 가능하다. 신청 기간도 미국처럼 별도로 정해져 있지 않다. 오해는 하지 말자, 비자를 받으러 아무 때나 가도 된다는 의미가 아니라 관공서 담당자와 약속만 미리 잡아 놓는다면 연중 상시 신청은 할 수 있다는 뜻이다. 그리고 발급 비용은 인지세 60유로 정도가 전부이다. 수속에 필요한 자료도 비교적 간단한 편이라 미국처럼 변호사를 고용할 필요도 없다. 따라서 몇천 달러가 드는 미국 취업 비자와 비교하면 독일 비자는 무척이나 합리적인 것이다. 다만 급여 수준과 하는 일, 본인의 경력과의 상관관계-특히 현지인이 아니라 외국인을 채용해야 하는 이유와의 연관성-에 따라 취업 허가를 받지 못할 확률도 존재한다는 것은 다른 국가와 크게 다르지 않다. 참고로 일반 취업 허가를 처음 발급 시, 유효 기간이 단기로 2년 또는 3년으로 제한된다. 이후 비자 갱신은 처음 신청 방법과 동일하여 크게 어려움은 없다.

내가 독일을 선택한 또 다른 이유는 역설적이게도 언어였다. 그간 접해 본 적 없는 독일어라는 새로운 언어에 도전해보고 싶었다. 물론 이런 엄청난 결정을 내릴 때까지만 해도 독일어가 이렇게 잘하기 어려운 언어라고는 상상하지 못했다. 독어 습득에 걸리는 시간을 계산했을 때 빠뜨렸던 중대 사실은 영어를 일상생활에서 매우 익숙하게 접하고, 중학교 때부터 무려 1주일에 네 시간이나 정규 학습 과정을 통해 억지로라도 공부했다는 것이다. 그 많은 시간을 합쳐 놓고 보면 내가 4년간 맛만 봤던 독일어 공부 따위는 비교도 안 된다는 걸 쉽게 알 수 있다. 그 공부가 불과 일상생활에서 말 한마디 못하는 옛날 방식의 문법과 단어 암기에 집중되어 있을지라도 그때 암기한 단어가 추후 말하기 연습에 얼마나 중요한 받침대가 되었는지를 놓쳤던 것이다. 그래서 건방지기 짝이 없게도 독일에서 일하며 남는 시간에 독어 공부를 하면 2년 안에 충분히 마스터할 수 있다는 근거 없는 야망과 확신에 들떠 버렸다. 독어를 만든 사람들이 들었다면 콧방귀를 뀔 만한 계산이었다. 내 몹쓸 야망이야 여태 성공 근처에도 가지 못했지만, 어찌 되었든 언어에 열정이 있는 사람이라면 유럽만큼 언어를 배우기 좋은 환경은 없다. EU에 속해 있는 다른 국가들마저 이태리어, 스페인어, 네덜란드어 등 각 나라 고유 언어를 가지고 있고 일상생활에서 이들을 자주 볼 수 있기 때문에 언어 파트너를 만나고 콘텐츠를 찾는 것도 한국보다 훨씬 수월하다.

노동, 산업 환경도 고려 대상에서 빼놓을 수 없다. 독일은 산업적인 측면에서는 제조 산업이 어느 나라보다 경쟁력 있고 이 때문에 엔지니어가 눈에 띄게 우대받는 특성이 있다. 이곳에도 우리가 이름만 들으면 알 만한 세계적 기업이 많이 있지만, 독일이 우리나라와 많이 다른 것은 중소기업 중심으로 산업이 발달해 있고 또 대기업에 비교하여 노동 환경이나 급여에 차이가 크지 않다는 점이다. 우리나라의 경우 중소기업에서 채용하는 업무가 내가 원하는 일에 더 가깝더라도 대기업과 엄청난 급여 차이, 추후 이직의 어려움 및 부정적인 사회적 인식 때문에 중소기업을 선택하기는 무척 어렵다. 모든 불리한 조건을 감당하면서 하고 싶은 일을 하겠다는 결정을 주변에 얘기할 때 "이런 용기와 지조 가득한 친구 같으니!" 하는 응원보다 "정신 차려 이 친구야"라는 잔소리와 함께 등짝 스매싱을 당할 확률이 높다. 독일에선 대기업만 고집할 필요도 없고, 본인에게 정말 잘 맞는 산업, 가치관, 직무, 회사 분위기 등을 고려하여 규모가 작은 회사에서도 충분히 자신을 스스로 키워 나갈 수 있다. 다만 독일 사람들도 큰 규모의 프로젝트를 진행한다거나 회사 규모, 산업에서 차지하는 경쟁력에 따라 본인이 경험할 수 있는 기회가 더 많다는 점에서 대기업을 선호하는 경향은 있다. 예컨대 벤츠나 BMW, 지멘스는 대부분의 독일인도 입사를 꿈꾸는 곳이다.

앞서 언급한 이유 외에 독일 선택을 고려한 또 다른 하나는 정착을 위한 생활환경이었다. 자가용이 꼭 필요한 환경인가 아니면 대중교통으로 아무런 어려움 없이 생활할 수 있는가? 집세와 생활비는 감당할 수 있는 수준인가? 공공 의료보험으로 병원비는 모두 커버가 되는가? 이 질문 역시 미국의 어마어마한 진료비를 직접 경험하고 난 뒤 배운 매우 중요한 항목이었다. 개인마다 중요하게 여기는 항목들이 물론 다르겠지만 무엇이 되었든 본인의 지출 즉 경제 능력에 영향을 미치는 항목들을 간과해서는 안 된다. 이런 사소한 것들이 결국 내가 현지 생활에 빠르게 적응하고 또 오랫동안 버티게 하는 지지대가 되니까!

# 03
## 독일에 가기 전 준비운동

○ ○ ○

독일에 왔을 때 나는 정말 빈손의 어린아이였다. 비행기 티켓과 미리 잡아 놓은 일자리 딱 두 개만 가지고 팔랑팔랑 기쁨의 날개 달고 한국을 떠난 철부지라고 하는 편이 낫겠다. 독일에 와서 발등에 불이 떨어질 때마다 일을 해결했으니 매번 각기 다른 형태의 걸림돌을 만나기 일쑤! 독일은 무엇이든 미리 계획하고 방문 예약을 잡아야 일이 해결된다는 것을 진작 알았더라면 초반 정착 활동이 절반으로 쉬웠을 것이다. 독일에서 계획과 준비 없이 산다는 건 게으름의 값을 치르겠다는 엄청난 무모함이다.

## 단기 숙소 구하기

가장 힘든 것은 아무래도 집 구하기이다. 그리고 이는 가장 중요한 것이기도 하다. 거주지 등록을 한 뒤에야 모든 행정 처리, 은행 업무 처리 및 생활 서비스 신청이 가능하기 때문이다. 인터넷에 조금만 검색해 봐도 얼마나 많은 사람이 독일에서 집 구하기에 좌절하는지 알 수 있다. 사실 집 구하기는 비단 한국 사람뿐 아니라 독일인들에게도 피하고 싶은 일 중 하나라 독일인들도 웬만하면 한 집에 오래 붙어사는 경향이 있다.

독일에서 주거 방법은 월세와 소유, 두 가지뿐이다. 우리나라처럼 전세, 반전세는 개념 자체가 존재하지 않는다. 독일도 집값이 무척 높은지라 열 손가락 안에 꼽는 대도시의 경우 사실 윗세대로부터 물려받는 재산이 없으면 월급만으로 집을 구매하긴 굉장히 어렵다. 은행 대출을 받아 30년 이상 이자 및 원금을 갚으며 집을 구매하지만, 대출 금액도 가계 수익에 따라 한계가 정해지므로 우리가 상상하는 정원이 있는 주택을 구매하는 것은 평균적인 독일 사람들에게도 힘든 일이다. 그래서 평생 집을 구매하지 않고 임대하는 경우가 흔하다. 집을 반드시 사야 한다는 개념이 우리나라보다는 확실히 적다. 내 집이 없는 환경에 위로가 되는 것이라면 독일 법은 임대인보다 임차인에게 더 우호적이라는 것이다. 거주 기간이 우리처럼 1~2년으로 제한되어 있지 않기 때문에 계약을 위반하는 내용만 없다면 평생 살 수 있다. 더불어 집주인이 임대료를 매년 마음대로 올릴 수 없다. 집주인이 새로운 임차인과 신규 계약을 할 때 임대료를 올리는 것이 일반적인데 시장 평균 가격과 비교하여 최고 몇 퍼센트 이상 올릴 수 없도록 규제가 강하다. 따라서 몇 년이고 임대료가 동결된 경우가 흔하다.

독일에 도착하기 전 장기 거주지를 계약하는 것은 집의 상태나 계약금같이 민감한 부분에서 현실적으로 무척 어렵고 위험 부담이 따르므로 우선 당장 머무를 수 있는 2~3개월짜리 단기 숙소를 구한 뒤 현지에서 발로 뛰는 것을 추천한다. 단기 거주지를 구하는 방법으로는 에어비앤비(airbnb.com)처럼 현지 거주자와 여행자를 연결하여 단기 숙소를 알선하는 사이트를 이용하거나 베를린리포트(berlinrerpot.com), 페이스북(facebook.com) 등 독일 내 한인들 네트워크 구축을 위해 활성화된 커뮤니티 사이트에서 츠뷔센(실제 거주인이 집을 비우는 단기 기간 임시로 숙소를 이용하는 것)을 구하는 방법이 있다. 지출에 대한 부담이 덜한 경우 단기 스튜디오 아파트를 알선하는 현지 사이트, 또는 민박과 게스트하우스에 1개월 이상 장기 숙소로 예약하는 것도 가능하다.

나는 초기 에어비앤비를 통해 2개월 숙소를 예약하고 독일에 왔다. 거주 기간에 대한 계약서 작성이 별도로 필요 없고, 가구 및 생활용품이 풀로 제공된다는 장점 때문이었다. 그러나 100% 만족스러운 선택은 아니었다. 동네도 별로였고 집의 상태도 좋지 않았다. 그저 2개월을 지내기에 꾸역꾸역 참을 만한 정도였다. 더불어 최근 에어비앤비의 문제점과 안전성이 종종 미디어에 언급되어 우려하는 목소리가 높은 것도 사실이다. 그럼에도 불구하고 어쩌다 한 번 나오는 단기 임대 물량을 느긋하게 기다릴 수 없는 경우 선택할 수 있는 옵션은 에어비앤비뿐이었다. 에어비앤비라는 중간 개입자가 숙소비를 먼저 받아 체크아웃이 끝난 뒤 호스트에게 내는 방식이라 돈만 떼이는 사기에 당할까 걱정했던 마음도 조금 덜었다. 또한 독일에 처음 가는 내게 무언가 물어볼 수 있는 현지인 호스트가 있다는 것도 조금은 마음의 위안이 되었다.

앞에서 말했듯 단기 숙소에 거주하는 동안 용기 있고 적극적으로 발품을 팔아야만 장기 숙소를 구할 수 있다. 사이트에 '방 구합니다'라는 글을 하나 올려놓거나 방 광고를 보고 한두 번 이메일을 보내 놓고 답장이 올 때까지 기다리는 것은 순수하기 짝이 없는 행동이다. 미친듯이 여러 가지 채널로 광고를 뒤지고 메일도 보내고 전화도 해보는 등 내가 할 수 있는 것은 다 해야 한다. 집을 다른 사람과 공유하는 셰어하우스에서 방 하나를 구할 때 가장 많이 사용하는 사이트는 WG Gesucht(wg-gesucht.de)라는 사이트이다. 스튜디오형 원룸도 간혹 있지만 많지는 않다. 셰어하우스의 좋은 점은 인터넷, 전기, 수도 등 생활에 필요한 서비스를 직접 다 계약, 관리하지 않아도 된다는 점과 문제가 생겼을 경우 룸메이트의 도움을 받을 수 있다는 점이다. 혼자서 전구 한 번 갈아보지 못한 사람이라면 처음엔 단연 셰어하우스를 이용하는 것이 좋다. 반대로 꼭 혼자 살고 싶은 경우 부동산 업자 또는 집주인과 연결하는 Immobilienscout24.com 사이트가 가장 보편적이다. 두 사이트 모두 영어판을 제공하므로 사이트 사용은 크게 어렵지 않다. 사이트에 게시되어 있는 빈방 공고를 보고 이메일이나 유선 연락으로 지원하면 된다. (무수한 경험상 아날로그적인 면이 아직도 많은 독일에서는 이메일보다 유선 연락을 통해야 초대를 받을 확률이 훨씬 높다. 특히 집주인이 직접 광고를 내지 않고 부동산에서 직접 광고를 내는 경우에는 더욱이 유선 연락을 선호한다. 외국어에 대한 공포로 이메일만 보내는 경우 초대 확률이 1/3로 작아진다는 것을 꼭 명심하고 용기를 내자.)

당연히 외국인으로서 숙소를 구하는 것은 현지인보다 어렵다. 나의 멘탈 강도를 확인할 좋은 기회다. 이것은 비단 독일뿐 아니라 우리나라를 포함한 다른 외국도 마찬가지니 크게 불평할 거리는 되지 않지만 몇 번씩 연락해도 오지 않는 답장에 피가 마르다 보면 이 모든 것이 독일이기 때문에 일어나는 불행처럼 느껴지는 것은 어쩔 수 없다. 아시아인에게 특별히 관심이 없는 독일 사람들인지라 한국인이라는 국적도 집을 구하는 입장에선 걸림돌이 되지만 한편으로 독일에서 월세를 잘 낼 수 있다는 재정 능력도 당장 증명하기 어렵다는 것 역시 부정적인 요소로 작용한다. 이런 갖가지 이유에서 초반에 한국 사람이 운영하거나 한국 사람이 사는 셰어하우스에 들어가는 경우가 많다.

이런 단점을 극복하기 위해 우리가 할 수 있는 최대의 노력은 자기 홍보이다. 나를 알려줄 수 있는 것과 내 능력을 증명할 수 있는 것을 최대로 보여주면 좋다. 특히 셰어하우스 광고에 이메일을 보내는 경우 흔히 페이스북, 인스타그램 같은 소셜 미디어 페이지 링크를 함께 보내 내 사회성을 증명하기도 한다. 집주인이 아닌 같이 사는 사람이 새로운 룸메이트에 대한 결정권이 가장 크기 때문에 내가 얼마나 좋은 룸메이트가 될 수 있는지-청소를 좋아한다거나 룸메이트와 함께 요리하며 시간을 보내는 것도 좋아한다든지, 책임감이 있는 성격이라든지-를 자세하게 쓸수록 좋다. 혼자 집을 통째로 계약하는 경우 내 사회성보다는 재정 능력과 안정성이 더 중요하므로 근로 계약서 스캔본과 거주 허가증을 미리 준비해 놓는 것이 좋다. 내 경우, 페이스북뿐 아니라 에어비앤비를 이용하면서 호스트로부터 받았던 리뷰들도 볼 수 있도록 링크를 제공했다. 이 점이 청결에 대한 신뢰도는 확실히 주었다고 생각한다.

**미리 도착지 관공서를 알아보고, 가능하다면 방문 예약해둘 것**

독일에서 내가 가장 싫어하는 것 중 하나가 바로 관공서 업무다. 딱딱하기로 유명한 관공서 직원들과 다소 강압적으로 느껴지는 분위기도 싫지만, 무엇보다 힘든 것은 단순 업무를 위해 많은 시간을 낭비해야 한다는 것이었다. 한국에서 비자를 이미 받고 독일에 오는 경우, 처음 도착 후 관공서에 가야 할 일은 거주지 등록과 운전면허 교환 두 가지 정도가 된다. 거주지 등록은 본인이 사는 동네의 관공서에 가야 한다. 우리나라처럼 아무 데서나 할 수 있지 않다. 불행 중 다행으로 베를린, 뮌헨, 프랑크푸르트 같은 큰 대도시에서는 미리 방문 예약을 잡지 않고도 오픈 시간으로부터 한두 시간 전에 미리 가서 대기했다가 선착순으로 발급되는 번호표를 받아서 일 처리 할 수 있도록 구축해 놓았지만, 작은 규모의 도시에서는 방문 예약이 필수이다. 이 예약은 유선으로 하는 것이 가장 효과적이지만, 어떤 도시의 경우 홈페이지에서 바로 할 수 있도록 시스템이 구축되어 있으니 반드시 해당 관공서의 웹사이트를 확인해 보는 것을 추천한다. 방문 예약도 우리나라처럼 하루 이틀 전에 할 수 있는 것이 아니라 2~3개월 이후가 가장 빠른 예약 날짜인 경우도 허다하다. 증가한 이민자로 관청 업무가 늘어난 요즘엔 심지어 6개월 이후 예약을 잡아주는 일도 있다. 말도 안 된다고 불평해봤자 내 사정 알바 아니라는 답을 듣기 일쑤다.

관공서 웹사이트에는 본인이 원하는 업무에 필요한 필수 서류 항목들도 기재되어 있다. 이 고루한 업무를 한 번에 끝내고 싶은 사람이라면 미리미리 서류를 점검하고 준비해야 한다. 거주지 등록의 경우 도시에 따라 집 계약서 외에 그 집에 실제로 거주한다는 내용의 확인 서류(Vermieter-Bescheinigung; 임대인 사실 확인서)를 집주인으로부터 작성 받아 함께 가져와야 하는 경우도 있다. 서식은 인터넷에서 조회하면 금방 찾을 수 있다. 서류 하나가 빠져 안 되는 경우 미칠 노릇. 내가 아무리 사정해 봤자 눈 깜짝은커녕 되려 혼이 나기 일쑤니 독일의 갑은 누가 뭐라 해도 공무원이다.

## 무슨 외국어든, 문법은 한국 학원 시스템이 짱

현지에 가면 귀가 뚫리고 입이 뚫린다고 하던데…. 무척이나 그럴듯하지만 그저 환상에 불과한 말이다. 미국 LA에 10년을 넘게 살았지만 영어를 못하는 한국인이 수두룩하다는 건 이제 누구나 아는 사실이다. 입과 귀가 뚫리려면 아는 것이 있어야 한다. 아는 말만 들리고 아는 말만 뱉을 수 있다. 특히 독일어처럼 생소한 언어는 영어처럼 우리에게 익숙한 언어보다 초반에 더 많은 시간과 에너지가 필요하다는 사실을 꼭 알아야 한다. 아무것도 준비하지 않은 채 독일에 와서 부딪히며 배우겠다는 자신감은 훌륭하지만, 자타공인 언어 영재가 아닌 이상 기초를 한국에서 배워오는 것이 비용과 시간적 측면에서 훨씬 효율적이다.

가장 큰 이유는 비용이다. 독일 어학원은 한국의 어학원보다 기본적으로 두 배 정도 비싸다. 그나마 대도시의 경우 어학원과 제공되는 코스 수가 많아 가격부터 학생 수까지 내 형편에 맞게 선택할 수 있는 여지가 있지만 작은 도시의 경우 학원 수도 무척 제한되어 있다. 대개 독일어 수업은 한 레벨당 6개월의 시간이 소요되며 우리가 학창시절에 이용했던 영어 교과서처럼 한 과에 한 가지 주요 문법과 이를 이용한 글이 엮여 있는 독일어 교재를 이용한다. 유학생이나 어학 연수생의 경우 매일 하루 3시간 이상 투자하는 심화 코스를 들을 수 있지만, 직장인을 대상으로 하는 저녁반의 경우 일주일에 두 번, 1시간 30분씩 진행하는 것이 일반적이다. 우리나라처럼 문법이면 문법, 회화면 회화 구분하여 단시간에 핵심만 제공하는 알짜배기 코스는 찾기 어렵다. 학원 공화국을 찬양하는 바는 절대 아니지만 배움의 목적에 따라 선택할 수 있는 강의 커리큘럼과 시간, 채널(온라인, 오프라인 등)이 다양하다는 점은 굉장한 장점이다.

물론 왠지 우리나라에서 배우는 것보다 현지인에게 원어민 발음으로 외국어를 배우는 것이 더 매력적으로 느껴지기 마련이다. 한국어를 모르는 선생님과 억지로 소통을 하다 보면 나도 모르게 독일어가 더 빨리 늘지 않을까? 하는 생각도 틀린 것은 아니다. 다만 이는 반대로 생각하면 현지 선생님들은 대부분의 한국 사람들이 어려워하는 복잡한 독일어의 규칙을 외국인의 입장에서 잘 설명해 줄 수 없다는 이야기다. 성인이 된 이후 배우는 외국어는 어린아이 두뇌처럼 자연스럽게 듣기만 한다고 흡수되지 않는다. 규칙과 문장 구조가 충분히 이해되어야 비슷한 문장을 응용해보기 마련인데 '왜 동사가 이렇게 바뀌지?', '비슷한 전치사가 이렇게 많은데 도대체 어떤 전치사를 써야 하지?', '어떤 명사들이 주로 여성 명사들이지?'와 같은 질문에 독일어를 가슴으로 배운 현지인들에게 명쾌한 답을 얻기란 너무 어렵다. 외국인이 한국어는 어떤 목적어 뒤에 '을'이 붙고 '를'이 붙느냐고 물어본다면 나 역시 대부분이 한참을 고민하다 "글쎄, 그냥 외워."라고 하는 것과 마찬가지다.

나도 처음엔 돈이 아까워 혼자 책 몇 권으로 독학을 한 뒤 독일에 왔다. 그러나 독일어에 대한 이해가 너무나 부족했기 때문에 한 과를 이해하는 데 '왜?'라는 질문을 무수히 생산해내며 많은 시간을 투자하다 금세 지쳐버렸다. 실전에 부딪히면 늘 것 같았던 독일어는 늘지 않고 겁만 늘었다. 게다가 독일인들도 북유럽 사람들처럼 영어를 잘하겠지 생각했던 희망도 처참히 무너지며 매일같이 겪는 불통에 좌절해 버렸다. 그간 외국어를 잘한다고 자백했던 나였기에 실패를 인정하는 데 1년이나 걸렸다는 것이 지금 생각하면 미련하고 아깝다. 결국 1년 뒤 직장을 다니며 독일어 저녁반을 등록해 6개월간 기초를 배웠다. 이 기간에 생활 독일어가 눈에 띄게 많이 늘었지만 아무리

해도 늘지 않는 것은 문장을 응용하는 능력이었다. 이후 이직을 하며 한국에 잠시 들어가 있는 동안 1개월짜리 문법 정리 단과반을 다녔을 때 그제야 그동안 머릿속에 맴돌던 '왜'에 대한 질문들이 명쾌하게 해결되었고 다시 독일에 돌아온 뒤 훨씬 효과적으로 독일어를 다시 공부할 수 있었다. 우리가 공부해야 할 것이 A-Z라면 이 모든 것을 다 독일에서 하겠다는 욕심은 버려도 된다는 것만큼은 확실하다.

### 나의 소중한 멘탈을 지켜줄 여유 자금

독일이란 나라에서 건강한 정신력을 유지하는 것이 얼마나 중요한지는 한겨울 1~2개월만 살아봐도 알 수 있다. 여행할 때 이국적이고 좋게만 보였던 것들은 참 이상하게도 삶의 터전이 되는 순간부터 낯설고 어려운 것, 불편한 것으로 금세 바뀌어 버리니 말이다. 여행자가 회색빛의 겨울 풍경이 '아, 이래서 독일에 철학자가 많구나….' 하는 사색에 잠기고 있는 동안, 이민자들은 '아악 우울해! 제발 해 좀 떠라!!'라며 불평을 해대고 있다는 건 우리의 이중성을 적나라하게 증명한다.

내가 밥은 먹고 다니는지 걱정해 주는 사람이 한 명도 없는 춥고 쓸쓸한 곳에서 씩씩하게 하루하루를 보내는 것도 대단한 일인데, 이 상황에 돈 걱정까지 해야 한다면 몸도 마음도 0.1mm 유리판 같이 깨지기 쉬운 것이 되어 버린다. 특히 독일의 겨울은 씩씩하기로는 둘째가라면 서러웠던 나에게조차 도전적인 장벽이었다. 살인적이라는 독일 전기료가 무서워 들고 온 전기 매트는 장식용으로 처박아 둔 채 겨울 잠바를 입고 자다 옷장 거울에 보이는 웅크린 내 상반신이 너무 불쌍해서 펑펑 울어버린 적이 있다. 마음이 뻥 뚫려서 그런 건지 뭘 먹어도 허기가 채워지지 않는 배는 또 어찌한단 말인가? 이럴 때일수록 천원을 더 주고라도 조금 더 건강하고 맛있는 음식을 챙겨 먹어야 하는 법이다. 이런저런 이유로 무전 여행자 정신으로 독일에 오는 것보다 여유 있는 자금을 가져오는 것이 백번 옳다.

다행히 독일은 식료품과 공산품이 다른 어느 유럽 국가보다 저렴하다. 우리나라 마트에서 장을 볼 때 분명 장바구니 반도 채워지지 않았는데 10만 원이 훌쩍 나와 놀라는 반면 독일에서 바구니 가득 싣고 와도 5만 원을 넘기기 어렵다. 분명 독일이 더 잘 사는 나라인 것 같은데 장바구니 물가가 우리보다 싼 것은 물론 정부 규제의 힘이다. 10년째 오르지 않는다는 우윳값을 대표로 생각하면 이해가 쉽다. 이에 반해 외식비는 독일이 평균적으로 더 비싼 편이지만 명동에서 먹는 파스타 한 그릇이 2만 원 가까이 된다는 걸 감안하면 외식비 격차도 점점 줄어드는 추세다. 다만 식료품과 공산품을 제외한, 즉 생활에 반드시 필요한 것으로 여겨지지 않는 모든 것들은 한국보다 독일이 비싼 편이다.

## TIP 1
## 독일의 세금과 생활비

○ ○ ○

독일 취업 이민을 생각하는 사람이라면 가장 중요하게 점검해야 할 것은 돈! 즉, 월급 실수령액과 생활비이다. 처량한 외국인 노동자 신세로 미래를 설계할 생각이 아니라면 예상되는 생활비와 월급을 미리 점검하고 나름의 최저 한계선과 이상적인 구간을 설정해 놓는 것이 좋다. 유럽에서 거주한 경험이 없는 한국인 중 대다수가 독일에서 연봉 협상 시 비교할 만한 기준이 없다 보니 한국에서 받던 월급과 비교, 계산해보는 실수를 범한다. 프랑크푸르트에서 사귄 한 언니는 한국의 중견 물류 업체에서 4년 가까이 일한 뒤 동일 회사 독일 지사로 이직을 한 직장인이었다. 언니는 독일 이직 전까지 해외에서 일해 본 경험이 없어 독일 내 급여 수준에 대해 감이 전혀 없었다. 따라서 연봉 협상 때 회사에서 제안한 연봉에 단순히 환율을 적용해 원화로 확인 후 당시 한국서 받던 연봉보다 아주 높다는 것에 만족해 흔쾌히 입사를 결정했다. '독일 세금이 높다지만 이 정도면 괜찮겠지…' 하는 정도로 넘겨버리는 아마추어적인 실수를 범했다.

### 1. 독일은 세금이 얼마나 높을까?

2016년 통계 기준으로 독일 인당 세금 부담률(미혼자 기준)은 49.4%로 세계 2위를 자랑한다. 이는 독일보다 평균 급여가 두세 배는 높은 스위스나 북유럽 국가들을 보란 듯이 제쳐버리는 수치다. 한국이 22%로 31위, OECD 국가 평균이 36%로 22위라는 걸 생각하면 세계 2위의 위엄이 더 크게 느껴지는 것 같다. 그러니 절대적인 연봉은 한국보다 훨씬 높을지라도 통장에 찍히는 실수령액은 한국에서 받던 것보다 적을 수 있다는 것을 주의해야 한다. 게다가 보너스 같은 변동 급여는 세금으로 떼가는 금액이 정기 급여보다도 높다. 독일의 회사는 대개 일정 비율의 변동 급여와 정기 급여로 연봉을 구성한다. 영업 사원의 경우 목표 성취율에 따라 받을 수 있는 변동 급여가 다른 직책보다 높은 편이고 일반적으로는 7:3, 8:2 정도로 정기 급여와 변동 급여를 책정한다. 변동 급여는 심지어 세금을 60% 가까이 떼어 간다. 업무 목표를 달성해 보너스를 받는다고 신이 났다가 절반 이상이 뚝 떨어져 나간 금액이 통장에 찍힌 걸 본 순간 허해지는 마음을 폭풍 초콜릿 흡입으로 달래는 것이 독일 내 직장인의 삶인 것이다.

(출처 : https://www.thelocal.de/20170411/germany-has-second-biggest-tax-burden-worldwide-report-shows)

## 2. 독일 월급 실수령액은 어떻게 확인할까?

다행히 독일의 세금은 5가지 레벨에 따라 기준이 명확히 표기되어 있어 비교적 계산이 쉽고 정확하다. 온라인상에 급여 계산기를 제공하는 웹사이트도 많이 있으니 '독일 급여 실수령 계산기(Germany net salary calculator)'를 조회하여 나오는 곳 아무거나 이용하면 된다. 참고로 하기에 추천 사이트와 계산 방법을 기재해 두었다.

1) 하기 사이트에 접속한다.

http://www.brutto-netto-rechner.info/gehalt/gross_net_calculator_germany.php

2) Gross Salary 옆 빨간 상자에 총연봉 수치를 기재한다.

3) Accounting period에 year를 체크한다.

4) Accounting year는 근무하게 되는 연도를 넣고 그 밑 Tax-free allowance는 비워 둔다.

5) Tax Category는 하기 분류 중 본인에게 맞는 카테고리를 선택한다.

Category 1) 미혼이나 이혼, 별거 등으로 혼자 사는 1인 가구

Category 2) 미혼 또는 이혼, 별거 가정 중 자녀가 있는 경우

Category 3) 기혼, 동거 가정 중 배우자나 본인 중 한 명의 소득이 더 높거나 한 명이 소득이 없는 경우. 이 중 소득이 더 작거나 없는 사람은 카테고리 5를 선택한다.

Category 4) 기혼, 동거 가정 중 배우자와 본인의 소득이 비슷한 경우.

Category 5) 기혼, 동거 가정 중 한 명이 카테고리 3에 해당하는 경우.

Category 6) 고용주가 둘 이상인 경우

6) Church tax는 종교세이다. 기독교나 천주교 등 종교 활동을 하는 신도인 경우 yes, 아닌 경우 no에 체크한다.

7) Children(Tax Card)에 자녀 수를 기재하고, 하기 Health Insurance, HI add on, Pension Insurance, Unemployment Insurance는 특이 경우가 아닌 이상은 모두 기본값으로 설정된 채로 둔다.

8) Berechnen 버튼을 누른다.

9) 결과 창에서 가장 밑에 나오는 Net Salary가 통장에 찍히는 실수령액이다.

### 3. 독일 평균 연봉은 정말 한국보다 높을까?

절대적 평균 급여액은 공식적인 통계 수치만 봐도 독일이 한국에 만 달러 이상 앞선다. 1:1로 비교를 하기에는 조건이 많이 달라 어려움이 있지만, 대부분 직업군에서 독일의 세전 연봉이 한국보다 높은 것은 확실하다. 그러나 소위 대기업의 초봉과 주니어 급 연봉은 크게 다르지 않다. 독일 대기업의 일반 사무직의 경우 약 4만 이상의 연봉을 받는 것이 일반적이므로 국내 삼성, 엘지 같은 기업 신입사원 초봉보다 훨씬 높은 수준은 아니다. 앞에서 언급했듯이 이는 세전 기준이므로, 실수령액은 한국 대기업이 더 많은 경우도 흔히 있다.

한국과 비슷하긴 하지만 독일에서 조금 더 눈에 띄는 점은 초봉부터 직무, 직업별 급여 차이가 두드러진다는 것이다. 동일 회사 내에서도 고학력이 선호되는 컨설턴트, 엔지니어는 일반 사무직보다 급여가 현저히 높다. 이미 많이 알려져 있듯 독일은 기술 중심의 국가여서 엔지니어가 매우 우대받는 산업 구조와 문화를 가지고 있다. 메르켈 총리를 시작으로 대기업의 매니지먼트, 이사회 구성 인력 대부분이 엔지니어 출신이라는 것이 이를 뒷받침하는 쉬운 예이다. 이 밖에 독일에서 높은 월급을 자랑하는 산업은 자동차, 화학, 금융, IT, 제약 부문이다. '사'자가 붙는 직군보다 이런 산업에서 높은 직책의 연봉이 더 높기도 하다.

독일의 평균 급여는 어느 선이라고 정의하는 것은 무리가 있지만, 생활비를 감안한 최저 한계선은 언급할 수 있다. 독일에서 인문계 학사/석사 기준 경력 2년 미만인 경우를 보통 주니어 레벨로 간주한다. 이 조건에서 연봉이 3만이 넘지 않으면 다시 한번 생각해 보길 권고한다. 뮌헨이나 프랑크푸르트 같은 대도시는 3만 5천을 최저 선으로 잡아도 집세와 교통비 같은 정기적 지출비가 높아 생활은 가능하지만 저축이나 한국 방문이 부담스럽게 느껴질 수 있다. 따라서 단순히 경험을 쌓기 위한 단기 경력이 아니라면 이 금액을 최저 선으로 고려했으면 좋겠다.

이외에도 연봉을 도대체 얼마나 받아야 적정 수준인가를 판단하는 데 도움이 될 만한 예를 들어 보겠다. 뮌헨에서 함께 생활한 룸메이트 중 한 명은 프랑스 석사 출신의 컴퓨터 엔지니어로 지멘스 계열사에서 1년 6개월 간의 트레이니 기간을 마친 후 초봉 5만 8천 유로로 직장 생활을 시작했다. 또 다른 독일 친구의 경우 컴퓨터 공학 석사를 마친 뒤 작은 스타트업 기업의 프로그래머로 연봉 4만 9천에서 일을 시작하였고 2년 뒤 자동차 부품을 다루는 대기업으로 옮기며 연봉 6만을 받기로 했다. 간호사를 하던 아우스빌둥(견습 프로그램) 출신 룸메이트는 첫 정식 직장에서 연봉 3만 4천으로 시작, 3년 뒤 대학 학위까지 딴 뒤 대학병원 비서직으로 옮기며 5만 수준으로 올렸다. 현재 내가 재직하는 독일 회사는 에너지 분야에서는 1위, 총 분야에서 5위를 차지하는 대기업으로 평균 급여 수준이 높은 편이지만 지원 부서 특성상 팀원들의 연봉이 4~6만 사이에 머물러 있다. 팀원들의 경력은 3년에서 5년 사이이다. 학교 선생님이나 공무원은 일반 회사원보다 연봉이 적지만 복리 후생이 뛰어나 여성들이 굉장히 선호하는 직업군이다. 나머지 전문직은 워낙 본인 역량에 따른 차이가 커서 예시를 드는 것이 의미가 없을 것 같다.

연봉과 관련하여 고려할 다른 사항은 한국의 호봉제가 독일 기업에선 찾아보기 어렵다는 것이다. 즉, 매년 연봉이 오르지도 않고 몇 년을 일했다고 자동으로 직급이 올라가지 않는다. 인사 정책에 따라 인플레이션 수치만큼 몇 년마다 모든 직원의 연봉을 인상하는 회사들은 있다. 이외에는 월급이 몇 년씩 동결되는 경우도 흔하다. 우리나라는 3~4년이 지나면 대리로 직급이 올라가지만, 독일은 이런 체계가 없다. 회사 내에 부서, 그 밑에 팀이 존재하고 팀 내에는 팀원과 팀장만이 존재한다. 팀원들도 경력이나 나이가 다 제각각이라 팀장보다 팀원의 연봉이 더 높은 일도 많다. 팀장 포지션이 공석일 경우 본인의 그간 업무 평가에 따라 공석 제안이 주어지기도 하지만 일반적으로는 공석 채용을 위해 인트라넷에 채용 공고를 올려 사람을 뽑는다. 그리고 난 뒤 내부 인력에서 적합한 인물이 없는 경우 외부 취업 포털에 공고를 올린다. 이 루트로 승진되는 경우가 연봉을 크게 올릴 수 있는 가장 좋은 기회이다. 흔히 직장인들은 몇 년간 프로모션의 기회를 잡지 못할 때 이직을 통해 연봉을 올린다.

### 4. 독일에서 한 달 평균 생활비는 어느 정도 들까?

생활비 중 가장 많은 부분을 차지하는 것은 단연 주거비이다. 1인 가정을 예로 들면 방 하나를 임대하느냐 또는 집 전체를 임대하느냐에 따라 차이가 나고 지역별로도 집세 차이가 크다. 뮌헨에서 다른 사람과 집을 공유하는 셰어하우스에 6평짜리 방 하나를 빌렸을 때 한 달 월세가 600~650유로였다. 당시가 2014년이었는데 2017년인 현재는 가격이 조금 더 올랐다. 집 전체를 임대하는 것은 사실상 너무 큰 사치였기에 몇 번 시도 끝에 마음을 깨끗이 접었다. 13평짜리 스튜디오 임대가 1,000유로를 훌쩍 넘었으니 미련 없이 포기하기 딱이었다. 현재 거주하는 에센에서는 600유로로 20평 선의 집 전체를 임대할 수 있다. 치안이 좋지 않은 지역으로 간다면 심지어 2층짜리 집 임대도 가능하다! 기본적으로 고정비 계산 시 1인 가구 기준 주거비를 600유로 선으로 둘 수 있겠다.

이외 고정 지출 항목은 수도세, 전기세, 통신비, 그리고 교통비가 있다. 전기세는 한 달 사용기준 1500kWh에 45유로 정도가 든다. 그 기준만큼 비용을 미리 낸 뒤, 3개월마다 실사용 수치를 정산하여 초과한 금액을 더 내거나 미만이라면 그 금액만큼 돌려받는 방식이다. 대개 수도세는 월세에 포함된 경우가 많다. 인터넷은 월 30~40유로를 잡으면 된다. 따라서 1인 기준 수도세, 전기세, 통신비까지 100유로로 예상 지출을 계획할 수 있겠다. 교통비는 주거 도시마다 역시 차이가 매우 크다. 뮌헨의 경우 예컨대 월 정기권이 뮌헨 시내 어느 구간까지 포함하느냐에 따라 최소 50유로에서 100유로를 넘어갈 수 있다. 아직 어디에 살지 잘 모르는 상황에서 생활비를 계산할 때 월 80유로로 빼놓기를 추천한다.

나머지 비고정 지출 항목에는 식비, 외식비, 문화생활비, 독일 내 여행비, 필요하다면 독일어 학원비 정도가 있겠다. 나는 평일에는 집에서 거의 밥을 해 먹는 편이고 아시아 마트는 한 달에 한두 번 김치와 장류를 구매하러 간다. 나머지는 모두 독일 슈퍼에서 재료를 구입하여 요리를 한다. 절대 많이 쓰는 편이 아니라고 하지만 군것질을 워낙 많이 하는 스타일이라 아끼고 아껴도 한 달에 200유로는 식료품비로 지출하는 것 같다. 이외 외식비는 메인 메뉴와 음료 하나를 시켰을 때 15~20유로로 계산하면 된다. 문화생활비에 포함되는 박물관이나 동물원, 영화관은 대개 10~15유로이다. 독일어 학원은 직장인의 경우 일주일에 두 번, 회당 1시간 30분 기준으로 200유로 정도 드는데 시마다 있는 저렴한 학원이나 시립학교를 이용하면 절반으로 가격을 줄일 수도 있다. 근교 도시 여행에 가장 큰 부분을 차지하는 교통비, 이는 예약 시점에 따라 아주 큰 차이가 있다. 할인권은 평균 20유로에서 살 수 있고 일반권은 50유로를 훌쩍 넘는다. 독일 사람들이 늘 몇 개월씩 앞서 휴가를 계획하고 준비하는 데에는 다 이유가 있다. 앞서 언급했던 것들을 모두 감안하면 400유로 정도 소비하는 것 같다. 다시 한번 강조하지만 나는 정말로 검소한 편이다. 앞에서 전혀 고려하지 않는 쇼핑에 취미가 있는 사람이라면 한국에서 평균적으로 쇼핑에 얼마나 지출하는지 계산해 보고 비슷하게 적용해 보면 된다. 옷이나 가전제품 가격에 많은 차이가 있지는 않다.

Ich arbeite
in
Deutschland

Chapter 2

# 독일에서 외국인 노동자로 산다는 것

# 01
## 독일 회사 진입까지

○ ○ ○

### 토종 한국인이 독일 회사에 취업할 확률이란?

독일 취업을 꿈꾸는 사람들에게 가장 많이 듣는 질문 중 하나는 단연 "한국에서 대학 졸업하고 경력이 없는데 독일로 취업할 수 있을까요?"이다. 단순히 가능과 불가능의 질문이라면 답변은 명쾌하다. 우리가 어려서 늘 배웠던 그 말, '불가능은 없다'. 하지만 모든 것을 나 하기에 달렸다는 마음가짐으로 열린 가능성만 향해 뛰어가기엔 외국인에게 현실은 그리 녹록지 않다. 확률로 접근한다면 답은 완전히 달라지기 때문이다. 한국어를 제대로 구사하지 못하는 외국인이, 본인의 국가에서 대학을 졸업 후 우리나라 회사원으로 취직이 될 확률이 얼마나 되는가? 그 수치는 단연 한 자릿 수에도 미치지 못

할 것이다. 유럽연합 국가 특성상 우리나라보다 외국인 채용에 대한 경험도 많고 마인드도 훨씬 열려있는 독일일지라도 굳이 '한국인'을 채용해야 하는 이유는 없다. 한국의 청년 실업률이 높다는 이유로 해외에서 돌파구를 찾아보자는 초 긍정적인 생각에서 다른 나라도 아닌 독일 취업에 무작정 도전하는 건 시간 낭비다.

비자와 언어라는 장벽을 제외하고 우리나라에서 정규 교육 과정을 모두 마친 사회초년생이 독일 현지 기업에 취업할 수 있는 확률이 너무도 낮은 가장 큰 이유는 독일의 특별한 교육 시스템이다. 독일은 전통적인 교육 시스템으로 여겨지는 조금은 특별한 직업 특성화 교육 시스템을 운영하는 나라이다. 교육의 중요한 목적 중 하나가 소위 마이스터라고 불리는 해당 분야 숙련자를 양성하는 데 있기 때문이다. 간혹 교육의 경직성 때문에 비판을 받기도 하지만 세계적 경제 위기에도 실업률이 4% 미만을 유지하는 독일의 강력한 경제력을 뒷받침하는 힘이 이 교육 시스템에서 비롯된 것이 아니냐는 주장에 힘입어 많은 국가가 독일 시스템을 롤 모델 삼아 자국의 시스템을 변화시키려는 움직임을 보이기도 한다.

먼저 독일 교육은 그룬드슐레라는 초등교육 과정 이후에 중-고등학교가 합쳐져 있는 2차 교육 과정으로 이어진다. 이 2차 교육 과정부터 진로에 따른 차이가 생긴다. 2차 교육 기관은 세 종류로 나뉜다. 첫 번째가 학문적 수련에 초점을 맞추는, 즉, 대학 학위 취득을 목표로 하는 학생들이 진학하는 12년 과정의 김나지움이다. 이 김나지움을 졸업할 경우 대학에 바로 진학할 수 있는 아비투어라는 자격이 갖추어진다. 김나지움 진학생들은 대개 학위가 필요한 지식 집합적 직업군-변호사, 의사, 회계사, 회사원, 교사, 교수, 설계사 등을 목표로 한다. 두 번째로 기술 집합적 직업군-전기 기술자, 정원사, 정비사, 간호사, 유치원 교사 등-을 목표로 하는 10년 과정의 레알슐레가 있다. 이후 언급하는 하웁트슐레보다 상대적으로 화이트칼라 직업에 조금 더 초점을 둔다. 마지막 루트는 제빵사, 요리사, 동물 조련사, 호텔 하우스키퍼, 미용사 등 수련 집합적 직업군에 적합한 9년 과정 하웁트슐레이다. 김나지움을 제외한 나머지 두 학교는 졸업 후 바로 일반 대학에 진학할 수 없으며 아우스빌둥이라는 학업과 직업을 연계한 몇 년간의 견습 기간 이후 자격을 갖출 수 있다. 한편, 10살 정도부터 각기 다른 교육 과정을 선택하고 진학해야 하는 것이 너무 이르지 않은가 하는 생각이 들기도 한다.

아동교육학과 석사를 취득한 고급 인력일지라도 아우스빌둥이라는 견습을 요구하는 유치원 교사에 바로 지원할 수는 없다. 더불어 전기 기술자로 아우스빌둥을 마친 뒤 전력회사 엔지니어로 이직을 할 수도 없다. 전자의 경우 다시 유아교육 실습 과정을 이수하여 유치원 교사로 진로를 바꾸거나 아니면 석사처럼 학문적 지식을 요구하는 아동교육 프로그램 설계자, 아동교육 교재 집필자 같은 직업군으로 눈을 돌릴 수 있다. 전기 기술자는 아우스빌둥을 마친 뒤 대학에 진학하여 엔지니어로서 기회를 확장하거나 현장 전기 기술자 마이스터로 계속 경력을 쌓아갈 수 있다. 이런 예를 들여다보면 단순히 해당 분야 학사를 취득한 우리나라 대학생들이 왜 독일에서 취업하는 데 한계가 있는지 쉽게 이해할 수 있다.

대학교 내 교육 시스템을 들여다보면 우리나라가 훨씬 유연한 편이다. 복수전공, 부전공과 편입이 비교적 자유로운 우리나라에 비해 독일은 훨씬 제한적이다. 유학생들이 잘 알듯이 한국 대학에서 공부하다 독일로 오는 경우, 중간 학년으로의 편입이 불가하여 처음부터 다시 시작하는 일이 부지기수다. 전공을 바꾸고 싶은 경우 역시 해당 전공에 다시 입학하여 할당된 학점을 모두 이수해야 한다. 내가 하고 싶은 공부와 목표를 수시로 바꾸기 어려운 시스템이다.

앞서 언급한 내용과 유사선상에 있으면서도 특이한 예로 법대 시스템을 들 수 있다. 우리나라 법대생은 법대 졸업 시 국가고시 응시 또는 패스 여부와 관계없이 학점과 논문만으로 법대 학사를 취득할 수 있다. 독일은 졸업 성적과 1차 국가고시를 합친 성적이 일정 수준을 넘어야 법대 졸업 자격이 생긴다. 고시 응시 기회는 총 2번인데 통과하지 못할 경우 졸업 시험 성적이 아무리 좋다 한들 법대 졸업생이 될 수 없다. 1차만 패스한 뒤 비슷한 법조계로 취업은 가능하나 법원 출입을 할 수 있는 법조인 자격증은 주어지지 않으며 연수생 기간을 거쳐 최종 시험에 합격하는 사람만 법조인이 될 수 있다. 법대 졸업을 못 한 학생들은 결국 학사가 없으니 처음부터 다시 다른 학과에 입학해야 한다.

체계가 이렇다 보니 독일 사람들은 대개 어려서부터 본인이 어떤 일에 관심이 있고 어떻게 학업을 이어나가고 싶은지 고민한다. 독일에서 일하면서 내내 부러웠던 부분이었다. 내 학창 시절을 돌이켜보면 하고 싶은 일이나 진로에 대해 고민하고 설계할 기회를 가져본 적이 없었다. 그저 전공이 무엇이 되었든 조금이라도 더 좋은 대학에 진학하는 데 목표가 맞추어져 있었다. 그래서 한국인들은 대학 졸업을 앞두고 한 번, 일을 조금 하다 나이 서른이 넘어서 한 번, 그리고 중년의 나이에 또 한 번씩 거꾸로 본인의 진로에 대해 고민해야 하는 비효율적 상황을 맞는다. 대학생들에게 가장 많이 듣는 고민이 "무엇을 해야 할지 모르겠다."라면 시스템에 개선에 필요하다는 것을 방증하는 것이 아닐까?

이런 교육 특성을 감안할 때 우리나라에서 모든 정규 교육을 마치고 독일 취업에 도전할 수 있는 경로는 네 가지 정도 된다.

1. 취업을 원하는 국가에서 석사 또는 박사 등, 더 높은 고등 교육을 이수하여 현지 언어 이수 + 현지취업 네트워크 및 정보 획득한 뒤 채용 공고에 도전하기. 석사를 이수하며 워킹스튜던트, 인턴, 트레이니 프로그램을 통해 파트 타임으로 근무한 뒤 이후 정식 오퍼를 받는 경우가 흔히 있다. 박사의 경우 기업과 연계한 산학 협력 연구 프로젝트도 무척 많다. 물론 이공계의 사회 진입 기회가 인문계보다 훨씬 더 높긴 하지만 현지 회사만 목표로 할 경우에 가장 가능성이 높은 옵션이다.

2. 국내에 있는 해외 취업 알선기관(예컨대 월드잡, 취업 박람회)을 통해 취업하거나 바로 한국 기업의 해외 지사에 취업해 경력을 쌓은 뒤 이직하는 방법 이용하기. 앞선 방법의 경우 일본이나 대만, 싱가폴 같은 아시아 국가에서는 현지 기업도 종종 참여하지만 유럽의 경우 이런 박람회나 국내 취업 알선 기관을 통해 인력을 구하는 기업이 99.9% 한인 기업이라는 한계가 있다. 따라서 한국 회사도 관계없는 지원자에게는 적합하지만 현지 회사만 목표로 할 경우에는 다른 방법도 함께 고려하는 것이 좋다. 대개 알선 기관에서는 노동 환경이나 계약에 대한 책임은 없으므로 지원자 본인의 업무, 급여, 기타 복지에 대해 꼼꼼히 확인 후 판단해야 한다.

3. 국내에 있는 관련 분야 기업에서 경력을 충분히 쌓은 후 그 경력을 중심으로 동일 분야 독일 취업에 도전하는 방법 이용하기.
유럽에서도 인지도가 높은 글로벌 기업에서 일하는 경우 본사 인트라넷 취업 포털을 통해 다른 나라에 위치한 지사 또는 본사 포지션으로 이동할 기회가 다수 있다. 예컨대 보쉬, 지멘스, 지엠, P&G, 네슬레 등이다. 주변에 이런 경로로 독일에 온 지인들이 몇 명 있다. 또는 같은 회사가 아니더라도 외국계 글로벌 기업이 조금 더 가능성이 있는 것은 부인할 수 없다. 전문직의 경우도 비슷하다. 요리사로 국내 호텔서 5년 정도 일한 뒤 독일에 와 식당 주니어 셰프로 취직하는 등 그 분야의 전문성을 인정받을 만한 경력이 있다면 충분히 이직 가능성이 있다.

4. 국내에 있는 기업에 취업 후 주재원 등 해외 파견 기회 획득하기.

현지 채용보다 주재원이 훨씬 이득이 많지만, 최근에는 비용 때문에 주재원 파견 숫자가 많이 줄어드는 경향이 있고 대개 직급이 중간 대리 이상은 되어야 파견을 하는 경우가 많아 경력을 끈기 있게 쌓고 도전해야 한다. 지사 특성상 영업 및 기술부서가 주재원 파견 기회가 가장 높다.

나이 서른이 넘어 독일로 취업이민 온 지인 중 독하게 처음부터 모든 공부를 다시 시작하여 성공한 사람들도 있다. 한국에서 오랫동안 게임 업계 경영팀에서 근무하다 독일 약대에 입학 후 국가고시까지 마치고 약사가 된 언니, 한국 공대를 자퇴하고 뮌헨에 와 1년 이상 독일어를 공부하다 맥주 공정 복수 학위 제도에 도전한 학생, 호주에서 호텔 주방장으로 3년 넘게 근무하다 독일로 넘어와 독일 식당에서 아우스빌둥을 시작한 셰프 등 존경스러운 사람들이 정말 많다. 독일에 처음 왔을 때의 나는 부끄럽게도 다시 모든 비용과 시간을 감수하고 처음부터 다시 시작할 만큼 열정이 샘솟는 직업을 찾지도 못했고, 먹고 사는 문제를 극복할 만큼의 용기가 있지도 않았다. 그래서 내가 선택할 수 있는 것은 한국 회사에서 경력을 쌓은 뒤 독일 현지 기업으로 이직하는 것이었다.

## 한국 기업으로의 진입

독일에 떨어진 지 3개월 뒤 뮌헨으로 향했다. 바람처럼 스쳐간 악몽의 프랑크푸르트를 뒤로하고 뮌헨으로 가던 길, 왠지 이번엔 잘될 것 같다는 근거 없는 느낌이 들었는데 지나고 보면 참으로 사람의 직감만큼 정확한 것은 없는 것 같다. 고작 몇 개월이었지만 프랑크푸르트에서 첫 겨울을 보내며 쌓았던 온갖 부정적 인상과 기억들을 잊게 만들고 독일에서 조금 더 괜찮은 곳으로 도전해봐도 괜찮겠다는 기대를 하게 해준 곳이 뮌헨이었다. 그리고 정식으로 취업 비자를 받고 근무를 시작한 곳, 매일같이 불평하면서도, 아침에 눈뜨고 출근할 때 일주일에 두세 번 정도는 기분이 좋았던 회사가 뮌헨에 있던 한국 회사 유럽 법인이었다.

이 회사는 한국 본사 직원 수가 약 2천 명 정도 되는 중견 기업이다. 유럽, 미국, 아시아를 아우르는 세계 곳곳에 해외 법인이 있었고 그 중 뮌헨 사무실은 유럽 법인장이 상주하는 유럽 대표 지사였다. 뮌헨 상주 직원은 약 30명, 나머지 다른 국가에서 재택근무 형태로 근무하는 영업 직원이 20명 정도 되었다. 한국인 직원과 현지 유럽 직원 수의 비율이 1:5 정도로 한국인 직원이 많지 않았던 것이 장점일 수도 있지만, 처음 입사했을 당시 함께 일하던 직원들 대부분 성격이 유연하고 쾌활하여 갈등이 없었던 것이 회사 생활이 즐거웠던 가장 큰 이유였다.

독일 내 있는 한국 기업들은 현지 영업이나 기술자가 아닌 이상 일반 사무직은 한국인을 선호하는 경향이 있다. 아무래도 본사 직원과 법인에 파견된 주재원 모두를 아울러 의사소통을 원활하게 할 수 있는 직원을 원하기 때문이다. 최근에는 독일에 거주하는 한인이 많이 늘어나다 보니 예전보다 독일어 구사력을 더 많이 보기는 하지만 실제 구인 광고와는 달리 독일어가 매우 유창하지 않아도 영어가 유창하면 기회를 주는 곳이 많다. 따라서 구인 광고에 독일어, 영어, 한국어 모두 유창이라는 조건을 보고 지레 겁먹어 지원도 하지 않는 소극적 태도는 지양해야 한다. 이는 기업에서 선호하는 조건일 뿐 반드시 필요한 조건은 아니니 영어가 자신 있다면 적극적으로 지원해 보는 것이 좋다. 다만, 독일어 수준과는 관계없이 한국 회사의 경우 영어는 반드시 '비즈니스' 레벨이 되어야 한다.

나는 처음부터 한국 중견 규모와 대기업 법인만 공략했다. 독일 현지 기업에 취업할 확률은 제로에 가깝다는 것을 현실적으로 알고 있었기 때문이다. 독일 회사에 도전하기 전, 경력을 조금 더 보충하는 것을 계획상 우선순위에 두었다. 독일 내 중소 규모의 한국 회사들도 많은데 정식으로 경력을 쌓고 독일 현지 취업까지 목표에 두고 있는 사람이라면 지원에 보다 신중해야 한다. 소규모의 회사들이 법을 잘 모르거나 중요하게 여기지 않아 일삼는 부당 대우와 횡포는 둘째 치고라도 비자 발급의 어려움, 추후 이직 시 불리함이라는 중대한 장벽이 있기 때문이다. 특히 회사와 업무가 한국에서는 쳐다보지도 않았을 정도라면 독일까지 와서 자신의 가치를 내리는 결정을 할 필요는 하나도 없다. 앞서 말했듯 우리는 늘 최저 하한선을 정해두고 스스로를 상기시켜야 한다.

당시 내 경력은 미국 근무 경력까지 합쳐 4년이 조금 안되어 보잘것없었다. 독일어는 인사말과 음식 주문이 가능한 수준이었다. 내세울 수 있는 것은 영어와 독일에서 아무 쓸모없는 스페인어 정도였다. 다만 미국과 멕시코에서 근무한 경력이 있어 이를 어필하는 쪽으로 가닥을 잡으면 가능성이 있다고 생각했다. 외국어와 한국 기업 해외법인 근무 이력, 프레젠테이션 능력 세 가지에 초점을 두고 지원서를 작성하여 지원한 곳의 절반의 기업에서 면접 초대를 받았다. 실제로 면접에 참석한 곳은 두 곳이다. 두 곳에서 모두 최종 오퍼를 받았다. 한국의 본사 기준으로 치면 기업 규모나 사회적 인식 모두 프랑크푸르트에 위치한 곳이 훨씬 뛰어났지만 유럽 법인 기준으로는 뮌헨에 있던 회사가 더 낫다고 판단하여 해당 회사 입사를 결정했다.

나 스스로에게 중요했던 유럽 법인 기준이란 것은 법인 내 현지인과 주재원, 현지 채용인의 비율, 법인장이 현지인인가 한국인인가의 여부, 한국 밖 즉 유럽 내 회사의 인지도, 복리후생 및 임금 수준이다. 뮌헨의 회사는 독일 사람이 법인장으로 그 밑의 매니저급(부서장, 팀장)도 현지인이 대부분 차지하고 있었다. 영업 법인이라 한국 본사와의 소통이 필요한 지원 인력 외에는 모두 현지인으로 구성되어 있다는 것이 사실 가장 마음에 들었다. 그렇지 않다면 독일에서 일하는 것 자체에 의미가 크지 않다고 생각했다. 프랑크푸르트는 반대로 주재원이 실 결정권을 쥐고 있는 구조로 현지인이 실무를 하면 주재원이 본사에 넘기기 전 검토 및 승인을 할 수 있도록 매니저급이 모두 한국인 주재원으로 이루어져 있었다. 따라서 면접관도 모두 한국인이었고 면접을 통해 주재원과 현지인의 관계에 위계질서가 있다는 부정적 인상을 받았다. 게다가 프랑크푸르트는 법정 공휴일도 뮌헨보다 적은데다 연차

수도 적으니 큰 고민 없이 뮌헨 회사를 선택할 수 있었다.

압박 면접이나 토론으로 대표되는 한국의 고된 채용 과정에 비하면 유럽 법인 채용 과정은 비교적 단순하고 수월했다. 서류에서부터 지원자들의 수가 현저히 차이가 나니 아마 한국에서 본사 공채에 지원했다면 나는 떨어졌을 확률이 더 높지 않을까 생각한다. 본사의 해외 영업 팀 직원들의 스펙을 보면 참 이런 고학력과 갖가지 자격증이 무슨 의미가 있단 말인가 싶다가도 지원자가 너무 많아 빠르게 1차 필터링을 해야 하는 인사팀 직원 입장에서는 또 그럴 수밖에 없는 걸까 싶기도 하다. 어쨌든 지원서를 넣고 2주 만에 면접 초대를 받았다. 약 1시간 정도 진행된 개별 면접에서 받았던 질문은 100% 직무와 본인 역량(성격, 목표, 장단점 따위)에 연관된 것이었다. 게다가 나는 CEO가 너무 바쁘다는 이유로 최종 CEO 면접을 건너뛰는 고속 채용을 경험했다. 출근 뒤 여담으로 들은 얘기는 CEO가 무척 까다롭고 불같은 성격이라 최종 면접에서 많이 떨어진다는 것이었다. 당시 CEO가 바쁘지 않았다면 나는 과연 붙었을지 무척 궁금해진다.

### 현지 채용에 대한 오해와 진실 : 한국 기업 해외 법인

외국에 있는 한국 회사들의 뚜렷한 특징은 조직 내 복잡한 정치적 관계이다. 이는 흔히 '독일 법인'으로 통칭하는 독일의 한국 기업들에도 적용된다. 간단히 말하면 주재원과 현지인 직원, 현지에서 채용한 한국인 직원(통상 현채로 일컫는다), 본사 직원 사이의 갈등이다. 이들 간의 권력 다툼은 드라마를 보듯 흥미롭다. 물론 당사자에게는 피곤한 눈치 싸움이지만!

현지 채용에 대한 인식은 대체로 부정적이다. 블로그를 통해 많이 받는 질문 중 하나도 "현지 채용은 대우가 좋지 않은가요?"이다. 이와 비슷한 질문과 분석을 다른 블로그에서도 종종 본 적이 있다. 독일에서 유학하지 않고 바로 취업하고자 하는 사람 중 내가 지나온 루트처럼 한국 회사를 초기 진입 목표로 삼고 지원하려는 사람이 많아 그 궁금증이 날로 커지는 것 같다. 나는 독일에 오기 전 멕시코에서 주재원으로 근무하며 이런 관계를 조금은 경험하였기에 특별히 기대한 것도, 실망한 것도 없었다. 주재원의 권력이 너무나 막강했던 멕시코 회사와는 달리 뮌헨에 위치한 회사에서는 네 가지 각기 다른 형태의 피고용자 관계와 갈등이 훨씬 복잡하고 미묘했다는 게 다른 점이다. 직접 경험한 회사 외에도 프랑크푸르트와 뒤셀도르프 등지에 위치한 한국 기업에서 근무한 지인들에게서 들은 경험담까지 합쳐 현지 채용에 관해 재미 삼아 분석해 보았다.

주목할 만한 것은 시간이 갈수록 법인들 대부분이 파견 주재원 숫자를 줄인다는 것이다. 또한 예전처럼 주재원을 한 번 보내면 5년에서 길게 10년까지 장기간 파견하지 않고 2년에서 4년으로 체류 기간을 줄이는 것도 한 추세이다. 주재원 수가 줄어드는 만큼 현지 채용이 늘어난다. 많은 이유가 있겠지만 큰 두 가지 이유는 주재원 파견에 드는 높은 비용과 한국으로 복귀해야 할 시점에 퇴사 후 해당 국가에 정착하는 직원 숫자가 늘어난 점이다. 경영자 입장에서는 무척 부담이 클 수밖에 없다. 더불어 현지 직원과 일한 경험이 쌓이면서 주재원보다 현지 직원을 채용하는 게 더 효율적인 부분도 있다는 걸 알게 된다. 주재원이 현지에 적응하여 비즈니스를 파악하는 것 보다 이미 현지 환경과 비즈니스를 잘 알고 있는 인력을 채용하여 자사 비즈니스를 교육하는 것이 시간과 비용 면에서 더 나을 수 있다는 점이다.

직원들 간의 관계는 회사의 문화와 정책에 따라 많은 차이가 있다. 주재원이 막강한 권력을 가진 프랑크푸르트의 주요 회사들이 있고 내가 다닌 곳처럼 현지인이 약간 더 세거나 동등한 힘과 지위를 가진 곳도 있다. 본사가 어떤 경영 방식으로 법인을 운영하는가, 법인의 성격이 무엇인가(영업 법인, 제조 법인, 운송 법인 등), 주재원과 현지인의 비율이 어떻게 되는가, 본사가 법인 경영에 얼마나 많이 관여하는가 등 권력 관계에 영향을 미치는 요소들은 매우 많다.

유럽법인의 가장 흔한 운영 구조는 한국인이 법인장으로 있고, 과장급 이상의 주재원이 현지에서 팀장을 맡으며 이외 실무자들을 현지인과 현지에 사는 한국인으로 구성하는 것이다. 대개 독일에 나와 있는 법인 형태는 유럽 시장 진출을 목적으로 한 영업 법인이 가장 흔한데 이 경우 실무직원 중 유럽 고객을 상대해야 하는 현장 영업은 현지인으로 두고 그 현지인과 회사를 연결하고 지원하는 다리 역할을 현지 한국인으로, 그리고 그 현지인과 한국인을 관리하는 역할을 주재원으로 구축하는 것이 기본 구조이다. 주재원을 관리자로 두려면 웬만큼 경력을 쌓은 과장급 이상을 보내야 하는데 대개 이 정도 연차의 직원 중 외국어가 유창한 직원이 많지 않기 때문에 현지에서 채용한 한국인은 필연적으로 현지인과 주재원, 본사 사이에서 메신저 역할을 비중 있게 하게 된다. 이런 구조에서는 물론 이 중간다리 직원이 이리저리 많이 치이므로 현지채용이 불리하지 않느냐는 비아냥거림이 자연스럽게 나오는 것이다. 더불어 현지의 한국인은 승진과 연봉 협상을 포함한 대우에서도 한국식을 적용하는 경우가 많고 근무 태도나 근무 시간, 문화 모든 부분에서 토종 한국식을 기대하는 경향이 높다. 따라서 업무 외 사적인 관계 형성도 주재원은 주재원끼리, 현지인은 현지인끼리 나누어져 발전되는 것이 자연스럽다.

내가 근무했던 뮌헨 법인의 경우는 조금 달랐는데 가장 큰 이유는 법인장이 독일인이고 팀장급도 현지인이 더 많이 차지하고 있었기 때문이었던 것 같다. 주재원과 현지인이 잘 어울려 담화를 나누다가도 돌아서서 서로가 서로를 잡아먹을 듯 욕하는 것이 일상적이었다. 다 같이 모여 본사를 공동의 적으로 삼고 험담하다가 서로가 없을 때는 '망할 외국인들', '망할 한국인들' 하며 불평을 해대고 또 서로가 필요할 땐 둘도 없는 동료 행세를 하는 모양이 마치 한 지붕 아래 함께 사는 며느리와 시어머니 같기도 하다. 현지에서 채용된 나는 딱 그 사이에 끼어있는 남편이자 아들, 본사를 시아버지로 생각하면 무척이나 익숙한 아침 드라마 현장이 되어 버린다. 이곳의 가장 큰 장점은 현지 채용 한국인이 더욱 자유롭고 수평적 환경에서 근무할 수 있다는 것이다. 유럽 현지 회사와 비슷한 분위기에 직원들과 교류하고 또 더불어 주재원과도 더욱 수평적인 소통, 관계를 형성할 수 있다. 눈치껏 중간 남편, 아들 구실만 잘 해내면 양쪽에서 필요로 하는 중요한 입지를 구축해 나갈 수도 있다.

이런 구조 아래 누가 밀당을 주도하는 가는 정보력에 달려 있다. 주재원의 무기는 본사에서 구축한 인맥과 그들에게서 취득하는 정보력이다. 본사에서 중요한 정보를 가장 빠르고, 가장 많이 입수하는 것은 물론 주재원이다. 아무래도 현지에 전달되는 정보는 일차적으로 필터가 되므로 정보의 양과 질이 조금 떨어질 수밖에 없다. 이 정보를 무기로 게임을 주도하려고 한다. 예컨대 본사에 이슈 관련 보고 시 교묘하게 현지인 탓으로 돌릴 수 있다.

현지 직원은 현지의 영업, 고객 관련 정보들을 가장 많이 알고 있다. 언어와 문화, 비즈니스에 대한 이해력이 누구보다 뛰어나니 '나 없으면 한국인들끼리 영업 못 한다'는 자세로 게임을 조종하고자 한다. 본사와 주재원에 전달하는 영업 정보는 본인이 원하는 만큼만 공유하고 모르는 척할 수 있다. 본사에 영업 관련 이슈 보고 시, 주재원과 본사의 지원 부족이나 늑장 대응을 가장 쉽게 탓할 수 있다.

현지 한국인은 주재원과 현지인이 가진 정보 둘 다 취득할 수 있다는 장점이 있다. 이렇게 얻은 양쪽의 정보를 잘 가지고 있다가 적시 적소에 전달하여 예쁨 받을 수 있지만, 지원 포지션이라는 약점과 "네가 중간에서 의사 전달을 잘못해서 그렇다"고 다 뒤집어쓰고 욕먹기도 쉽다.

본사 직원은 법인에 상주하지 않으니 얼굴 보고 삿대질할 일은 없지만, 친밀감이 없어 사실상 갈등을 가장 많이 일으키기도 한다. 많은 사람이 본사 직원이 제일이다, 법인장도 결국 월급 사장이니 언제든 잘릴 수 있으므로 본사 결정이 가장 중요하다고 생각하는 경향이 있지만 현지에서 영업 실적 미비를 본사 탓을 해버리면 본사에서 직접 가장 많이 욕을 먹는다는 큰 약점도 안고 있다. 현지는 아무리 욕을 먹을지언정 물리적 거리와 언어적 한계로 그 수위가 훨씬 약하다. 법인에서 일하는 직원들을 무시하면서도 부러워하는 이유가 여기에 있다.

이렇듯 현지 한국인은 대부분 지원 업무를 담당하는 경우가 많고 이런 업무는 아무래도 높은 직급으로 올라가는 데는 한계가 있다. 직무 특성상 실적을 내기도 어렵고 본사 소속 직원이 아니니 회사 차원에서는 크게 투자할 가치도 없기 때문이다. 또 다른 단점은 경력을 통해 전문성을 쌓기 어렵다는 것이다. 대개 입사 2년 정도가 지나면 슬럼프가 찾아오는데 '나는 분명 독일에서 있는데 한국에 있는 이 느낌, 분명 경력도 3년이나 되었는데 왠지 늘 다른 사람 뒤치다꺼리만 하는 이 느낌은 뭐지?'라고 회의가 느껴지는 것이 당연하다. 그래서인지 많은 기업에서 이런 포지션을 계약직으로 돌리는 경우도 늘고 있다. 이런 한계점을 정신력으로 극복하고, 꾸준히 본인의 야망을 윗사람에게 어필하면 당연히 기회도 찾아온다. 묵묵히 제자리서 열심히 일하는 개미가 아니라, 호시탐탐 더 큰 먹잇감 주변에 어슬렁대는 늑대 같은 직원이 되어야 한다.

## 슬럼프로 비롯된 독일 생활의 터닝 포인트

법인에서 일한 지 2년이 지나 3년이 가까워져 올 때쯤 고비가 찾아 왔다. 스스로가 정한 데드라인이랄까, 직장 생활이나 직장 밖 생활 모두 고려했을 때 더 독일에 남아 있을 것인가 아니면 한국으로 복귀할 것인가를 결정해야 했다. 물론 이 갈등은 외부의 압박이 아닌 자신의 고뇌에서 기인한다. 한국 내 직장 생활에서 2~3년을 주기로 찾아온다는 슬럼프는 독일 생활에서는 거의 분기마다 찾아온다. 내가 잘하고 있는 것인가? 내가 나아가야 하는 방향은 어디인가? 나는 성장하고 있는가? 더 좋은 기회는 어디에 있는가? 나에게 독일이 맞는가? 더 늦기 전에 한국에 가야 하는 것은 아닌가? 나는 대체 왜 독일에 있는가?

슬럼프의 가장 큰 원인은 독일에 살지만 여전히 소속은 한국 회사라는 것이었다. 회사 생활에 불만이 있었던 것도 아니고 오히려 승진 뒤 자부심도 생겼지만, 왠지 한국 회사라는 것이 내가 그 어느 곳을 가든 뛰어넘을 수 없는 한계처럼 느껴졌다. 한국인이라서 한국 기업에서밖에 일할 수 없다는 이 한계를 뛰어넘지 못한다면 독일에 더 남아 있어야 할 이유가 없다고 결론 내렸다. 그럴 거면 한국에 있는 한국 기업에서 일하며 가족들, 친구들과 함께 나이 들어가는 것이 나았다. 게다가 서른 중반을 코앞에 둔 나이가 불안감으로 다가왔다. 지금 한국으로 복귀하지 않으면 이후에는 더 힘들어질 것 같았다. 40대 후반에 퇴직해야 하는 한국 직장인의 삶에 40이 다 되어가는 노처녀가 이직하는 건 무리수에 가까웠기 때문이다. 게다가 독일에서 십 년을 살았다 하면 노처녀에 센 여자 꼬리표까지 붙으니 이래저래 한 살이라도 젊을 때 결정해야 했다.

그렇다면 주어진 선택권은 두 가지였다. 독일 회사로 이직하거나 한국으로 복귀하는 것. 독일 기업에서 현지인과 같은 조건으로 일하고 생활한다면 조금 더 독일 직장인의 삶을 폭넓게 경험해 볼 수 있겠다는 확신이 들었다. 일종의 정당화였다. 그래야만 나중에라도 누군가에게 정말로 독일에서 일하는 것이 어떤 건지 이야기라도 해 줄 수 있을 것 같았다. 한국 상사가 전혀 없는 곳에서 완벽한 외국인으로 살아남는다는 게 어떤 건지도 경험해 볼 수 있다. '처음부터 한국 기업은 독일 기업으로 진입하는 디딤돌로 여겼으니, 더 나이 들기 전에 도전하고 안 되면 미련 없이 한국으로 돌아가자!'고 깔끔하게 마음을 정했다.

그때부터 독일 기업에 지원서를 넣기 시작하여 최종 입사 제의를 받기까지 약 8개월이 걸렸다. 여기서 독일 기업에 대해 정확히 얘기하자면, 독일 기업이 아니라 독일에 있는 한국 기업과 여타 아시아 기업을 제외한 모든 기업이다. 한국 졸업생들이 겪는 취업 준비 기간에 비교하면 길지 않은 시간이지만 당사자인 내게는 당연히 영겁같던 시간이었다. '모 아니면 도'라는 극단적인 목표가 생기고 나면 아무래도 초조해지게 마련이니 말이다.

작성한 지원서는 30개 정도 된다. 그리고 멈추었다. 다니고 있던 직장이 전시회 준비로 어느 때보다 바빴기 때문에 짬 날 때마다 공고를 뒤지고 지원서를 작성하는 것이 무척 버거웠다. 피곤함에 지쳐 복사, 붙여넣기로 작성

되는 성의 없는 지원서를 쓰는 것도 자신에게 부끄러웠고, 계속되는 서류 탈락을 알리는 회신 또는 무응답에 '역시 독일 회사는 안 되는구나….'라는 생각에 이 정도면 됐다는 생각이 들었다. "귀하의 우리 회사에 대한 관심에 감사합니다…."로 시작하는 이 예의바른 탈락 안내 이메일도 싫었다. 그냥 쿨하게 "다음 단계에 초대받지 못했습니다."라고만 하던지, 이왕 예의 바를 거 "넌 이런 게 부족해서 떨어졌다."라고 친절함까지 더해 주던지. 나를 빨리 지치게 만든 큰 이유는 지원서 접수부터 서류 통과까지 걸리는 평균 시간이 가늠이 잘 안 된다는 것이었다. 우리나라라면 대개 서류 발표 날짜가 정해져 있거나 대개 지원서 제출 후 1~2주 뒤에도 연락이 없으면 '떨어졌구나'라고 예상을 하기 마련인데, 독일에서는 지원했다는 것조차 까맣게 잊었을 때쯤 연락이 오는 경우도 흔하다. 평균적으로 우리나라보다 훨씬 긴 시간이 소요된다. 1주일 만에 연락 오는 경우는 거의 없다. 극단적 케이스지만 프랑크푸르트에 있는 미국계 보험회사에서 근무하던 친구는 무려 2년 전에 입사 지원한 바이에른 축구협회에서 면접 초대를 받았다. 따라서 독일에서 이직을 준비하는 사람이라면 절대 현 직장을 미리 그만두지 말고 여유 있는 상태에서 지원하는 것이 좋다. 어쨌든 3개월 전 한 지원서에 탈락 이메일을 받고 나서, 아 이렇게 하염없이 기다리다간 힘들게 쌓아 놓은 자존감이 무너질 수 있겠다는 생각이 들어 한국으로 복귀해야겠다고 마음먹었다. 건강이 무척이나 안 좋아진 아빠를 생각해서라도 이번이 참 돌아가기 알맞은 시기인가보다 하고 마음을 먹고 나니 장래에 대한 걱정보단 숙변을 해결한 듯 시원했다.

사람 일은 참 우습다. 한국 복귀를 다짐하고 전 직장에 사직서를 제출하자마자 전에 지원했던 회사 몇 곳으로부터 면접을 보자고 연락이 왔으니 말이다. 연애하고 싶어 온 주변에 남자가 없나 두리번대고 주말마다 클럽을 전전할 때는 썸 한 번 타기가 그렇게 힘들다가 연애에 대한 마음을 비우고 혼자 있는 것을 즐기게 될 때쯤 나타나는 남자라는 존재처럼. 여유 없이 초조하게 무언가 억지로 어떤 일을 해보려는 사람은 그 에너지가 너무 강해서 기회라는 것이 들어올 틈을 주지 않는 것 같다. 그렇게 총 네 곳에서 연락을 받았다. '되는구나!'라는 마음에 굉장히 기쁘면서도 한편, 이미 한국으로 돌아가려고 마음 다 먹었는데 왜 이제 와서 마음을 흔드나 하는 원망이 들었다. 독일은 이만하면 됐으니 면접에 초대받은 것에 만족하고 이미 마음먹은 대로 돌아가자는 생각이 절반이었다. 막판에 면접행을 결정한 이유는 스스로를 테스트하기 위함이었다. 어디까지 갈 수 있을까 알아보고 싶었다. 최종 면접까지 모두 거쳐 입사 제의를 받는 그 단계까지 갈 수 있는지 시도해 본다면 그 과정만으로도 의미가 있지 않은가. 떠나는 건 그 이후에도 늦지 않으니 말이다. 마지막일지도 모르는 이 기회를 맛이라도 보자고 결정했다.

### 독일엔 공채가 없다

외국인 구직자에게 가장 유리한 곳은 대기업 또는 다국적 기업이다. 중소규모의 기업보다 외국인을 고용한 경험이 많고, 취업 비자를 지원한 사례도 있어 비자 지원이 까다롭지 않다는 것도 이해할 확률이 높으며, 기업 특성상 영어가 공용어이므로 독일어가 원어민이 아닌 외국인에게도 조금 더 관대한 편이기 때문이다. 물론 이 중 비이공계 지원자에게 가장 좋은 곳은 다국적기업 중 이미 한국이나 아시아에서 사업을 진행하고 있거나 진행하고 싶어 하는 곳이다. 면접 기회를 부여한 네 곳 중 세 곳이 아시아 시장 담당자를 뽑는 곳이었다.

독일에는 신입과 경력 모두 공채가 없다. 모두 수시 채용이다. 한 번 공채가 끝나면 또 다음 시즌까지 기다려야 하는 불편함은 없지만 대기업의 경우 구직자가 항상 해당 기업의 채용 공고를 부지런히, 수시로 뒤져야 한다는 의미이기도 하다. 독일에서 구직 방법은 대략 다섯 가지 정도 된다.

1. 채용 공고 사이트 이용: 우리나라 '잡코리아'나 '사람인'처럼 독일의 대표적 채용 공고 사이트로는 스텝스톤(stepstone.de)과 몬스터(monster.de)가 있다. 본인이 찾는 업무의 키워드를 입력하고 원하는 지역을 필터링 할 수 있다. 우리나라 사이트처럼 체계적이지는 않지만 다행히 영문 버전도 제공한다.

2. 개별 기업의 커리어 홈페이지: 모든 기업이 모든 공석을 채용 공고 사이트에 올리지는 않는다. 특히 대기업의 경우 그 기업이 위치한 전 세계를 포함하여 연중 내내 채용 공고가 너무 많기 때문에 오랫동안 뽑지 못한 주요 포지션을 제외하고는 기업 커리어 사이트에만 올려놓는 경우도 많다.

3. 헤드헌터: 독일 내에 한국인 헤드헌터도 있고 독일인 헤드헌터도 있다. 경력직에 유용한 편이다. 한국인 헤드헌터는 독일 기업보다 한국 기업으로부터 의뢰받는 경우가 많아 독일 기업으로 이직 시에는 크게 도움을 받지 못할 수도 있다. 독일 헤드헌터는 전문 직종에는 매우 유용하지만 일반 사무직에서는 취업비자나 한국인이라는 한계 때문에 도움을 잘 받지 못한다는 단점이 있다. 기술 집약적 직종은 이용해볼 만하다.

4. Linkedin 또는 Xing: 점점 더 이용자가 많아지는 루트이다. 한국 사람들에게는 잘 알려지지 않았지만 두 사이트는 모두 커리어용 페이스북이라고 생각하면 쉽다. 시간이 갈수록 이런 SNS에서 직접 채용 구인, 구직하는 사례도 많이 늘고 있다. 링크드인을 통해 직접 구인, 구직하지 않더라도 입사 지원 시 이런 사이트의 프로필을 요청하는 경우가 종종 있다. 경력자의 경력 내용과 네트워크를 확인해 볼 수 있는 좋은 방법이기 때문이다.

5. 지인 추천: 물론 독일에 네트워크가 별로 없는 외국인에게는 조금 제한된 방법이다. 예컨대 회사에서 일반 채용 사이트에 공고를 내기 전에 직원들에게 주변에 추천할 만한 지인이 있는지 묻는 경우가 무척 흔하다. 그 직원의 추천으로 실제 고용이 이루어질 경우 직원에게 보너스도 지급된다. 각 기업의 입사 지원 홈페이지에서 지원서를 작성할 때 회사에 아는 사람이 있는지 묻거나 이 공고를 알게 된 이유가 지인의 추천인지를 묻는

란도 대부분 포함되어 있다. 지원자 수가 많은 경우 아는 사람의 있고 없고 여부는 서류 당락에도 큰 영향을 미친다. 우리나라에서라면 낙하산 인사로 비판받을 수 있는 대목이지만 독일에서는 추천으로 인식된다. 지멘스에 다니던 친구로부터 내부 공고 몇 군데 입사해 볼 생각이 없느냐고 추천을 받았지만, 관련 경력이 너무 적어 떨어진 경험이 있다.

### 누가 서류를 통과 하는가

"문과라서 죄송합니다."라는 말은 독일에서도 고스란히 적용된다. 어문계열이나 사회계열은 독일 내에서도 일반 회사에 취업이 굉장히 어려운 편이다. 또한 우리나라는 학사가 일반적이라면 독일에서는 일단 대학에 들어간 경우 석사까지는 진학하는 경향이 강하다. 대학 진학률은 우리나라보다는 훨씬 낮지만 대학 진학한 사람만 놓고 보면 학력이 우리나라보다 상향 평준화되어 있다. 따라서 우리나라에서 문과 학사만 취득한 사람은 아무래도 독일에서 경쟁력이 조금 떨어질 수밖에 없다. 문과가 일반적으로 우대받지 못한다기보다는 기업에서 문과를 채용할 만한 부서가 제한되어 있거나 필요로 하는 인력의 수가 다른 분야보다는 적기 때문이다. 기업에서 문과 계열이 진입할 수 있는 부서는 마케팅, 홍보, 경영, 회계, 자금, 투자, 영업, 영업 지원 및 영업 기획, 인사, 법무 정도인데 이 중 '전문 분야 지식'이나 '자격'을 요구하지 않는 분야는 결국 마케팅, 홍보, 경영, 영업 관련 부서 정도 된다. 경영 관련 부서에서는 Business Administration이라 불리는 경영학과 MBA(Master of

Business Administration) 학위를 소지한 사람을 선호하고, 영업은 기업이 속한 산업군과 관련된 학위에 대한 선호도가 높다. 특히 B2B 영업은 기술 영업인 경우가 많기 때문에 그 산업을 알고 있는 사람을 좋아하는 건 너무 당연하다. 그나마 일반 소비자를 대상으로 한 B2C 영업은 전공 제한이 크지 않다. 마케팅과 홍보는 물론 관련 전공이 마케팅, PR, 커뮤니케이션 등에 집중되어 있다.

독일에서 딴 학위도 견습생 경력도 없는 외국인 노동자라면 중요한 건 99.9% 전공과 경력이다. 우리나라와 크게 다를 것이 없다. 회사의 규모나 근무 기간보다 중요한 건 그 팀에서 어떤 일을 했는가 그리고 그 경력 내용이 지원하는 분야와 얼마만큼 연결되는가에 있다. 예컨대 같은 파이낸스 팀에서 근무했더라도 전에 팀에서 담당하는 업무는 자금이고 지원하는 분야 업무는 인수합병 재무 담당이라면 업무 연관성이 높은 경쟁자에 밀릴 확률이 높다. 비슷하게 같은 IT 전문가라도 소프트웨어나 시스템의 전면 부문 전문가인가 서버 또는 시스템 인터페이스 구축 경력이 많은가에 따라 달라진다. 전공의 연계성이 중요한 것은 지원자의 기본 지식, 양식은 물론 실제 그 분야에 관심이 있는 사람인지 그 기본을 평가하는 잣대가 되기 때문이다. 커뮤니케이션이라는 내 전공은 엄청난 약점이 됨과 동시에 추후 경력과 연계하여 어떻게 포장하느냐에 따라 마케팅과 영업팀 둘 다 눈치껏 공략할 수 있다는 장점도 있었다.

연관성이 없는 분야에 지원해서 성공할 확률은 역시 제로에 가깝다. 앞에서 말했듯 시간이 금 같은 독일인에게 관계없는 사람들까지 초대해 인생사를 들어줄 만큼 여유는 없다. 30개의 지원서를 썼다고 하지만 사실상 내가 전에 하던 업무와 직접적 관계가 있던 곳은 10%도 안 됐다. 영업 관련 부서에서 줄곧 있었음에도 전략 기획이나 마케팅 공고에 지원했으니 억지로 글 짓기 해 봤자 시간 낭비였단 이야기이다. 앞 장에서 언급했듯이 독일은 교차 지원에 제한이 많다. 그리고 경력의 일관성이 없는 것도 마이너스 요소가 될 확률이 높다. 컨설턴트가 아닌 이상은 멀티플레이어보다 숙련된 전문가를 추구하는 독일의 문화를 항상 염두에 두어야 한다.

반대로 면접에 초대해 준 네 곳을 살펴보면 채용 공고에 나와 있는 업무 내용과 자격 요건이 내 경력 기술 내용과 2/3는 매칭된다. 재직 중인 회사에서 기재한 채용 공고에서는 지원자에게 영업 시스템 개발 및 운영, 영업 매출 및 목표 관련 보고, 영업 자료 작성과 전시회 운영 경력을 요구했다. 운 좋게 딱 저만큼이 전 직장에서 담당한 업무였다. 실제로 입사하고 보니 공고에 기재한 내용보다는 훨씬 더 전략 기획팀에 가까운 업무가 많아 전 직장에서 하는 업무와는 아주 많이 달랐지만, 어쨌든 종이 상에 적혀 있는 내용에 일치한다는 것이 서류 통과에 지대한 역할을 했다.

독일에는 우리나라로 치면 경력 증명서와 추천서를 합친 쪼이그니스(Zeugnis)라는 것이 있다. 퇴사 시 꼭 발급받아야 하는 이 추천서는 지원서 작성 시 꼭 첨부해야 하는 필수 서류이다. 정해진 양식은 별도로 없고 작성해 주는 상사 마음인데 일반적으로 직원이 담당한 업무와 상사의 평가, 동료들의 평가 등을 서술 형식으로 기재한다. 다만, 해당 직원의 이직에 불리할 수 있는 부정적 견해를 직접적으로 기재할 수 없다는 점이 특이하다. 즉, 그 직원이 불성실하고 능력이 없어 권고 해고로 퇴사하는 경우에도 그런 내용을 쓰면 안 된다는 것이다. 상사의 입장에서 싫어하는 직원의 추천서를 긍정적으로만 써주는 것도 아주 껄끄러운 일이다. 물론 이런 사태를 방지하는 나름의 방법이 있다. 대개 인사 담당자들만 알 수 있는 서술어로 언뜻 보면 긍정적으로 보이지만 행간을 읽으면 부정적인 내용을 알 수 있도록 작성하는 것이다. 독일에서는 '추천서 코드' 또는 '추천서 암호'라고 불린다. 다양한 예를 소개해 보겠다.

- 그녀는 자신감이 무척 풍부하다. → 그녀는 오만하다.
- 그는 고객에게 무척 인기가 많다. → 그는 고객과의 협상에 약하다.
- 그녀는 항상 요구 사항을 맞추기 위해 노력했다. → 그녀는 능력이 없다.
- 그는 회사 생활에 공감 능력, 감정 이입 능력을 발휘했다. → 그는 직장 내에서 불필요한 관계를 형성했다. 이 직원은 직장에 많은 염문을 뿌렸다.
- 그녀는 업무 위임에 매우 능숙하다. → 그녀는 본인이 할 일을 다른 사람에게 잘 미룬다.
- 우리는 그가 앞으로도 항상 건강하고 행복하길 기원한다. → 조심해라, 그는 아주 자주 아프다는 핑계로 결근할 것이다.
- 그녀는 동료들과 선임을 대하는 데 항상 창의적인 방법을 고안했다. →

그녀는 기본적 매너와 예의가 없다.

- 그는 자신의 의견을 방어하는 데 능숙하다. → 그는 어떤 비판도 받아들이지 못한다.

물론 이런 서술어들이 절대적인 것은 아니다. 많은 경우 작성자가 의도하지 않은 대로 해석되는 경우도 많고 예전에 비해 이런 코드화 작업이 줄어들고 있다고도 한다. 그럼에도 지원자가 어떤 사람인가를 모르는 상태에서 이 정성 어린 추천서가 서류 심사에 어느 정도 영향을 미친다는 것은 확실하다. 이력서에 기재된 업무가 신빙성이 있는지, 어떤 성향과 성격의 사람인지, 이직 동기가 무엇인지를 합리적인 수준으로 추측은 해 볼 수 있기 때문이다. 따라서 독일 밖에서 경력을 계속 쌓은 경우에도 재직 증명서 외에도 꼭 상사로부터 영문 추천서를 받아 두는 것이 좋다.

### 순조로운 면접 체계와 날카로운 질문

서류 통과 후 과정은 무척 순조로운 편이다. 서류 통과부터 면접까지는 보통 1주일 정도 주어진다. 우리나라 취준생들이 면접을 위해 예상 질문지를 백 개씩 만들어 스터디 그룹 팀원들과 연습하는 등 얼마나 꼼꼼히 준비하는가 생각하면 면접 준비야 더 강조할 것도 없을 것 같다. 다만 워낙 독일 면접이 길고 상세하니 신입이든 경력이든 준비한 만큼 성과를 거둔다.

독일에서는 면접 날짜 조정이 어느 정도는 가능하다. 한국에서는 경력자라도 면접 날짜를 대개 일방적으로 통보하고 그때 맞추지 못하면 그걸로 끝이다. 혹시나 면접 당일 날 어떤 사정이 생겨 참석하지 못했을 때 우리나라라면 면접 불참을 통보하는 순간 그 기업의 입사 포기 의사를 밝히는 것과 마찬가지다. 독일은 대개 기업에서 원하는 면접 날짜에 구직자가 참석할 수 없으면 가능한 시간을 협의하여 재조정해주거나 처음부터 면접이 가능한 날짜를 몇 개 옵션으로 제공하여 선택하게끔 한다. 불가피한 사정으로 면접 전 부득이 취소하는 경우에도 많은 기업들이 면접 날짜를 미룰 수 있도록 배려해준다. 물론 사전에 통보 없이 면접을 펑크 내놓고 나중에 연락하는 예의 없는 구직자는 제외다.

그룹 면접은 일반적이지 않다. 사실 그룹 면접을 했다는 사람을 아직까지 만나보지 못했다. 개별 면접은 그룹 면접보다 걸리는 시간이 많다 보니 서류에서 웬만한 지원자는 다 걸러내야 하는 단점은 있다. 면접은 대개 면접관 두 명, 지원자 한 명이 심층 면접으로 진행한다. 인사팀에 있는 동료에게 지원자가 많은 경우에는 훨씬 효율적일 수 있는 그룹 면접을 하지 않는 이유가 있는지 물었다. 면접은 경쟁을 시켜 누가 더 나은 사람인지 가리는 것이 아니라 지원자 한 사람 한 사람의 능력과 성향을 자세히 또 집중적으로 파악하여 그 업무와 팀에 가장 어울리는 사람을 가려내는 것이 목적이기 때문이란다. 교과서에서나 볼 만한 정석의 대답이었다.

압박 면접이나 상황 면접도 찾아보기 어렵다. 이런 면접들은 우리나라에서 대개 신입을 상대로 행해지긴 하지만, 인턴이나 트레이니를 뽑을 때도 독일에서는 개별 심층 면접 진행을 선호한다. 업무와 관계없는 불필요한 상황에 시간과 에너지를 쏟지 않는다는 얘기다. 따라서 면접관들은 대개 지원자를 배려하여 지원자가 최대한 편안하고 자연스러운 상태에서 본인의 이야기를 할 수 있도록 이끌어준다. 우리나라에서는 경직된 자세로 임하고 잘 웃지도 못하지만, 독일 면접에서는 정말 서로가 알아간다는 마음으로 이야기를 하다 웃거나 또 면접관에게 때때로 질문을 던지는 것도 받아들여진다. 다만 질문의 내용은 대충 얼버무리기가 어려울 정도로 무척이나 날카롭다. 그리고 집요하다. 대답을 대충 하면 원하는 대답이 나올 때까지 질문을 조금씩 바꿔가며 묻는다. 마지막까지 친절하게 대해 주지만 면접이 예상 시간보다 짧거나 질문이 많지 않다면 실패를 예상할 수 있다.

면접은 특이 경우를 제외하고는 3단계를 거친다. 질문 내용은 단계별로 조금 차이가 있다. 전 단계에서 공통적인 것은 사적인 질문은 전혀 하지 않는다는 것이다. 관심도 없을뿐더러 불법이다. 예컨대 가족 구성원, 결혼이나 자녀 계획, 주량과 같은 질문을 받았다면 고소할 수 있다. 뮌헨에 있던 한국 회사에서는 사실 독일에 남자 친구가 있냐는 질문을 받았지만, 당시 불쾌함이 느껴질 만한 질문은 아니었기에 그냥 넘어갔다. 이후 웃기게도 인사팀 담당자에게 사과를 받았다. 참 독일이란 나라…하는 대목이다. 사적인 질문은 아니지만 개인적인 성향에 관련된 질문은 있다. 혼자 일하는 것과 팀과 일하는 것 중 무엇을 선호하는지, 업무상 받는 스트레스를 어떻게 해소하는지, 협조하지 않는 동료로부터 어떻게 협조를 이끌어 내는지, 취미가 무엇인지, 외향적인지 혹은 내성적인지 등을 예로 들 수 있다.

1차 면접은 대개 인사 담당자와 약 30분간 진행하는 1:1 전화 인터뷰이다. 이때는 채용 공고에 기재된 내용에 지원자가 적합한지, 지원자가 작성한 내용이 정확한지 확인하기 위한 질문을 하고, 동시에 지원자가 해당 업무가 어떤 것인지 정확하게 이해할 수 있도록 추가 설명을 제공한다. 인사에 가장 기본적인 기대 연봉, 독일 내 취업 허가증 소지 여부, 현 직장에 퇴사를 알린 후 이직까지 필요한 기간(계약서에 명시되어 있으며 독일은 대개 3개월이다.) 등도 꼼꼼히 확인한다. 따라서 1차에서 낙방하는 경우는 이력서와 자기소개서에 기재한 내용에 대해 잘 답변하지 못했을 때, 그리고 지원자의 지원 동기나 업무에 대한 이해가 기대한 수준 이하일 때이다. 서류 통과한 곳 중 하나인 뮌헨 맥주 회사 담당자와 한 전화 면접은 지금 생각해도 얼굴이 화끈거린다. 이력서상 독일어 수준이 B1이라고 기재했는데 독일어로 대화해 보자는 요청이 훅 들어온 것이다. 준비가 안 되어 있는 상태에서 그야말로 얼버무림으로 폭삭 망하여 이미 그때 탈락을 예감했다. 이런 명백한 탈락 사유가 있는 것이 아니라면 인사담당자는 인터뷰 내용을 꼼꼼히 받아 적고 본인의 의견을 함께 덧붙여 해당 실무팀에 제공한다. 실무팀에서 이 자료와 지원서를 토대로 2차 면접 초대 여부를 결정한다.

2차 면접부터는 대면 면접이다. 2차는 해당 팀의 팀장과 그 위 직속 상사가 면접관이다. 객관성 유지를 위해 항상 2명 이상이 면접관으로 참석한다. 함께 일해야 하는 사람을 뽑아야 하는 관문이니 2차 면접이 가장 중요한 것은 말할 필요도 없다. 90% 실무, 10% 인성 관련 질문으로 이루어진다. 업무와 연관성이 없는 시사나 상식을 묻는 일은 없다. 경력에서 성취한 내용을 중심으로 지원한 곳에서 무엇을 할 것인지를 아주 상세히 묻는다.

3차이자 마지막 면접은 조직장, 규모가 작은 경우는 회사 대표와 함께한다. 이 면접은 지원자의 비전에 초점을 맞춘다. 왜 다른 곳이 아닌 이 회사인지, 이 회사에 대해 얼마나 알고 있고 무엇을 이루어내고 싶은지, 이 산업에 대한 인사이트를 묻는다. 무척이나 날카로운 우두머리의 눈으로 지원자의 성향을 이리저리 파악해 보는 리더십 관련 질문도 많이 섞여 있다. 나 역시 면접 전 예상 가능한 모든 질문을 검색, 상상하여 정리했다. 예상 질문이 워낙 많았기에 당연히 모든 것을 암기하는 것은 불가능했지만 고민해 본 질문을 받는 것과 그렇지 않은 질문을 받았을 때 대처는 엄청나게 차이가 난다. 생각지도 못한 질문을 받게 되면 평소에 문제없던 외국어도 줄줄이 꼬여버리는 게 사람이다. 내 스토리의 키워드는 무엇인가를 고민해보는 것도 도움이 된다. 이 말은 '나는 이것도 잘하고 저것도 잘하고 다 잘할 수 있다'가 아니라 기승전결로 이어지는 스토리 마지막에 나를 대표할 수 있는 포인트를 설정해 두는 것이다.

직무 내용은 경험을 바탕으로 어떻게든 이야기를 꾸며낼 수 있지만, 내게 닥친 가장 큰 장벽은 지원 산업에 대한 지식이었다. 에너지 산업에 대한 지식과 경험이 전혀 없는 내가 할 수 있는 준비란 고작 유럽의 에너지 정책, 에너지 원자재와 에너지 솔루션에 대한 차이, 현재 회사에 대한 각종 기사와 홍보 글들을 읽어보는 것이 전부였기 때문이다. 실제 면접에서 에너지 솔루션이 아직은 적자를 기록하고 있는데 어떤 영업 전략이 이 적자를 해소하는데 도움이 될 것인가 하는 질문에 영리하게 대답하지 못한 것이 현재까지도 아쉬움으로 남아있다. 에너지 솔루션이라는 것이 정확히 어떤 것인지 각각의 기술을 이해하지 못한 채 영업 전략을 제시한다는 것은 불가능했다.

두말하면 잔소리지만 독일 대기업에 종사하는 사람들은 나이를 불문하고 영어가 유창한 편이다. 대부분 대기업은 다국적 기업이라 사내 공식 언어가 영어인 경우가 흔하다. 따라서 독일어가 유창하고, 독일어를 쓰는 업무와 포지션일지라도 영어 소통에 거부감이 없어야 하는 건 기본이다. 전 뮌헨 직장에서 8년 이상 근무한 영업부 차장님은 회사를 퇴사하자마자 독일 회사로 2개월 만에 이직하셨다. 워낙 해당 산업에서만 한결같이 종사한 전문가이신데다 직급도 있다 보니 기회가 많이 있었지만 독일어와 영어가 유창하신 것이 가장 중요한 성공 요인 중 하나였다. 동일 경력에 영업 실력이 뛰어났던 다른 차장님은 이직에 1년간 실패하여 한국으로 결국 복귀하였는데 영어가 완벽히 한국 아저씨 스타일이었기 때문이었다.

각 면접의 특성은 개인적 경험 외에 인사팀에서 근무하는 동료와 채용 과정을 겪은 친구들, 지인들의 경험담을 종합한 결론이다. 1차 면접에서 3차 면접까지는 그렇게 많은 시간이 소요되지는 않는다. 내 경우 모두 한 달 안에 마무리되었고 각 단계의 면접 당락은 대개 빠르면 1주, 늦으면 한 달 안에 알려주는 편이다. 다만, 휴가 기간이 중간에 걸쳐 있으면 2개월이 넘게 소요될 수도 있다. 내가 현재 재직 중인 곳은 최종 면접 후 입사 제의까지 두 달이 넘게 걸렸다. 본래는 2주 안에 연락을 주겠다고 하였으나 그사이 팀장이 바뀌고 해당 부서가 재조직되어 예상보다 많은 시간이 걸렸다. 참고로 1차 서류 통과는 전화로만 먼저 연락하는 경우가 있으니 모르는 번호의 전화도 이 시기에는 꼭 받기를 조언한다. 참고로 면접 질문들은 이 장의 마지막 Tip에 별도로 기재해 두었다.

면접과 서류에 대한 이야기를 길게 적었지만 사실 취업이라는 것이 똑같이 준비해도 되는 사람, 안 되는 사람이 있기에 능력의 차이보다 운에 따라 좌우되는 것은 아닐까 생각한다. 내 주변에 훨씬 더 경력이 오래되고 독일어가 원어민처럼 유창한 지인들이 많이 있지만, 아직까지 비이공계 사무직에서 한국 회사에 있다가 독일 회사 이직에 성공한 사례를 보지 못했다. 내가 더 잘났거나 뛰어나서 먼저 독일 회사 입사의 기회를 거머쥔 것은 단연코 아니다. 나는 좋게 봐도 평범을 넘어서는 사람은 아니다. 오히려 대학 졸업 후 실패와 안 좋은 경험들을 훨씬 많이 했다. 내가 뭘 어떻게 난리를 치든 나하고 인연이 되는 회사는 결국 따로 정해져 있는 것이 아닐까 하는 생각도 든다. 한국에서 그렇게 가고 싶었던 회사는 인성 적성검사라는 장벽을 넘어 보지도 못하고 떨어지고, 당연히 붙을 거라고 무시했던 중소기업에선 서류도 통과가 안 되고, 느낌이 좋았다고 생각했던 회사는 나 혼자만의 착각이었고, 그러다 지원서를 내는 순간에도 가능성은 제로에 가깝다고 생각했던 독일에서 가장 큰 에너지 기업에 다니고 있으니 인생은 예측할 수 없어서 재미있지 않느냐던 누군가의 말에 고개가 끄덕여진다.

불과 3~4년 전부터 급격히 독일로 유입된 난민이 사회 문제로 대두되면서 독일 사회에서 우파적 성향을 지닌 사람들도 많이 늘어났다. 시작은 시리아 난민이었지만 부정적 인식은 다른 외국인에게도 고스란히 퍼져갔다. 반외국인 정서는 비단 독일뿐 아니라 세계 전체적인 흐름이 되어버렸다. 북유럽에 사는 친구들 이야기로는 고임금 전문직종에서도 예전만큼 외국인에게 우호적이지 않다는 것이 느껴지며 특히 현지 언어를 완벽히 구사하지 않는 외국인은 자신들의 사회에 동화되지 않은 이방인으로 취급, 거리를 두는 것이 피부로 와 닿는단다. 독일도 마찬가지다. 독일에 거주하는 외국인이 늘어날수록 친근감이 증가하는 것이 아니라 외국인에게 요구하는 것들이 더 까다로워지는 것이다. 독일어를 하고, 독일 문화를 이해하고, 독일 사회를 존중하는 태도. 본래 보수적인 사회에 외국인을 향한 부정적 인식까지 더해지니 외국인 취업 준비생과 노동자의 삶은 물론 조금 더 각박해졌다. 더불어 유럽의 오랜 경기 침체로 실업률이 매우 높아진 스페인, 이탈리아, 동유럽 같은 주변 유럽연합 국가에서 독일로 일자리를 찾아 넘어오는 젊은 인구가 무척 증가하면서 외국인끼리의 일자리 경쟁은 전보다 높아졌다. 이공계 분야에서 스페인 엔지니어 유입률이 무척 높아진 것이 그 대표적인 예이다. 유럽인들은 한국인을 포함한 아시아 사람들보다 상대적으로 적은 시간에 독일어를 빠르게 습득하고 비자 지원도 불필요하니 그 덕에 비유럽연합 국가에서 온 인재들이 갖추어야 하는 스펙의 기준이 높아지게 되는 것도 사실이다.

그래서인지 큰 문제가 없으면 발급되었던 취업 비자도 최근에는 심사가 더 까다로워졌다. 독일 취업 비자는 채용 계약서와 고용주가 직접 쓰는 '직무 및 채용 사유 기술서'가 심사에 중요한 역할을 한다. 이 기술서에는 왜 독일인이나 유럽연합 출신이 아닌 이 사람을 채용해야 하는가, 이 사람이 가진 능력과 경력이 주어진 업무에 얼마나 적합한가를 작성해야 하는데 이 부분이 설득력이 없으면 탈락할 확률이 높다. 외국인청에서 비자 신청을 받은 뒤 독일 노동청에 제출한다. 그러면 노동청에서 그 채용 공고를 독일인, 유럽연합 국가 시민 구직자를 상대로 몇 주간 게시한 뒤 적합한 사람이 없는 경우 서류 심사 결과를 함께 고려하여 비자 발급 여부를 판단하게 된다. 심사는 담당 공무원 재량이라 주관적인 요소도 무척 많이 개입된다. 해당 공무원이 외국인에 대한 인식이 무척 부정적이라면 탈락할 확률도 높다. 그래서 다시금 나 같은 외국인은 경력과 독일어라는 두 마리 토끼를 잡을 수 있도록, 능력을 더 튼실히 다지는 방법으로 성공 확률을 높이는 수밖에 없다.

물론 독일 내 긍정적인 취업 환경 요소도 존재한다. 독일은 유럽 국가 중에서도 단연 튼튼한 경제력을 유지하고 있고 실업률도 다른 나라와 대비되게 매년 최저치를 기록하고 있다. 인력 수요가 꾸준하니 도전해 볼 만하다. 이민자 유입으로 타격을 가장 먼저 받는 분야는 저임금 직종일 확률이 높다. 고학력의 전문성을 요구하는 생명공학 같은 분야와 빅데이터 분석이나 프로그래머같이 성장하는 산업군, 그리고 독일 내 수요에 비해 공급이 항상 부족한 간호사, 연구원 등의 분야는 가능성이 언제나 열려 있다. 실제로 이런 분야에 한국에서 입사 제의를 받아 독일로 온 경우도 많이 있다.

한편 다양한 직종에서 종사하는 아시아인이 점점 늘면서 아시아인과 함께 일해 본 경험이 있는 독일인들이 전에 비해 많아졌다는 것도 도움이 된다. 재미있는 것은 하우스메이트나 룸메이트로서 아시아인은 인기가 매우 없는 편인데 다행히 아시아인의 높은 학구열이나 성실함, 지적 능력 덕에 직장이나 사회에선 긍정적 평가를 받는다는 점이다. 동유럽 이민자나 난민처럼 아시아인들이 외국에서 테러나 중대한 사회적 문제를 일으키는 경우는 거의 없고, 싸워 봤자 자기들끼리 모여 다니며 시끄럽게 쟁알쟁알 거리는 정도지만 주어진 책임과 의무는 성실히 수행한다는 인식이 강하다. 약 4년 전에 독일 카를스루에에 사는 친구 부모님 댁에 놀러 갔는데 그 부모님으로부터 "우리는 아시아인은 무척 환영해요"라는 우스꽝스러운 말을 들었던 적이 있다. 아시아인은 세금을 잘 내고 일을 열심히 하기 때문이란다. 알고 보니 그 부모님은 완전한 우파 성향으로 무척이나 보수적인 분들이었기 때문에 사실 그 말은 대단한 환영인사와 같았다. 재직 중인 직장의 최종 면접에서 면접을 마치고 함께 로비까지 걸어가는 동안 면접관이 여담으로 자신이 대학 시절 만났던 한국인 룸메이트에 관해 이야기했다. 의대에 다니던 그 룸메이트가 얼마나 공부를 열심히 했는지, 그 룸메이트가 만들어주던 음식이 얼마나 맛있었는지 하는 소소한 이야기였지만 그 룸메이트 덕에 한국 전체에 대한 인식도 많이 바뀌고 호기심도 생겼단다. 그 경험이 한국인인 나를 본인 부하로 채용하는 데 얼마나 많은 영향을 끼쳤는지는 짐작할 수 없지만 우리는 일반적으로 경험의 유무, 익숙한 정도가 어떤 결정에 있어 큰 차이를 야기할 수 있다는 것 정도는 쉽게 유추할 수 있다. 우리도 그렇지 않은가? 아예 모르는 것보다는 한 번이라도 들어보거나 본 적이 있는 것에 조금 더 끌리기 마련이다.

### 인내의 퇴사 통보 기간과 수습 기간

독일에서 이직이 결정되면 가장 먼저 해야 할 것은 퇴직 통보이다. Notice Period라고 하는 이 퇴직 통보 기간은 평균적으로 통보한 월의 다음 달부터 3개월이다. 회사 규모나 경력 연수, 직급에 따라 한두 달 차이가 있을 수 있다. 3개월 퇴직 통보 기간이 있는 경우 9월에 퇴사를 통보했다면 이직하는 회사에 내년 1월이 되어야 입사 가능하다는 소리다. 아마 유럽은 물론이고 전 세계에서 가장 길지 않을까 예상해 본다. 독일은 참 모든 것이 느리다. 본격적 이직 활동을 하기 전에 향수병에 걸릴 때마다 한국에 있는 회사를 찔러 본 적이 있는데 다들 퇴직 통보 기간을 듣고는 혀를 내둘렀던 것이 생각난다. 우리나라 회사는 항상 가능한 한 빨리 입사할 수 있는 사람을 찾기 때문이다. 대개 짧으면 2주, 아주 길면 2개월 정도 소요되는데 계약서에 명시된 것보다 사실 상사와의 조율이 가장 중요하다. 상사만 오케이 한다면 당장 내일 나가도 상관없지만, 인수인계할 수 있는 사람이 마련될 때까지 억지로 붙잡고 있는 상사도 있다. 독일도 상사와 조율할 가능성은 있지만 일반적으로는 계약서에 명시된 기간을 존중한다.

입사 후에는 경력이나 신입 관계없이 수습기간을 거친다. 20년 경력자도 마찬가지다. 이는 거의 90% 이상 6개월로 고정되어 있다. 이 6개월은 고용자와 입사자가 서로를 알아가고 평가하는 기간으로 가장 중요한 점은 고용자가 쉽게 입사자를 해고할 수 있다는 것이다. 이 6개월이 지나고 나면 해고는 몹시 어렵고 까다롭다. 아주 분명한 불법 행위, 회사에 막대한 손해를 입힌 행위가 있지 않다면 일방적인 해고는 거의 불가능에 가깝고 거래를 통해 권고 퇴직을 유도하는 것만 가능하다. 직원이 성과를 내지 않고 온종일 인터넷 서핑만 한다 한들 이런 나태한 행위가 정말 일과 관계없는 사적인 행위인지, 정말 몇 시간을 인터넷 서핑을 했는지 증명할 수 있지 않다면 법적으로 해고를 강행하기도 어려울뿐더러 심지어 인터넷 서핑을 몇 시간 했는지 감시하는 것조차 법에 저촉될 수 있다. 한편 입사자도 이 기간에는 3개월이라는 최소 퇴사 통보 기간에 구애받지 않고 퇴사를 결정할 수 있다. 여러모로 이 6개월은 양측 모두에게 서로 눈치 보고 간 보는 중요한 시간이다. 여담으로 오케스트라 단원 같은 특이 전문 직군의 경우 수습 기간이 2년이나 되기도 한다. 그리고 수습을 통과 시킬 것인가를 두고 함께 일하는 직원이 익명 투표를 하기도 한다.

# 02
## 독일 직장 실전편

○ ○ ○

지금이야 회사 생활은 전 세계 어딜 가나 다 비슷하다는 소리를 아무렇지 않게 해대지만, 솔직히 고백하자면 내게도 물론 독일 회사에 대한 환상이랄까, 혹은 기대 같은 것이 있었다. 북유럽 삶을 조명하는 다큐멘터리에 나오는 평화로운 회사 풍경-말하자면 압박과 경쟁보다 자율과 협업이 중시되는 사내 분위기, 상사와의 열린 소통, 노동자에 대한 존중과 권리와 같은 것-이 내 머릿속에도 독일 회사를 대표하는 이미지로 자리매김하고 있었다. 대개 기대는 충족되기 어렵기 마련인데 놀랍게도 이직한 지 1년이 넘어가는 지금 돌이켜보면 현실과 기대에 대한 괴리가 크지 않다. '독일 회사라면 이런 것이 더 나을 거야'라고 생각했던 것들은 대부분 실제로도 그랬다. 적어도 내게 한국 회사를 떠난 것을 후회해야 할 이유는 하나도 없는 것처럼 보인다.

그래서 나는 지금 불평하나 없이 회사에 다니고 있는가를 묻는다면, 물론 절대 아니다. 인간의 본성에 불평이 기본값으로 탑재된 것인지 아니면 때때로 닥쳐오는 다른 형태의 문제와 어려움, 고민 때문인지는 모르겠지만 어쨌든 나는 요즘도 몇 번씩 '이 거지같은 회사, 거지같은 상사 같으니!'라고 깨알같이 디스를 해대다가 상황이 나아지면 '그래 역시 이직하길 잘했어, 그저 지금처럼 하루하루 잘 버티며 살아가면 되는 거지' 하며 자신을 응원한다. 독일 회사에 온 뒤 난생처음으로 언어 때문에 상사로부터 따돌림을 당하며 자존심에 상처를 입다가도 텃세나 경쟁심이란 건 평생 모르고 산 사람들처럼 서로를 도와주는 동료들에게 감동을 받기도 했다. 어떨 때는 한국 사람이라서 느끼는 불편함을 한평생 느껴보지 못하고 살다 독일인이 주류인 현지 회사에서 총 직원수의 1%도 되지 않는 소수 아시아인으로 일하는 것도 왠지 가끔 쓸쓸했다. 선진적인 근무 환경을 향해 이곳에 왔지만 올라갈 수 있는 저위 꼭짓점은 나에게서 훨씬 더 멀어진 느낌도 받았다. 모순이다. 그래서 나는 요즘도 어김없이 '진짜 딱 내년까지만 하고 한국에 가야지!'라고 빈 깡통 소리를 머릿속으로 쩌렁쩌렁 외쳐댄다. 그러니 껍데기만 벗기고 보면 월급쟁이의 삶이라는 건 각자에게 주어진 스트레스의 종류와 크기만 조금씩 다를 뿐, 다 거기서 거기다. 무엇을 지키고 무엇을 포기하고 싶은가에 달려 있을 뿐이다. 버릴 것과 지킬 것을 결정하는 수많은 순간들을 보내며 나를 지탱해 주는 일, 내게 조금 더 긍정적인 동기 부여가 되는 일들을 끊임없이 찾아나

가는 것이 우리의 숙명이다.

### 존중의 소통 - 꾸중 VS 비판, 싸움 VS 토론

한국 회사에 다닐 때 종종 '휴…. 나는 그래도 여자라서 다행이다'라고 생각했다. 남자 부하에게 모욕감을 줄 정도로 욕과 질책을 퍼부어대는 상사들을 볼 때였다. 상사들은 대부분 남자인 경우가 많았으므로 적어도 여자 직원에게 년을 붙여대며 간접적 폭력을 행사하는 일은 드물었다. 아래 사람을 질책할 때 상스러운 말투와 막말은 제조업에서 특히 심했다. 직원 대다수가 남자이기 때문인지 군대 못지않은 수직적 문화를 자랑했다. "야 이 새끼야! 당장 나가!" 이 정도는 애교에 불과했다. 멕시코 주재원 생활 시, 사장이 부장에게 했던 몰상식한 말과 행동은 지금 떠올려도 온몸에 소름이 돋을 정도이다. 본인의 자식과 비슷한 나이의 부하 직원들이 보는 앞에서 나이가 쉰이 넘는 직원에게 서류나 재떨이를 집어 던지며 멍청한 새끼라고 외쳐대는 것은 사장이라는 타이틀에 적합한 품격은 고사하고 적어도 부하 직원 인격에 대한 존중이 전혀 없는 막돼먹은 깡패라고 생각했다. 내가 맘만 먹으면 대가리를 칠 수 있다는 말로 부하들에게 칼을 휘두르는 사장과 상사들은 한국 회사에 너무나 많았다. 드라마에 나오는 악덕 사장보다 현실 속의 상사들이 훨씬 더 잔인하고 무섭다는 것이 슬프다. 우리나라에서 회사원으로 살아가려면 이런 막말과 행동에 상처받지 않기 위해서라도 마음에 철벽 갑옷 하나씩은 입어 주어야 한다.

예의와 존중, 윗사람을 깍듯이 모시는 공경의 문화는 거꾸로 아랫사람은 발톱의 때 정도로 여기는 역효과도 함께 불러온 것 같다. 부하 직원에게 호칭 없이 이름이나 '야'라고 불러대고 반말을 하는 것 정도야 다 이해할 수 있다. 젊은이들이 그 정도 이해 못 할 만큼 정 없지 않지 않은가? 평균 직장인 대부분 업무 중 실수와 오류, 기대치를 충족하지 못한 부족한 결과물에 대한 강도 높은 질책도 겸허히 수용하고 개선할 수 있을 만큼의 겸손함과 정신력을 기본적으로 다 갖추고 있다. 정도의 차이는 있겠지만 우리는 다 기본적으로는 완전한 인격체, 즉 성인이기 때문이다. 그러나 이상하게 직장 내에서는 다른 성인, 다른 인격체에 대한 존중이 너무 빨리 잊히는 것 같다. 그 실수가 어떤 것인지, 왜 발생했는지, 앞으로 어떻게 방지할 수 있는지를 고민하며 실수 자체를 비판하는 것이 아니라 실수한 사람을 모자란 사람, 부족한 사람으로 몰아세우며 혼내고 꾸중하는 것이 한국의 대표적 직장 문화라는 걸 생각하면 쉽게 이해된다.

다른 서양 국가보다 보수성이 조금 더 강한 독일에서도 직장 내 소통이 100% 수평적이지는 않다. 보수적이기로 소문난 독일 제조업 기업 같은 곳에서는 직급이 낮은 직원이 높은 직원에게 존댓말을 쓰거나(독일어에도 존댓말이 있다) 이름 대신 직함(영어로 미스터나 닥터 같은)을 명명하는 곳도 있기 때문이다. 하지만 대부분 회사에서는 존댓말에 대한 개념이 없고 모두 너로 칭하고 호칭 없이 이름으로만 명명한다. 영어가 공용어인 글로벌 기업의 경우는 훨씬 더 수평적이다. 따라서 실무자와 관리자 사이의 소통은 한국보다는 훨씬 개방적이다. 업무에 대한 의견도, 농담도 눈치 보지 않고 자유롭게 주고받는다. 한국인 직원과 현지 외국인 직원이 섞여 있던 뮌헨 법인에서도 영어가 공용어였다. 가끔 나이가 좀 있는 한국인 상사에게 불가피하게 영어로 소통을 해야 할 경우 어색한 것은 어쩔 수 없는 일이었지만 기본적으로는 법인장부터 막내 직원까지 편하게 이야기를 나누는 분위기였다. 그 와중에 위계서열과 그에 따른 존중을 무척 중요하게 여기는 주재원 차장님이 계셨다. 나는 그 차장이 수신자, 외국인 상사가 참조에 있는 이메일을 쓰면서 Yes가 아닌 Yep을 썼다는 이유로 차장으로부터 아침 내내 욕을 먹은 적이 있다. Yep이 버릇이 없단다. 그래 네가 원하는 만큼 아주 예의 바르고 딱딱하게 차장 대우 팍팍 해주면서 이메일 써줄게 하면서도 별 말도 안 되는 일로 아침 내내 태클 걸고 지랄이네 하는 생각이 드는 건 별수 없었다. 한국 사람끼리는 어쨌든 직급과 나이로 구분되는 서열에 따라 소통도 깍듯이 해야 한다는 걸 소홀히 한 내 탓이지 누구 탓이겠는가?

같은 직장에서 동료 직원은 콤마와 점을 헷갈려 큰 실수를 한 적이 있었다. 우리나라와 영어권 국가에서 소수점 앞자리에 점을 찍고, 천 자리마다 콤마를 찍는 것과 달리 독일에서는 정반대로 소수점 앞자리에 콤마, 천 자리에 점을 찍는다. 유럽 사람들도 다양한 나라와 거래를 하다 보면 이 콤마와 점 구분을 많이 헷갈려 한다. 그 직원은 독일에서 주문서를 받아 본사에 수주를 올리는 업무를 담당하였는데 콤마와 점을 헷갈려 실제 수주 요청량보다 1,000배 많은 수주를 넣고 말았다. 잘못 들어간 수주는 매출 보고 시 기적에 가까운 매출액에 의심을 한 상사의 매서운 레이더에 걸려 실수임이 드러났다.

같은 사태가 발생했을 때 독일에서도 해당 직원은 질책을 받을 것이다. 다만 어떻게 질책하느냐는 두 나라에 큰 차이가 있다. 당시 한국 회사에서 실수를 일으킨 직원은 바로 위 대리, 과장, 부장 등 그 위에 있는 상사 모두로부터 단계별로 욕을 먹었다. 처음 일으킨 실수라 금전적인 징계는 없었지만 이미 물건이 만들어지고 있는데 재고로 다 남겨두고 못 팔면 이 손해를 네가 어떻게 보상할 것인지 묻고, 네가 당장 잘려도 그 연봉으로 손해액이 안 채워진다며 다른 동료들 앞에서 광고하듯 혼을 냈다. 이렇게 혼을 내면 직원이 할 수 있는 대답은 "죄송합니다, 시정하겠습니다."뿐이다. 욕을 먹을 만큼 먹고 나면 공식적으로 경위서 또는 사유서를 작성해 윗사람에게 3단으로 결제를 받아야 했다. 회사에 어떤 문제가 발생하면 우리는 '누가' 잘못 했는지를 가장 먼저 묻고 파악하고 그 사람을 매섭게 혼낸다.

독일에서는 이런 실수가 발생했을 때 직원을 벼랑으로 몰아 '죄송합니다'를 받아내는 것이 현 상황에 별 의미가 없다는 것을 안다. 그리고 사과를 정말 웬만해선 하지 않는다. 5년이 넘는 시간 동안 독일 직원이 '잘못했습니다, 죄송합니다'라고 하는 것을 단 한 번도 들어보지 못했다. 온전히 본인 잘못 100%로 조직이 손해가 막심하다면 그저 결과에 책임을 질 뿐이다. 한국인이 사과와 반성에 시간을 소비할 때 독일인들은 본인의 잘못 또는 실수가 발생한 이유를 알리고 해결책을 찾도록 도움을 요청한다. '누가' 잘못했는지에 중점을 두지 않고 '왜' 그리고 '어떻게' 그런 실수가 발생할 수 있었는지 파악하는 것을 중요하게 생각한다. 사람은 누구나 실수를 할 수 있으므로 A라는 직원이 만든 실수는 미래에 B나 C라는 직원이 충분히 반복할 수 있다. 그렇다면 합리적으로 이런 실수가 발생한 지금, 미래에 같은 일이 또 일어나지 않도록 방지할 수 있게 시스템이나 개선책을 마련하는 것이 낫다. 직원의 미숙함, 꼼꼼하지 못한 업무 처리는 비판받을 수 있지만, 능력이나 인성을 기본적으로 깎아내리지는 않는다. 반성문 같은 경위서를 제출하는 데 시간을 낭비하는 일도 없다. 존재하지도 않는다.

직원이 가져오는 업무가 기대에 미치지 않을 때 혼내는 것도 한국에 비하면 무척 수위가 낮다. 같은 팀에 IT 전문가처럼 느껴질 정도로 시스템에 대한 정보를 능숙하게 다루어 영업 시스템 개발이라는 큰 프로젝트를 담당하게 된 동료가 있었다. 이 동료의 문제는 프레젠테이션과 이메일을 간단하고 명쾌하게 작성하는 능력이 기대치에 미치지 못하는 것이었다. 그야말로 파워포인트 슬라이드 한 페이지 가득 정신없이 글자들을 채워 넣는 프레젠테이션 고자였다. 팀장은 여러 번 "너무 글자가 많으니 요점만 정리해줘", "이사회가 읽는 것이니 좀 더 알아보기 쉽게 수정해 주었으면 좋겠어"라며 여러 차례 부정적인 피드백을 주었다. 그러고도 만족할 만큼 수정이 되지 않자 친절히 가이드라인을 제공해 주었다. 80% 정도까지 맞추어오니 마지막 20%는 팀장의 리터치로 완성했다. 1년 가까운 시간을 파워포인트와 씨름을 하다 팀장과 해당 직원 양쪽 모두 파워포인트는 그 직원의 강점이 아니라는 것을 받아들이게 되었다. 잘 못하는 업무에 훨씬 많은 시간을 소비할 바에야 잘 하는 업무에 집중하고 파워포인트는 잘 하는 사람에게 넘기는 것이 낫다. "이런 식으로 할 거면 하지마!" 라던가 "야 이거 누구 읽으라고 쓴 거야, 너 같으면 이런 거 읽겠니? 다시 써"로 시작해 학습지 선생님처럼 빨간 줄을 죽죽 그어가며 가이드라인을 주던 한국 상사와 무척 대조되는 모습이었다.

반면 독일 상사들도 언성을 높이며 화를 낼 때가 있다. 온갖 종류의 사람이 모여 있는 회사라는 공간에서 스트레스를 받기 시작하면 아무리 감정을 잘 드러내지 않는 독일인이라도 폭발하는 순간이 오는 것이다. 목소리가 높아지고 몸동작이 커지며 얼굴이 빨개지지만 적어도 그 속에 내뱉는 말들을 글자만 빼 나열해보면 그 직원의 인격을 무시하거나 사람 자체를 깎아내리는 말은 찾아볼 수 없다. 기껏해야 "왜 일이 처리가 안 되냐, 여태 뭘 했느냐, 내가 원한 건 이게 아닌데, 나는 왜 이 문제가 이렇게 커졌는지 이해하지 못하겠다" 정도다. 같은 직급끼리 말다툼을 할 때도 "너의 업무 방식이 이해가 되지 않는다, 당신과 일하는 것은 정말 불쾌하다." 정도일까. 한국처럼 "김과장 나와! 너 이 새끼… 네가 뭔데… 이따위야?"라고 했다간 직장 전체에서 본인이 몰상식의 대표자로 평생 낙인찍힐 일이다. 부하 직원에게도 일정 수위 이상으로 언성을 높이거나 화를 내면 잘못했다고 머리 숙여 가만히 듣고만 있을 독일 직원은 별로 없다. 당당하게 상사에게 "당신 말 충분히 이해했으니 언성 낮추고 이성 찾으시죠."라고 말할 직원이 훨씬 많다. 토론에 익숙한 독일인들은 직장에서도 나이와 직급을 불문하고 본인 방어를 굉장히 잘한다. 직원에게 이런 말을 듣는다면 쓸데없이 언성을 높인 상사 입장에선 무척이나 낯부끄러운 일이다. 우리도 직장 내에서 꾸지람, 질책, 다툼이 있을 때 기본적인 선은 넘지 않고 상대를 몸종이 아닌 한 성인 인격체로 존중하도록 문화가 바뀌어야 하지 않는가 생각해 본다.

### 신입 사원 생존기? 생활기!

독일에는 근무 경력이 아예 없는 신입 사원이 없다. 그 이유는 대학 또는 대학원 재학 시절 중 세 가지 경로를 통해 조금이라도 일의 경력을 쌓아야 하도록 시스템이 구축되어 있기 때문이다. 그 세 가지는 워킹 스튜던트, 인턴, 트레이니이다. 워킹 스튜던트는 재학 중에 제한된 계약 기간을 조건으로 파트타임 근무하는 프로그램을 말한다. 많은 학생이 졸업 논문 작성을 위해 관련 분야에 있는 기업에서 근무하며 회사로부터 논문 지원도 받는다. 인턴은 풀타임 근무가 가능하지만 대개 3~6개월로 기간이 짧게 제한되어 있다. 트레이니는 학업을 마치고 1~2년짜리 한정된 계약기간 동안 일을 배우고 수행하는 포지션으로 우리나라의 신입과 하는 일이 가장 비슷하다. 계약만료 전에 해당 기업에서 정규직 제안을 받을 확률이 높다. 참고로 앞 장에서 설명했듯 아우스빌둥이라는 수련 프로그램은 개념이 조금 달라 제외한다. 따라서 독일에서 신입이란 최종 학력을 완전히 수료한 후 첫 직장 정도의 의미가 된다. 경력 같은 신입을 뽑는다는 농담 반 진담 반의 채용 조건은 결국 독일에도 해당하는 모양새다.

신입 공채가 없다는 것은 입사 동기나 입사 연수 및 그룹 단위 교육 프로그램도 없다는 것을 의미한다. 매달 그 월에 입사한 직원들을 직급 없이 모아 회사 규정과 복리 후생을 설명해주는 간단한 입사 오리엔테이션을 제공해 주는 회사는 종종 있다. 보통은 인력이 부족한 팀에서 인사팀에 인력 충원을 요청하면 원하는 경력 연수와 계약 조건에 따라 사원을 뽑고 그 팀에서 교육도 자체적으로 담당한다. 한꺼번에 수십 명 연수를 보내 1~2주 동안 정신 교육을 하는 일도 없다. 독일 직장인들에게 합숙 교육이란 상상할 수 없다. 전에 근무했던 멕시코에 있는 한국 회사의 경우 주재원으로 파견되기 전 안산으로 1주일간 연수를 보내 주었다. 당연히 실무와는 아무 상관 없는 프로그램으로 가득했다. 첫째 날 연수원에 도착하니 빨간 모자와 호루라기를 든 쓴 추억의 교련 선생이 우릴 기다리고 있었다. 서른이 가까워지는 나이에 교련 선생이라니 헛웃음이 나지만 별수 없었다. 짐만 던져 놓고 3시간짜리 등산 코스를 시작했다. 녹초가 된 몸을 이끌고 회식 장소로 향한다. 소주를 밤새워 마신 뒤 다음날 오전 7시에 기상해 아침 체조를 시킨다. 체조가 끝나고 해장국을 먹이더니 바다낚시를 데려간다. 회식 뒤 오전 바다낚시란 어느 누가 토 안 하고, 설사 안 하고 잘 버티냐는 숨겨진 미션을 수행하는 것과 마찬가지다. 낚시하는 동안 회사 간부가 온갖 낚시 용어를 스페인어로 뭐라고 하냐고 물으며 날 시험대에 올린다. 물론 그들은 직원의 정신력과 체력, 지적 능력을 동시에 평가하는 날카로운 미션이라고 포장했다. 그래도 이 연수는 대기업 삼성, LG에서 행하는 기업 정신 교육에 비교하면 아무것도 아니란다. 독일 동료들에게 이 기억을 풀어 놓으면 다들 입을 다물지 못한다. 다 큰 성인을 한 프로그램에 가둬 놓고 제어한다는 것은 독일에서 불가능하다. 아마 어떤 기업에서 실행했다면 그 길로 입사자들은 회사를 떠날 것이란다. 회사 차원에서도 그 많은 직원에게 실무와 관계없는 교육을 제공하기 위해 엄청난 예산을 낭비할 이유가 전혀 없다.

우리나라에서 신입은 해야 할 일이 너무도 많다. 중요한 업무는 주어지지 않지만, 그 외 잡다 구리한 모든 업무가 신입의 몫이다. 대기업에 입사하면 1년 내내 복사만 해야 한다는 말이 20년이 지난 요즘도 들리는 걸 보면 아직도 그대로다. 같은 부서 상사나 선배들이 요청하는 복사와 스캔 담당, 복사한 문서 예쁘게 정리하기, 폴더 정리, 간단한 문서 작성하기, 점심 식당 예약, 회의실 예약 및 뒷정리, 회의록 작성, 전화 받기를 모두 해가며 조금씩 주어지는 본인의 실무도 착착 해낸다. 처음 해보는 업무라도 결과물이 좋지 않으면 바로 깨진다. 누구 하나 친절히 "어이쿠 이 정도면 신입인데 잘했어요~ 오늘은 이 만큼만 하고 내일은 더 잘하도록 해 보아요" 하며 신입을 키워주지 않는다. 기안서 작성은 물론이고 일반 파워포인트나 워드 문서를 작성할 때도 폰트와 글자 크기, 구성은 또 어찌나 규격화되어 있는지 1년이 지나고 나면 문서 작성할 때 아무 생각이 없이 손가락만 타닥타닥 움직인다. 생활의 달인이다. 팀의 막내는 사수가 시키는 일 외에 팀에 있는 다른 윗사람이 시키는 업무도 모두 해야 한다. 신입은 시키는 일을 하는 자리이지 이런 업무는 하고 싶고 저런 업무는 하기 싫다고 조율하고 의견을 나눌 수 있는 자리가 아니다. 온갖 잔심부름을 도맡아 하다 보니 웬만큼 개방적인 회사가 아니고서야 신입이 제일 먼저 퇴근한다는 것은 꿈에 가깝다. “나는 시간이 아닌 결과물로 내 능력을 입증할 예정입니다!!”라는 엄청난 자신감이 있거나 “대리님이 집에 먼저 가랬으니까”라며 룰루랄라 짐을 싸는 눈치 없는 신입, 둘 중 하나가 아니라면 여전히 막내가 집에 가는 건 난이도 상급의 눈치 게임이다.

독일에서 신입 사원은 그저 경력이 남들보다 적은 사원이다. 잔심부름꾼이나 막내는 아니다. 워킹 스튜던트나 인턴 정도 되면 나이가 고작해야 20~23살이라 본인만 잘하면 다른 선배들의 귀여움과 멘토링을 듬뿍 받을 수 있다. 그러나 우리나라와 달리 팀장을 제외한 팀원은 모두 같은 레벨의 실무 직원이므로 다만 몇 년 더 경력이 있다고 새로 들어온 사원에게 선배나 상사 행세를 할 사람은 없다. 팀장이나 부장이 시키지 않는 이상(시키는 일도 거의 없지만) 당연히 다른 사람을 대신해 복사하거나 회의실을 예약하는 등 실무와 관계없는 일을 하는 경우는 없다.

신입은 어떤 역량이 있는지, 어떤 성격과 장단점을 지니고 있는지 파악이 될 때까지 많은 업무를 한꺼번에 주지는 않는다. 한국보다는 업무와 책임을 맡을 때까지 주어지는 시간과 여유가 조금 더 많다. 사수나 부사수와 같은 개념은 없고 팀원의 경우 팀장에게 업무 지시를 받는다. 팀장급 이상은 자신의 직속 상사로부터 업무 지시를 받는다. 나머지 팀원들은 그 직원이 적응하고 업무를 잘 수행할 수 있도록 챙겨주고 지원해 주어야 한다. 팀원 중 하나가 본인의 일이 너무 많은 경우 다른 팀원에게 협업을 부탁하거나 팀장에게 본인의 업무가 너무 많으니 여유가 있는 다른 직원에게 조금 업무를 나누어

줄 수 있는지 요청한다. 새로운 직원이 나보다 후배라는 이유로 내 업무를 맘대로 넘겨줄 수는 없다. 팀원 각자와의 논의가 있었다는 전제 아래 최종 업무 분담은 100% 팀장 재량이다. 신입에게 업무를 줄 때는 비교적 자세하게 가이드라인을 준다. 업무 수행을 위해 어떤 자료를 참고할 수 있고 어떤 직원에게 도움을 요청할 수 있는지 알려준다. 행여 거지같은 상사를 만나 구체적 가이드 없이 업무 지시를 일방적으로 받는다면 다른 팀원들에게 도움을 적극적으로 요청해야 한다. 텃세 문화가 없는 독일에서는 다른 직원이 잘한다고 본인에게 부정적인 영향을 미치는 일이 없으므로 팀원끼리 도와주는 것을 당연하게 생각한다. 오히려 신입 직원이 빨리 적응하여 해당 업무를 잘하게 되면 본인도 그만큼 편해질 수 있으니 상부상조이다.

신입 직원을 대하는 방식에는 이렇게 다른 점이 있지만, 신입으로 하루하루를 보내는 방법은 한국이나 독일이나 비슷하다. 인정받을 때까지 이리저리 눈치를 보며 내 일의 영역을 넓혀가야 하니까 말이다. 독일도 입사 초반에 책임 업무를 빨리 따내고 영역을 넓히지 못하면 도태되기 쉽다. 한국처럼 문서 작성 시 폰트 하나, 디자인 하나를 다 따지고 들지는 않지만, 상사별로 좋아하는 문서 스타일이 있으니 이를 빨리 알아채고 적용하는 것이 능력 있는 신입 사원이 되는 길이다. 모두가 자기 업무로 바쁜 직장 생활에서 당연히 상사는 하나를 가르쳐줘도 열을 해내는 사원을 선호할 수밖에 없다. 지시받은 업무를 마무리하곤 상사가 와서 보고 확인해 줄 때까지 가만히 시간 낭비하고 기다리는 소극적인 직원을 좋아하긴 어려울 것이다. 요청한 업무를 끝내 놓고 내가 더 할 수 있는 일이 없는지 적극적으로 묻고 요청하는 태도를 좋아한다. 따라서 팀장이 바쁠 때는 다른 팀원들에게 다가가 혹시 도와줄 일이 있는지 계속 확인하기를 추천한다.

업무를 파악할 때는 기록된 자료를 백 번 읽는 것보다 담당 직원들과 일일이 만나 해당 업무 설명을 구두로 한 번 듣는 것이 훨씬 효과적이다. 신입 사원으로 먼저 다른 직원들에게 다가가 본인을 알리고 관계를 구축하며 정보를 얻는 것은 독일에서 온전히 본인의 몫이다. 뮌헨에서 근무 시 가장 안타까웠던 후임 직원은 주어진 일이 많다는 이유로 점심도 늘 혼자 먹고 항상 다른 직원들과 온종일 한 마디 대화도 나누지 않은 채 시간에 쫓기듯 일만 하다 집에 갔다. 독일 사람들도 인간인지라 업무 중 실수가 있거나 결과물이 부족할 때 본인과 친한 직원, 좋은 인상을 받은 직원에게는 아무래도 더 우호적이다. 함께 일하는 동료들과 기본적인 관계 형성을 해 놓지 않으면 도움이 필요할 때 막막해진다. 그래서 눈치가 보이더라도 자꾸만 다가가 미팅을 요청하고 점심 식사 함께 하자고 묻고, 커피를 대접하며 말을 거는 등 본인을 어필하는 것이 좋을 수밖에 없다.

독일이나 한국 신입 사원 중 스트레스를 적게 받는 것은 확실히 독일 신입 사원이겠지만 독일이 모든 면에서 좋다고 말하기는 어렵다. 아무래도 책임지고 끌어주는 사수도, 멘토도 없고 생존 정보를 주고받을 수 있는 입사 동기도 없으니 무언가 스스로 해내지 않는 이상 팀에 적응하는 데 시간이 훨씬 더 오래 걸릴 확률이 높기 때문이다. 게다가 이리저리 터지고 직접 혼이

나야 내가 무엇을 잘못했고 인정받기 위해 어떤 점을 개선해야 하는지 빠르게 깨달을 수 있는데 독일에서는 족집게처럼 혼내는 사람이 없고 자꾸만 스스로 고민하도록 질문을 던져주니 고민과 고뇌의 시간 역시 더 길다. 방향을 잘 못 잡으면 그 자리에서 헛발질만 하다 끝날 수 있다. 그래도 신입을 아무렇게나 굴려 먹고 상처 주며 혼내야 하는 학생처럼 생각하지 않는 문화는 확실히 좋다. 우리나라도 팀원들끼리 연차 관계없이 모두 '~님'이라는 존칭으로 부르며 직장 문화를 수평적으로 바꾸기 위해 많은 노력을 기울이고 있지만, 아직 신입 기간이 생존기가 아닌 생활기가 되기에는 갈 길이 먼 것 같다.

### 시간을 스스로 관리할 수 있는 삶

저녁이 있는 삶. 벌써 6년 전 대선을 앞두고 한 후보가 낸 슬로건이었다. 많은 직장인의 심금을 울리고 공감을 샀던 그 말은 여전히 현실과 동떨어진 채 공약으로만 남아 있다. 저녁을 누릴 수 있다는 것이 왜 이렇게 어려워야 하는지 몇 년 전까지만 해도 몰랐다. 한국 사회도 빠르게 변하고 있으니 직장인의 삶과 회사 문화도 금방 변할 수 있다고 생각했다. 그렇지만 6년이 지난 지금도 구로의 등대는 건재하고 근무시간은 9시간이지만 복리후생으로 저녁을 제공한다는 앞뒤가 맞지 않는 채용 공고를 올려대는 회사가 존재한다.

한국으로 돌아간다면 가장 견디기 어려운 것은 무엇일까 생각할 때 제일 먼저 떠오르는 것이 내 시간을 스스로 조정, 관리할 수 있는 권리가 제한받을 수 있다는 것이었다. 나는 아주 어렸을 때부터 유독 시간에 대한 침해를 견디지 못했다. 오늘 저녁에 이걸 해야 한다고 아침에 다짐했는데 다른 사람의 방해로 그 일을 할 수 없게 되면 스트레스를 많이 받는 편이었다. 이러니 의무로 따라야 하는 정규 교과 과정을 제외하고 반강제로 내 자유 시간을 침해 받아야 하는 자율학습이나 수련회는 지옥 같은 것이었다. 어떤 시간에 어떤 공간에서 어떤 상태로 공부해야 가장 잘할 수 있는지 아는 것은 나 자신인데 왜 학교가 내 권리를 침해하면서 밤 10시까지 나를 찝찝한 상태로 학교에 앉혀 놓아야 한단 말인가? 그래서 온갖 핑계와 꾀병으로 그 지옥을 피했다. 천만다행으로 부모님은 내가 하는 결정들에 대해 한 번도 "남들은 다 군소리 없이 자율학습하는데 너는 왜 안 하냐"고 묻거나 반대하지 않았다. 하지만 부모님의 사인이 들어간 사유서를 작성해도 야간 자율학습을 빼주지 않는 엄격한 선생님과 함께 한 1년은 스트레스로 배앓이와 두드러기를 달고 살아야 했다.

직장인의 삶은 학생 때와는 달랐다. "공식적인 업무 시간 외 시간은 내 거야!"라고 당당히 소리치자니 미친년 소리를 들을 판이었다. 상사와 동료들에게 미움받으며 퇴근 시간을 사수할 만큼의 용기는 없었다. 인정도 받고 싶고 월급과 보너스도 성실히 챙기려면 남들 하는 만큼 부지런히 열근해야 한다는 것을 온몸으로 느꼈다. 여기서 고백하자면 졸업 후 바로 잡은 직장 중 한 달 만에 뛰쳐나온 광고 회사가 한 군데 있다. 당시에는 부끄러워서 주변 누구에게도 그 한 달의 직장 생활에 관해 이야기하지 않았다. 잠깐 아르바이트한 것처럼 덮어 버렸다. 그리고 이 직장은 역시 해외로 가야겠다는 생각에 쐐기를 박은 계기가 되었다. 광고 회사 소문은 대학 시절 내내 익히 들었지만, 야근의 강도는 상상을 초월했다. 2주 내내 밤 10시도 아닌, 막차가 끊기는 12시가 넘도록 일을 했다. 택시를 타고 집에 돌아가는 길에 '여기서 1년을 버티고 5년을 버티면 내 인생에 남는 것이 무엇이 있을까' 생각했다. 가장 이해할 수 없는 것은 이 야근이 그 회사에 있는 모든 상사에게 너무나 아무렇지도 않은 일상이라는 것이었다. 열정이나 프로젝트를 성공시키겠다는 목표의식이 있어서가 아니라 그렇게 일하는 게 광고업계에선 당연하니까, 다른 회사로 이직해도 마찬가지니까, 지금까지 해왔듯 일했던 것이었다. 업계에 20년이 넘게 있었다는 부장님은 가장 편할 때가 5시간 넘는 장거리 출장을 갈 때라고 했는데, 비행기에서 방해받지 않고 쭉- 잘 수 있기 때문이란다. 프로젝트가 하나 끝나면 다 같이 동트는 새벽까지 소주를 마시며 의미 없는 수다를 떨다 사우나 가서 샤워한 뒤 회사로 출근했다. 그런 극한의 회사 생활을 처음 경험하는 내게 '마치 우리가 이렇게 능력과 열정 있는 광고인들이야. 잘 배워!'라고 말하는 것 같은 그 회사원들이 기괴하고도 불쌍한 생명체 같았다. 그들처럼 이 이상한 직장 문화를 당연한 삶의 일부로 받아들이기 전에 빨리 탈출하기로 했다. "요즘 젊은이들은 우리처럼 끈기도 참을성도 없어"라는 말의 1등 공신은 확실히 내가 맞다. 거의 매일 3시간 4시간 쪽잠을 자고 온종일 방송국에서 사는 유능한 피디 친구를 생각할 때면 단 몇 시간의 야근도 견디지 못할 스스로가 한심하다가도 사람은 확실히 각자가 감당할 수 있는 것과 중요하게 생각하는 것이 다 다르다는 걸 느낀다. 직장 생활에서 내게 가장 중요한 것은 시간에 대한 권리라는 것이 이제 확실해졌다.

한국을 떠난 뒤로 미국, 멕시코 그리고 독일까지 오면서 야근으로 스트레스를 받은 적은 단 한 번도 없었다. 한국 회사의 해외 법인에서는 현 직장에서 누리는 만큼 출퇴근 시간이나 근무 시간을 조정할 수 있는 유연함은 없었지만 적어도 다른 사람의 눈치를 보며 퇴근을 하는 일은 없었다. 상사가 회사에 남아 있든 말든 일을 마친 직원은 사무실을 홀연히 떠나면 그만이었다. 독일인들은 상사, 즉 결정권이 있는 높은 사람들은 당연히 그만큼의 책임과 보상이 따르니 더 많이 그리고 더 오래 일할 수 있지만, 실무를 하는 직원은 불필요하게 더 오랜 시간 근무를 하거나 많은 업무량이 주어져서는 안 된다는 인식을 기본으로 깔고 있다. 상사가 일을 마치지 못해 회사에 남아 있는데 상사를 보조해야 하는 부하 직원이 먼저 집에 간다는 것을 잘 용납하지 못하는 우리의 인식과는 많은 차이가 있다. 자발적인 야근이야 누가 뭐라 하지 않지만, 간접적이든 직접적이든 직원이 야근하게 강요할 수는 없다. 업무가 너무 많아 며칠 자발적 야근을 하고 나면 또 어떤 날은 일찍 퇴근한다. 월요일부터 목요일까지 조금 더 오랜 시간 강도 높게 일하고 금요일엔 점심 먹고 퇴근해 버리면 된다. 반드시 그 시간, 그 자리에 있어야 하는 직업이 아니라면 일반 회사원들은 이처럼 대체적으로 유연하게 자기 시간을 스스로 관리한다. 근무 시간이 엄격한 파트타이머나 콜센터 직원, 상점 직원 등은 당연히 이 조건에서 제외된다.

출근 시간도 마찬가지다. 기본적인 업무 시간은 계약서에 명시되어 있지만, 이 역시 직원 본인이 책임질 수 있는 한도에서 알아서 출근하면 된다. 정시 넘어 출근했다고 나무라는 사람은 없다. 본인 스타일에 따라 오전 8시에 나와 오후 5시에 퇴근하는 직원도 있고, 10시에 출근해 7시까지 근무하는 직원들도 있다. 1~2시간 사이 정도 차이는 상식적으로 용납한다. 해야 할 일을 모두 마쳤는데도 시간이 많이 남는 경우 굳이 퇴근 시간까지 8시간을 꽉 채워 기다릴 필요도 없다. 업무량이 많은 독일에서 이런 기회는 많지 않지만, 행여 있다면 가벼운 마음으로 두세 시간 일찍 퇴근해도 용납된다. 행여 기차 지연이나 도로 사고 등 예상치 못한 이유로 많이 늦는 경우 팀장과 팀원들에게 간단히 이메일로 늦는다고 알리면 된다. 물론 누가 봐도 출퇴근 시간이 너무 제멋대로인 경우 팀장에게 주의 정도 받을 수 있지만 그런 직원은 여태 보지 못했다.

반면 독일에 오기 바로 전 한국에서 일했던 곳은 야근은 많지 않았지만, 출근 관리는 무척 엄격한 편이었다. 명시된 출근 시간은 8시 30분이었지만 그 시간은 사무실 입장 시간이 아니라 자리에 앉아, 커피도 한 잔 따라 놓은 상태에 컴퓨터는 바로 업무에 들어갈 수 있도록 모든 프로그램이 켜져 있는 상태를 의미했다. 게다가 8시 30분 정각에 직원 건강을 위한 음악 방송이 나오는데 반드시 전 직원이 자리에서 일어나 국민 체조를 해야 했으므로 지각을 하면 체조하는 직원 사이를 뚫고 지나가며 '나 늦었습니다' 광고를 해야 하는 뻘쭘함을 감당해야 했다. 지각이 세 번 반복되면 인사고과에 반영되기 때문에 매일 아침 8시 20분~8시 30분 사이에 지하철역에서 회사까지 전속

력으로 단거리 경주를 하는 직원들을 보는 것도 무척이나 재미있는 볼거리였다. 독일에서는 지각의 의미가 없어 직원들이 단체로 회사 정문을 향해 달린다는 것은 상상할 수 없는 풍경이다.

얼마 전 인터넷 신문에서 한국 회사에서 달라지는 점심시간 풍경에 관한 기사를 읽은 적이 있다. 점심시간을 고정하지 않고 본인이 하루 중 원하는 시간에 먹도록 점심시간 유연제를 시행하는 회사, 상사 또는 동료들 눈치 보느라 밥을 제대로 먹지 못하는 불편한 점심시간을 피하고자 자발적으로 혼밥을 하는 직원들, 편의점에서 간단히 점심을 때우고 그 시간에 요가나 어학원 등 자기계발과 휴식에 투자하는 사람들 등을 소개하는 글이었다. 그러나 여전히 우리나라 대부분 기업은 근무태도 관리 차원에서 점심시간을 12~1시 또는 12시 반~1시 반으로 엄격하게 지정해 놓는다. 모두가 다 같은 시간에 점심을 먹어야 하다 보니 12시 종이 울리면 마치 감옥에서 탈출한 사람들이 우리 밖을 뛰쳐나오듯 식당을 향해 돌진하는 진기한 광경이 펼쳐진다. 엘리베이터에서부터 식당 앞줄까지, 그 시간에 맞춰 밥을 먹기 위해 고군분투해야 하는 시간을 고려하면 실제로 먹는 행위에 소요하는 시간은 10~15분 정도밖에 되지 않을 것이다. 이 시간에 맞추다 보면 아직 채 마무리하지 못한 일을 12시 전에 급하게 마무리하려고 용을 쓰거나 그냥 흐름을 끊어먹고 돌아와 정리해야 하는 경우도 많았다. 게다가 아직 배가 좀 덜 고픈데 그 시간이 아니면 식사할 시간이 없으니 억지로 먹어야 하기도 했다. 먹는 것이 본래 느려터진 내게 점심시간은 한국 직장 생활에서 받는 스트레스 중 하나였다. 항상 다른 직원들 속도에 맞추어 급하게 먹고 나오느라 소화 불량에 시달리거나 비싼 돈 주고 원하는 만큼 깨끗이 비우고 나오지 못하기 일쑤였다. 회사에 적응한 뒤부터는 핑계를 대고 혼자 샌드위치를 들고 시내를 걸어 다니거나 도시락을 싸와 자리에서 먹곤 했다. 그래도 왠지 다른 사람 눈치가 보이는 것은 어쩔 수가 없었다. 왠지 점심에 끼지 않으면 중요한 얘기를 놓칠 것 같기도 하고 그들이 내 뒷담화를 할까 불안한 적도 있었다.

독일 직장 생활에서는 점심시간도 온전히 내 선택에 달려 있다. 일반적으로 '12시가 지나면 점심시간이다'라는 인식이 있지만, 회사에서 지정한 엄격한 점심시간이란 것은 없다. 본인이 배가 고플 때 동료들과 식사를 하러 가거나, 일이 바쁘다면 혼자 편한 시간에 식사하면 된다. 다 큰 성인들에게 '꼭 이때 점심을 먹어라'라고 강요할 이유가 없는 것이다. 사내 식당이 갖춰져 있는 대기업의 경우, 식당이 운영되는 시간이 대개 3시간 정도로 여유가 있어서 그중 아무 때나 원하는 시간에 점심을 먹으러 가면 된다. 독일에는 회사 주변에 식당이 몰려있지도 않고 가격 부담도 있어 직원들이 점심으로 외식은 잘 하지 않는다. 사내 식당이 없는 경우는 간단히 마트 또는 카페에서 샌드위치나 셀러드를 사와 사무실에서 함께 먹기도 하고 도시락을 싸 오기도 한다. 일을 빨리 마무리 짓고 일찍 퇴근하는 것을 선호하는지라 1시간을 꽉 채워 점심을 먹기보다 30분 정도로 빨리 점심을 먹고 다시 업무에 집중하는 직원들이 무척 많다. 우리나라에서는 어찌 보면 궁상맞아 보이는 컴퓨터 앞에서 빵 먹기가 독일에서는 무척 흔한 풍경이다. 항상 같은 직원들과 같은 시간에 점심을 함께 먹지 않고 유연하게 본인이 원하는 시간에 마음이 맞는 동료들과 식사를 하기도 한다.

이렇듯 근무시간 8시간을 본인이 자유롭게 계획, 관리할 수 있는 시스템은 직원을 통제해야 하는 대상으로 보기보다 한 독립된 인격체, 그런데 우리 회사를 위해 일하고 있는 한 일원으로 보는 인식이 더 크기 때문인 것 같다. 게다가 효율성을 항상 강조하는 독일 기업의 입장에서는 통제와 규율보다 자율에 맡기는 것이 더 낫다고 간주한다. 괜히 점심시간에 누가 늦게 들어왔는지, 누가 출퇴근을 제때 하지 않는지 관리하며 시간과 에너지를 낭비할 필요도 없고, 직원 평가도 군대식 일괄적 태도보다 업무 성과 자체에 중점을 두면 되니 관리자 입장에서도 편하다. 일도 바빠 죽겠는데 부하 직원이 몇 시에 자리에 있는지 없는지 보는 것도 얼마나 귀찮은 일인가? 독일 기업 중에도 지멘스처럼 큰 대기업은 출퇴근 카드를 찍는 곳이 있지만 몇 시에 사무실 밖을 왔다갔다 했는지 감시하려는 목적이 아니라 추가 근무 시간을 관리하기 위한 목적으로 사용한다.

시간에 대한 자율은 회식을 포함한 불필요한 사교 모임으로부터의 자유도 의미한다. 독일에 온 뒤 회식다운 회식을 하는 건 일 년에 딱 한 번 크리스마스 파티 정도이다. 독일에서 회식이란 상사 또는 회사가 비용을 부담하는 걸 의미한다. 크리스마스 파티는 독일 내 회사에서 매우 일반적인 회식인데, 회사 전체가 한 날에 출장 뷔페를 불러 파티를 하는 경우도 있고 부서별로 식당을 예약해 함께 저녁을 먹는 경우도 있다. 대개 크리스마스 앞뒤로 1~2주를 쉬는 독일 특성상 직원들이 휴가를 가기 전에 한 해를 함께 마무리하고 내년을 기약한다는 의미가 있다. 이날 하루는 다들 폭식과 폭음을 하며 마음껏 회식을 즐긴다. 모르면 몰라도 이 비용 부담이 회식이 많지 않은 이유 중 하나 정도는 되지 않을까 싶다. 팀 활동비가 따로 나오는 회사가 간혹 있지만 우리나라만큼 보편적이지 않다. 본인이 먹은 것은 본인이 내는 더치페이 문화가 자연스러운 독일에서 본인보다 어리다고 또는 부하직원이라고 식사를 '쏘는' 일은 없다. 외식비가 비싸기도 하지만 그럴 만한 동기도 별달리 없는 것이다. 우리나라에서 회식의 의미가 서로 간의 친목을 다지고 직장생활의 어려움을 술의 힘을 빌려 보다 편하게 이야기하는 등 소통의 벽을 허무는 데 큰 목적이 있다면, 독일에서는 이런 것들을 일상 근무 중에 충분히 할 수 있다고 믿으며 또한 가족과의 시간이나 본인이 계획한 자유 시간을 희생하면서 이루어내야 할 정도로 중요하다고 생각하지 않는다. 친목 다짐이 필요하다면 마음이 맞는 사람들끼리 얼마든지 업무 후에 술 한잔하러 가면 되는 것이지 팀원 전체가 반강제로 회식을 갈 이유는 없다. 회식하는 경우에도 대개 적어도 2주 전에는 미리 공지를 해주고 정말 불가피한 경우가 아니고서는 회식 날짜를 금요일이나 공휴일 전날에는 잡지 않는다. 휴일은 개별적으로 충분히 즐길 수 있도록 배려하는 것이다. 혹시 참여하지 못하는 경우 미리 알려만 준다면 아쉬워하는 사람은 있을 수 있지만 불참에 눈치를 주는 사람은 없다. 회식에 참석한 뒤 집에 가는 것도 각자에게 달려 있다. 보통 2차, 3차를 잘 하지 않고 식당에서 저녁을 먹고 술을 마시며 2~3시간 정도 보내는 것이 일반적인데, 가족이 있거나 집이 먼 경우 저녁만 먹고 일찍 자리를 떠나는 직원들도 많이 있다. 이럴 때도 눈치를 보며 갈 틈을 노리거나 되도 않는 핑계를 대느라 감정 소비를 할 필요가 없다는 것이 매우 큰 장점이다.

한국에서 직장 생활을 하는 동안 집도 멀고 술도 잘 못하는 내게 회식은 달갑지 않은 단체 생활이었다. 회식 시간이 길어질 때마다 시계를 보며 막차를 탈 수 있을 것인가 놓칠 것인가 늘 조마조마했던 것이 기억난다. 그나마 무척 좋은 동료들을 만나 식사 자체가 힘든 것은 아니었지만 노총각인 팀장이 집에서 혼밥을 먹기 싫어한다는 이유에서 거의 일주일에 한 번씩 회식을 해대는 것이 문제였다. 최악의 회식은 부서 전체 회식이었다. 젊은 직원들에게 되도 않게 분위기를 띄워보라고 시키는 이상한 군대식 회식. 술은 주는 대로 마시되 정신 줄을 놓아선 안 되고, 말은 재미있게 잘 하되 선은 넘지 않아야 하며, 노래를 못하면 춤이라도 잘 추고, 막내 사원 노릇을 톡톡히 해야 하는 고된 미션을 자정까지 치르고 나서야 집에 가는 그 저녁 시간. 대학 재학 시절 아르바이트를 했던 한 회사의 부장은 심지어 한계가 없었다. 사원도 아닌 아르바이트인 내가 회식에 술을 못 마시겠다고 빼니 습기 찬 맥주잔 겉에 5만 원권 지폐를 착 붙여 주며 원 샷하고 그 돈도 가져가란다. 괜히 술 한 잔에 술집 여자가 되는 것 같아 자존심도 상하고 오기가 생겨, 한 잔을 원 샷한 뒤 5만 원은 택시비 밖에 안 되니 더 달라고 했다. 그렇게 부장 지갑에 있는 현금을 모두 뺏어 들고야 회식 술 마시기 전쟁은 끝이 났다. 다행히 오기로 꽉 채워진 정신력이 알코올 쓰레기라 불리는 내 몸을 집까지 지탱해 주었다. 집에 돌아가는 길, 피곤함에 찌든 내 모습을 보며 회사는 도대체 누구를 위해 이 회식비용을 낭비해야 하는지 의문이었다.

그렇게나 싫어하던 회식인데 우습게도 독일에서 아주 가끔 회식이 그리울 때가 있다. 진저리를 치면서도 회식을 통해 쌓던 잔정과 에피소드가 아쉬운 것이다. 회식을 한 번 하고 나면 직원끼리 확실히 전보다는 친해지는 계기가 많이 생기기 때문이기도 하다. 평소엔 업무에 집중하고 잡담을 많이 하지 않는 독일 직원들의 특성상 사적인 얘기를 할 수 있는 기회가 입사 초반엔 많이 없다. 따라서 본인이 적극적으로 다가가지 않는 이상 직원들과 그저 동료 이상으로 친해지는 데 한국보다 조금 더 시간이 오래 걸릴 수 있다. 회삿돈 쓰며 맛집 탐방하는 재미도 없고 살짝 아쉽달까? 강요받을 때는 그렇게 싫더니, 막상 기회가 없으니 아쉬워하는 걸 보면 청개구리 위선자가 아닌가 생각할 수 있지만, 가장 큰 차이점은 회식이 동료들과 즐겁게 저녁 식사를 하는 편안한 자리인가 아니면 눈치만 보다 피곤한 몸을 이끌고 집에 돌아가야 하는 부담스러운 자리인가에 달린 것 같다.

여담으로 이야기하면 독일 회식 자리에서는 과음하는 직원을 거의 볼 수 없다. 물론 술에 적당히 취한 직원들은 종종 있지만 선을 넘지 않는다. 작년에 전 직원을 대상으로 회사에서 크리스마스 파티를 열었는데, 자정까지 진행된 파티 내내 참으로 모두 건전하게 술을 마시고 춤을 추다 귀가를 하는 모습을 보고 웃음이 나왔다. 학생 인턴 중 한 명이 술에 취해 화장실에 오바이트를 한 적이 있다. 그 모습을 본 사람은 고작 3명의 동료밖에 없었는데도 불구하고 그 인턴은 다음날 본인의 행동에 대해 이메일로 공식 사과를 하며 부끄러워했던 것이 낯설었다. 독일 사람들은 직장 상사 앞에서 취한다는 것을 부끄러운 일로 여긴다. 자기 컨트롤을 못하거나 성인으로서 책임감이 없다고 생각한다. 전 직장에서는 현지 직원들이 워낙 한국식 회식에 익숙해져 있어 다들 술을 많이 마시는 편이었다. 그리고 다음 날 술에 취해 비틀대던 동료를 놀리며 그 이야기를 여러 번 회자하곤 했는데 우습게도 그 에피소드의 주인공들은 모두 한국인 직원이었다. 독일 직원 중 술이 너무 취해 다른 사람에게 업혀 가거나 다음 날 회사에 나와 졸거나, 길거리에 토하는 직원은 단 한 번도 보지 못했다. 동료들은 오늘이 살아있는 마지막인 날인 것처럼 술을 먹고 다음 날 출근하는 사람들은 여태까지 한국인, 일본인, 중국인밖에 보지 못했다며 항상 신기해한다.

### 휴식은 직원의 권리일 뿐, 상사가 주는 것이 아니다

저녁이 있는 삶 외에도 많은 한국인이 유럽 회사 생활에 로망을 갖는 것은 아마 한 달 가까이 되는 유급 휴가일 것이다. 독일에서 법적으로 보장되는 연간 휴가 일수는 24일이다. 이는 풀타임 즉, 주당 38시간 이상 근무하는 직장인들에게 유효하다. 많은 독일 기업들은 대개 30일의 휴가를 제공한다. 물론, 독일에 있는 대부분 한국 회사는 법정 휴가 일수 24일만 야무지게 딱 맞춰 주는 편이지만 연 10~15일에 불과한 한국 연차 일수에 비하면 사실은 꿈 같은 복지이다. 독일 회사는 지정된 휴가 일수를 직원이 업무에 무리가 가지 않는 선에서 마음껏 조정하여 쓰도록 한다. 업무에 무리가 가지 않는 선이라는 것은 다른 팀원들이 모두 같은 날짜에 휴가를 가 장기 휴가 기간에 본인의 업무를 지원해 줄 동료가 없거나, 본인이 반드시 참석해야 하는 중요한 이벤트가 있는 경우를 제외한다. 휴가를 승인하는 상사는 반드시 용납할 수 있는 이유가 아니고서는 휴가를 거부할 수 없다. 본인들도 다 장기 휴가를 바라보며 근무를 견뎌 내기 때문에 휴가에 태클 거는 상사는 없고 되려 충분히 휴식한 뒤 업무에 복귀할 수 있도록 장기 휴가를 장려하는 편이다.

전 직장은 유럽 법인이다 보니 독일 노동법에 따라 휴가를 보장받았지만 '한국인'이라는 이유로 본사에서 휴가 사용에 대한 지속적인 심리적 압박이 있었다. 어차피 내 휴가를 승인하는 상사는 독일인이니 승인받는 것 자체는 수월했지만, 본사에 있는 관리자와의 관계가 업무에 미치는 영향이 커 본사 눈치를 보지 않을 수가 없었다. 처음 1년간 휴가 계획서를 팀원들과 함께 중복되는 날짜가 없도록 조율하여 작성한 뒤 승인을 받고 관련 부서나 동료들과 공유하였는데 그럴 때면 유럽 법인을 관리하는 상무가 "월요일은 바쁘니까 제외하고, 금요일은 선적이 많으니 되도록 피하고, 연휴가 낀 날은 업무가 많이 지연되니까 앞뒤로 웬만하면 빼라. 수요일이나 목요일에 하루씩 쉬도록 해라"라며 압박을 주었다. 실제로 본사 직원들은 연차도 제대로 쓰지 못하고 반차로 나누어서 소진하거나, 일일 연차를 쓰고 '긴급'하다는 이유로 회사에 강제 출근 당하기 일쑤였다. 그러니 2주짜리 장기 휴가 계획을 줄줄이 제출하는 나를 보고 기가 찼을지도 모른다. 물론 욕을 대차게 먹으면서도 압박에 굴복하지 않았다. 이런 압박에 굴복할 거면 독일에서 일하는 의미가 전혀 없기 때문이었다. 대신 같은 업무를 하는 동료와 서로 휴가 시 상대 업무를 100% 커버할 수 있도록 업무 매뉴얼과 미처리 업무 리스트, 체크 리스트, 주의 사항 등을 상세히 작성하여 보고하는 것으로 우려를 최소화했다. 물론 그 뒤로도 종종 압박이 있었는데, 때마다 미친 척하고 문제가 있으면 휴가를 승인한 법인장에게 이야기하라며 모른 척 무시해 버렸다. 한국에 있었다면 당연히 이 정도로 세게 나가지는 못했을 것이다. 눈에 안 보이면 깡다구가 세지는 법인가보다. 저렇게 보고하는 것 이외에 한국 본사에서는 휴가 시에도 휴대폰과 이메일을 상시 확인하여 긴급한 건은 소통할 수 있도록 요청했다. 휴가 중에도 몇 번씩 오는 메시지 때문에 스트레스가 많았는데 특히 시차를 고려하지 않은 본사 직원들의 새벽 카카오톡 공격은 '내가 이래서 한국을 떠났었지 참….'하며 한국에 대한 향수병을 사라지게 만드는 훌륭한 치료제 역할을 했다. 가장 충격적인 일화는 내가 아니라 독일 직원에게 일어났다. 직원의 어머니가 예상치 못하게 돌아가신 날이었다. 그 직원은 물론 모든 미팅을 취소하고 회사에 알린 뒤 어머니의 장례를 치르러 떠났다. 모두가 마음 아파하며 위로의 말 한마디도 조심스럽게 건네는 와중 그 직원에게 언제 업무에 복귀할 수 있는지, O사 프로젝트는 이번 주 중으로 마무리할 수 있는지 물어보는 것은 한국 상사밖에 없었다. 창피했다.

휴가를 방해하는 이런 행동들은 사실 독일 회사에서는 관리자급 이상이 아니면 용납이 되지 않는다. 노트북은 당연하고 휴대폰도 회사가 망할 것처럼 긴급한 경우가 아니면 연락하지 않는다. 5년 가까이 독일에서 근무하는 동안 휴가 기간에 독일 직원들에게 연락을 받은 적은 단 한 번도 없었다. 습관이 든 건지 이직 후 첫 장기 휴가를 갔을 때 혹시나 싶어 회사 노트북을 지참한 뒤 한가한 저녁 시간에 이메일을 확인한 적이 있다. 그리고 팀장의 이메일에 답장을 보낸 적이 있는데 "너는 지금 이메일을 볼 때가 아닌데 뭐 하고 있느냐, 휴가에서 복귀한 뒤 답장해라"라는 회신을 받았던 것이 기억난다. 휴가를 온전히 누릴 수 있도록 배려하는 것이 어찌 보면 당연한 일이자 보장받아야 할 권리인데도 우리나라에서는 아직 뭔가 대단한 신세를 지는 것처럼 조심스럽게 연차를 써야 하는 것이 아쉽다. 장기 휴가를 적극적으로 지원할 수 있는 환경이 마련된다면 저녁이 있는 삶만큼이나 직원들에게 큰 동기부여가 될 것이라고 확신한다.

### 아파도 괜찮다

떠올려보면 한국에 있을 때도 나는 아주 건강한 편은 아니었던 것 같다. 스트레스를 많이 받으면 꼭 피부나 위장에 문제가 생겼다. 이놈의 두드러기나 발진은 매번 발생 부위를 옮겨 가며 나타나고 점점 강도가 심해지니 이제는 스테로이드 연고만으로는 금세 치유가 되지 않는다. 더욱이 스트레스를 늦은 밤 먹는 것으로 풀던 적이 많아 위염이나 식도염도 자주 달고 살았다. 독일에 온 뒤에도 물론 갖가지 종류의 스트레스를 받을 수밖에 없다 보니 자주 잔병치레를 한다. 물이 안 맞아서인지 아니면 햇빛을 너무 못 받아서인지 두드러기를 동반한 알레르기와 기관지염을 거의 상시 달고 산다. 특히 네덜란드나 영국과 날씨가 거의 비슷한 북쪽 지방으로 이사 온 뒤 항상 몸에 한기가 가득해 늘 감기가 있는 듯 없는 듯 하는 탓에 "아, 내 몸은 진짜 볼품없는 쓰레기야…"라고 한탄하곤 한다. 햇빛을 잘 못 받아서 몸이 아픈가하면 웃는 사람들이 많다. 그러나 독일에 살아 본 사람이라면 이게 절대 웃을 일이 아니라는 것을 이해할 것이다. 실제로 햇빛에서 받는 여러 종류의 비타민, 특히 비타민 D가 부족하면 면역력도 약해지고 우울증도 자주 걸린다는 연구 사례를 많이 찾아볼 수 있다. 친구 중 하나는 길을 걷던 중 빈혈 증세와 같은 어지러움을 느끼다 갑자기 기절하듯 털썩 주저앉아버렸다. 병원에 가보니 비타민 D가 부족해서 그런 거라며 임산부가 복용하는 완전 영양제를 처방해 주었단다. 비타민은 다 소변으로 나오는 플라세보 효과용 가짜 알약이라며 무시하고 말았던 나도 독일 생활 4년 차에 접어들며 비타민 D를 챙겨 먹기 시작했다. 도움이 되고 있는지는 잘 모르겠지만.

에센에 이사 온 뒤 한동안 두드러기가 너무 심해져 입사 후 1년 동안 병가를 서너 차례 냈었다. 고작 두드러기로 병가라니 하며 스스로가 한심하게 느껴졌지만 다리 전체를 둘러싼 큼직한 두드러기로 온종일 간지러움을 참지 못해 잠도 한숨을 못 잘 판이었기에 회사 업무를 걱정할 여유 따위는 없었다. 병원에 가보니 피부가 심각하게 건조한데 라디에이터를 틀어 공기를 더 건조하게 만들어버려 병이 난 거란다. 빨리 증세가 낫지 않아 이틀 연속으로 병가를 내며 '아, 한국 회사 같았으면 이렇게 간단히 병가 내기 엄청 어려웠

겠지, 욕을 숱하게 먹었을 테지' 하는 생각을 했다.

기본적으로 독일은 노동법에 따라 1년에 6주까지 급여 100%를 받는 병가가 보장된다. 이 6주의 병가는 일반 휴가(연차)에서 차감할 수 없다. 일반 휴가와 병가는 철저히 구분된다. 6주가 지나면 그 이후에는 의무 공공 보험에서 급여의 70%를 제공한다. 노동 계약서에 대부분 명시되어 있듯 아파서 출근할 수 없는 경우 당일 오전까지 본인의 직속 상사에게 서면으로 통보해야 한다. 통보 시 중요하고 긴급한 업무가 있다면 해당 업무를 직속 상사나 동료에게 위임하는 것이 의무이지만 간단히 상사에게 안내하면 된다. 병가 3일 차까지는 별다른 증빙 서류가 필요 없으며 3일 이상 병가 시 병원처방전과 같은 증빙 서류를 인사부에 제출해야 한다. 우리나라에선 비슷한 내용의 법이 보장되어 있다 해도 현실적으로는 병가를 쉽게 낼 수 없다. 그 차이는 법이 아니라 아픈 사람을 대하는 상사와 동료들의 태도와 인식에 있기 때문이다.

한국에서는 아프다는 것을 체력 관리를 잘 하지 못한 개인의 잘못이나 무능력으로 몰아가는 분위기가 있다. "몸이 그 지경이 되도록 뭐했는가?", "그 정도 아프지 않은 사람이 누가 있나. 나도 약을 달고 산다네.", "하필 오늘같이 이렇게 바쁠 때 아프면 어떡하나?", "병원에 다녀와서 출근하도록 해." 대놓고 물어보지 않아도 느껴지는 이 질문들. 눈치가 바닥을 치는 직원이라도 병가를 낼 때만큼은 눈치가 구백 단이 된다. "나래 씨가 그동안 일이 많아 그런가 보다. 이참에 푹 쉬고 쾌차한 뒤 출근하도록 해."라며 진심 어린 걱정과 함께 흔쾌히 병가를 허락해 줄 상사가 몇 명이나 될까 하는 생각이 든다. 이는 사람보다 일을 더 중시하는 문화가 일조한 것이다. 모두가 과중한 업무로 바쁜데 누구 하나가 빠져 일 처리가 늦어지거나 다른 누군가 그 일을 분담해야 한다면 반길 사람이 아무도 없기 때문이다. 직원이 아파서 특정 업무가 지연된다 하면 "그래 아프다는 데 할 수 없구먼, 해당 업무 마감일을 다음 주로 미뤄주겠네." 하는 한국 상사는 찾아보기 어려울 것이다. 이 정도의 배려는 병원에 입원할 정도는 되어야 하지 않나 싶다.

독일에서는 직원이 먼저다. 못되고 이기적인 상사는 많아도 아프다는 직원을 나무라는 상사는 들어 본 일도, 만나 본 일도 없다. 독일 직원들은 아픈 경우 간단히 회사 이메일이나 문자로 "오늘 아파서 출근하지 못할 것 같습니다. XX 업무는 복귀 후 제일 먼저 처리하도록 하겠습니다."라고 서면 통보를 하면 돌아오는 답변은 대개 따뜻하다. "일 걱정은 말고 완벽히 쾌차할 때까지 푹 쉬도록 하세요. 경과만 가끔 알려 주세요."란 말이다. 이직 후 얼마 안 되어 처음으로 낸 병가에 팀장은 물론 동료들도 하나 같이 "혼자 사는데 혹시 도움이 필요하다면 내 개인 휴대폰으로 연락해도 괜찮아-"라거나, "두드러기엔 이런 게 좋대. 내 동생이 의사인데 혹시 궁금한 게 있으면 알려줘."라며 답변을 보내와 무척 감동받았었다. 행여나 이런 답변들이 마음에도 없는 가식이라 해도 아프다는 것을 나무라는 듯한, 즉 아파서 출근을 못하는 것이 미안해서 죄책감이 들도록 하는 사람은 없다. 유독 내가 좋은 직장 동료들을 만나서 그런 것이 아니다. 상식적이고 일반적인 것이다. 뮌헨에서 다녔던 법인장도 아픈 직원들을 진심으로 걱정해 주는 사람이었다. 퇴사 전 마지막 전시회를 준비하느라 며칠씩 야근을 하고선 몸살이 된통 걸린 날 병가를 냈더니 법인장이 한국 본사 상무에게 "과로한 업무로 직원이 아프다는 것은 인력 운영이 잘 되고 있지 않다는 신호이니 본사에서 이번 프로젝트 진행을 위해 두 명의 추가 인력을 파견하여 지원해 주길 바란다."라고 요청을 했었다. 정말 고마운 일이었다.

한국에서 다니던 회사에선 직원들이 몸살로 열이 끓고 아파도 억지로 마스크를 끼고 오전에 병원에 잠깐 들린 뒤 출근하던 모습이 선하다. 주변 친구들이나 친오빠도 아픈 경우 조금 늦게 출근하거나 점심시간을 이용해 병원에 잠시 다녀오는 방법으로 대응할 뿐 병가를 쉽게 내지는 못했다. 병가를 내더라도 우선은 출근하여 상사 눈앞에서 아픈 모습을 직접 보여주고 상사가 별수 없이 "너무 아픈 것 같은데 집에 가서 쉬어"라고 등 떠밀 때 집으로 돌아오곤 한다. 기본적으로 서로에 대한 신뢰가 약하기 때문인 것 같다. 어제까지 멀쩡하던 직원이 몸살이 났다 하면 왠지 눈으로 진짜 아픈지, 꾀병은 아닌지 확인해보고 싶은 심보. 그걸 알기에 회사에 잠시라도 나갔다(심지어는 실제보다 훨씬 더 아파 보이는 민낯의 부은 얼굴로) 집으로 돌아와야 쉬면서도 마음이 편한 우리. 독일에서는 상상할 수 없는 일이다. 아픈 바이러스를 온몸에 휘감고 출근한다는 것을 무척 실례로 간주하기 때문이다. '나만 아플 수 없지, 다른 사람들까지 아프게 만들겠다!!'라는 강력한 전염 의지자로 비추어질 수 있다. 업무를 못 할 정도는 아니라면 재택근무를 하면 되니 말이다. 게다가 미련해 보이기까지 하다. 어차피 아파서 일도 제대로 못하고 골골댈 것이라면 하루 푹 쉬고 회복한 뒤 일에 집중하는 것이 훨씬 효율적이라고 생각하기 때문이다. 병가에 개인 연차를 쓴다는 것은 더욱 상상할 수 없다. 심지어 장기 휴가 중 아프거나 사고가 나 휴가를 제대로 누리지 못했다면 해당 일수만큼 휴가를 취소하고 병가로 전환하라는 조언을 상사가 해줄 정도이니 말이다. 물론 독일에도 꾀병으로 병가를 자주 내는 직원들 당연히 있다. 쉬운 병가 제도를 이용해 먹는 직원들은 당연히 시간이 지나면 다른 사람이나 상사에게 티가 난다. 신뢰가 무너진 직원에게 좋은 업무 평가를 줄 상사는 없다. 따라서 이런 악용 사례가 우려되어 병가를 내기 어려운 문화를 굳이 만들 필요도 없다. 함께 일하는 사람을 신뢰하고 직원의 건강과 안위를 일보다 우선순위에 두는 문화가 한국의 모든 회사에서도 일반적인 것이 되면 좋겠다는 바람을 가져본다. 적어도 과로로 쓰러지거나 아픈 몸 이끌고 출근하라는 회사에 희망을 잃어 자살하는 집배원이 나오면 안 되니 말이다.

### 자율성이 확보되는 공간

넓은 땅덩어리 만큼이나 독일 사무실도 넓다. 사무실의 절대 면적보다 눈에 띄는 것은 직원 한 사람, 한 사람에게 주어진 업무 공간이다. 독일에 떨어진 뒤 처음 사무실을 방문했을 때 제일 먼저 느꼈던 점은 쾌적함이었다. 한 평의 여유도 용납하지 않겠다는 다짐이나 한 것처럼 사무실 전체가 빼곡히 직원과 사무용 가구 및 기계로 채워져 있는 일반적 한국 사무실에 있다 온 주재원들이 부러워하는 것 중 하나였다.

우리나라 회사는 일반적으로 관리자급이 사무실 안으로 들어섰을 때 전 광경을 한눈에 볼 수 있는 구조로 이루어져 있다. 사무실에 들어가는 순간 내 책상은 있을지언정, 내 공간이라는 것은 사실 없다. 열린 공간에 부서 또는 팀별 블록이 형성되어 있고 그 안에 개별 책상과 사물함을 놓아 개별 공간을 구분하는 정도이다. 협소한 공간에 옆 사람으로부터 사생활을 보호하기 위해 책상 가림막이나 책상들 사이 파티션을 설치하기도 한다. 이런 구조에서는 어디에 누가 있는지, 누가 무엇을 하고 있는지 무척 잘 보인다는 장점이 있다. 또한 모두가 같은 공간에 붙어 앉아 있다 보니 누가 무슨 이야기를 하는지도 잘 들린다. 내가 다니던 한국 회사는 단시간 굉장히 많이 성장하여 직원 수가 급증하였는데 건물을 빠르게 증축할 수 없어 이전 공간에 책상만 자꾸 채워 놓는 바람에 통로 공간이 점점 작아져 숨 막히는 도서관 꼴이 된 적이 있었다. 뒤에 앉아있는 직원과의 간격이 너무 작아 가끔 다리 스트레칭을 위해 의자를 뒤로 쭉 빼고 싶어도 눈치가 보이는 사태까지 온 것이다. 옆 사람의 전화 통화 소리는 당연하고 채팅창에 쓰는 글씨 하나하나가 다 보일 정도였으니 눈치가 많이 보였다. 옆에 앉은 과장님이 흡연 뒤 커피믹스까지 마시고 이야기를 해대면 그 입 냄새까지 바로 전달되는 공간 효율의 최고봉 같은 곳이었다.

이런 열린 공간은 관리자에게는 무척 편리하고 효율적일 수 있다. 본인 자리에 가만히 앉아서 직원이 자리에 있는지, 무엇을 하는지 보고 필요하면 조금 큰 소리를 내어 업무 지시까지 바로 할 수 있으니 말이다. 실무자 입장은 조금 다를 수 있다. 상사의 꾸지람을 모든 동료 앞에서 들어야 하고, 계속 다른 사람으로부터 방해를 받으니 온전히 본인 일에 집중하기가 어려운 것이다. 이거 하다 저거 하다 퇴근 시간쯤 사무실이 조용해지면 그제서야 내 일을 본격적으로 시작하는 맛에 야근한다면 과장일까? 게다가 이런 사무실에서는 전화가 울리면 온 동네 다 들리니 내 전화라면 한 번에 잽싸게 받고, 다른 사람의 전화라면 팀의 막내가 눈치껏 빠르게 당겨 받아야 한다. 전화가 세 번 이상 울리도록 놔둔다는 것은 "야! 누군데 시끄럽게 전화를 안 받아?" 하는 부장의 크고 우렁찬 목소리에 잠 한 번 깨보겠다는 용기이다.

독일도 열린 공간을 선호하는 회사들이 있는데 이런 경우 개별 사무 공간이 무척 넓다. 즉, 공용 공간 안에 사적 공간이 잘 보장되어 있다. 독일인이 필요로 하는 사적 공간의 최소 범위가 한국인보다는 확실히 훨씬 넓기 때문이기도 하다. 독일인들의 사적 공간 범위는 가끔 독일의 지연된 기차나 지하철 또는 엘리베이터에서 알 수 있다. 기차가 지연된 후 도착하면 사람이 무척 많다. 우리나라라면 다음 기차가 3분 뒤에 오든 10분 뒤에 오든 이번 기차를 타겠다는 일념으로 꾸깃꾸깃 마지막 사람까지 몸을 밀어 넣을 텐데, 독일은 최소한의 선을 지킨다. 온몸이 꽉 붙도록 누가 더 비집고 들어오려 하면 누군가 소리를 지른다. "더 들어올 공간 없으니 다음 것 기다려!" 이렇게 말이다. 어느 정도 사람이 들어차 있는 엘리베이터가 오면 대부분 억지로 몸을 넣지 않고 다음 엘리베이터를 기다린다. 나까지는 타보겠다는 욕심은 별로 없다. 넓은 땅에 작은 인구라는 좋은 환경에 익숙해져서인지 북적대는 공간이나 낯선 사람과의 신체 접촉을 확실히 한국인보다는 훨씬 더 못 견뎌 하는 것 같다.

뮌헨 법인 사무실도 개방적인 공간이었다. 사무실 상주 인력이 점점 많아지면서 새로 고용된 직원이 쓸 공간이 부족했다. 그래서 새 공간이 마련될 때까지 우선 비어 있던 소회의실을 쓰게 했다. 인력이 더 보충될 경우 사무실을 옮길 것인가를 논의하던 때였다. 때마침 본사 대표님이 방문하였는데 둘러보더니 "사무실이 이렇게 천국같이 넓고 공간이 많은데 무슨 소리냐, 한 책상에 네 명은 앉을 수 있겠다. 독일 직원들은 복이 터졌네."라고 불평 아닌 불평을 토로했던 적이 있다. 독일인 법인장은 한 귀로 듣고 한 귀로 흘려버리긴 했지만 당시 상황이야말로 독일인과 한국인의 사무실 공간에 대한 인식 차이를 확실히 느끼게 해주는 계기였다.

현재 근무하는 회사는 개별 공간이 완벽히 보장되어 있다. 그룹의 본사 건물로 빌딩 수도 많고 규모도 큰 편인데 상주 직원 숫자 역시 무척 많은 편이라 사무실을 방처럼 만든 것이 처음에는 놀라웠다. 출장을 다니면서 다른 회사들을 방문해보니 독일 내에서는 이런 방 구조가 흔한 편이었다. 관리자급은 방 하나를 독점하는 반면 대개 실무자는 방 하나를 두 명이 나누어 쓴다. 그리고 열린 공간에는 공동 휴식 공간으로 소파나 테이블, 사무기기 등이 갖춰져 있다. 팀이 원하는 경우 개별 방이 아닌 책상과 캐비닛이 배치된 열린 공간을 사용할 수도 있는데, 이는 다른 팀원들과 상시 소통이 필요한 IT팀,

혁신 팀, 프로젝트팀 등이 자주 쓴다. 이런 구조의 가장 큰 장점은 개인의 공간이 충분히 확보되어 본인의 공간과 시간을 침범당하는 일이 적다는 것이다. 온전히 본인의 일에 집중할 수 있는 환경이다. 각자 방에서 근무하다 보니 누군가 이름을 불러대며 협업을 핑계로 사전 미팅 약속 없이 일을 방해하기 어렵다. 다른 사람 전화벨 소리도 또, 통화 소리도 들리지 않는다. 따라서 대개 논의가 필요한 내용은 사전에 미팅을 미리 잡아 놓고 회의실에서 진행한다. 다른 방에 있는 팀원들이 개별적으로 논의하고 싶은 이야기가 있는 경우 상대방을 방문하여 문을 닫으면 밖에 있는 직원들로부터 논의 내용도 보호할 수 있다. 물론, 이런 공간적 특성 덕에 직원이 몇 시에 출퇴근을 하는지 자리에 있는지 없는지는 한눈에 파악이 어렵다.

한편 이런 폐쇄적 구조는 다른 사람과의 교류가 쉽지 않다는 단점을 지닌다. 다른 동료들과 자주 부딪힐 일도 없고 눈 마주칠 일도 없어 화장실에서 오다가다 많이 만난 것 같은데도 1년 내내 누군지 모른다. 옆 사무실 방에 있는 영국 직원은 무슨 팀 소속인지 어떤 업무를 하는지 궁금한데, 매일 문을 닫고 업무를 하거나 자리를 비우니 말을 걸기가 조심스럽다. 전화나 이메일로 연락이 빨리 닿지 않는 동료들은 사무실로 직접 찾아가는 것이 좋을 때가 있지만 왠지 그 직원의 고유 공간에 침범하는 느낌이 들어 소극적이게 된다. 한국 사무실에서는 이 블록은 영업팀, 저 블록은 마케팅팀 이렇게 한눈에 띄게 구분이 되어 있고 그들이 소리 지르는 내용이 다 들려 저 팀은 분위기가 어떤지 누가 무슨 일을 하는지 눈치 통밥으로 알 수 있었다. 물론 지금처럼 각자 방 하나를 차지하고 있는 폐쇄적인 공간에선 눈치 덕을 보기 쉽지 않다. 이러나저러나 사람을 쉽게 사귈 수 있는 최적의 환경은 아닌 것이다.

이런 구조에서 한국의 관리자들은 불신과 불안함을 느낄 수도 있다. '이 자식이 문 닫아 놓고 인터넷 쇼핑만 하는 것은 아닌가?', '미팅인 척하면서 여자 친구랑 통화하는 거 아니야?' 독일인이라고 자기 직원을 무한 신뢰해서 이런 공간을 주는 것은 아니다. 독일 상사들도 부하 직원이 하루 8시간 온종일 일만 할 것이라는 믿음은 없을 것이다. 본인도 가끔은 휴식도 취하고 다른 동료들과 잡담도 하니 말이다. 그러나 결국 주어진 업무를 완성하기 위해 자기 시간을 어떻게 이용하는 가는 본인의 판단과 재량이라는 가치관이 일반적이다. 온종일 자리를 지키며 성실히 일만 하는데 가져오는 결과물이 허접스러운 직원보다는, 유튜브도 보고 동료들과 수다도 엄청 떠는 것 같은데 일의 성과는 좋은 직원이 상사 입장에서는 더 나은 것이다.

## 목소리를 내는 것이 중요한 독일 회사

30년 가까이 한국의 조직 생활에만 익숙해져 있던 내가 독일 회사에 들어와 적응하는 데 피곤함을 느꼈던 부분은 끊임없이 내 의견을 만들어 내고 피력해야 하는 문화였다. 내성적인 직원은 있어도 말 못하는 직원은 없다던 말이 피부로 느껴질 정도로 독일 직원들은 항상 자기 의견이 있고 주장이 강하다. 조리가 있든 없든 말은 참 잘한다. 팀 회의를 예로 들어 보자. 독일에서는 회의할 때 가만히 앉아 말없이 듣고만 있는 사람을 무임승차자라고 표현하며 부정적으로 평가하는 편이다. 혼자만 계속 말하는 것도 부정적 인상을 주지만 의견이 없는 사람은 무능력하게 비치니 차라리 말을 많이 하는 게 낫다.

독일 회사에서는 실무자에게 쉴 새 없이 의견을 묻고 토론과 논의의 장을 마련한다. 뭐 하나 일방적인 결정이 없으니 하나부터 열까지 자꾸 고민하게 만들어 정신적인 피로감이 무척 높다. 5~6시에 퇴근하는 여유 있는 생활이 다인 것 같지만 그 업무를 육하원칙에 따른 질문의 답을 스스로 만들어 상사를 설득하게끔 만드니, 고민의 늪에 빠져 흰머리와 잔주름이 엄청나게 늘어 버렸다. 일을 내 손에 쥐여 줬으면 좋겠는데 우리가 회사를 위해 해야 할 일을 만들어 오란다. 적어도 내게는 정말 익숙하지 않은 업무 방식이었다. 우선, 우리 팀에게 주어진 여러 가지 비전 중 누가 무슨 업무를 맡을 것인가부터 논의한다. 누가 가장 하고 싶은지, 누구에게 가장 잘 맞는지를 고려한다. 업무가 정해지면 그 업무의 목표, 스케줄, 보고 방법 등을 스스로 먼저 계획하여 상사와 다시 논의한다. 논의 내용이 명확하다면 그 이후에는 그 일들이 어떻게 처리되고 있는지 매일 묻고 간섭하지 않고 정기 회의를 통해 보고한다.

이직 후 초반에 내게 주어진 업무 중 하나는 지난해 영업 및 고객 인사이트 리포트를 작성하는 것이었다. 대개 이런 연간 리포트의 경우 회사에서 요구하거나 기존에 사용해 온 양식이나 틀이 있고 그에 따라 분석 결과를 알기 쉽게 글과 그래프로 옮겨 놓는 방식으로 진행된다. 그런데 팀장은 내게 의제는커녕 양식이나 마감일조차도 던져주지 않는다. 알아서 스스로 기획해 결과물을 만들어보고 필요하면 팀원들에게 협조를 구하란다. 무슨 대학교 기획 과제물도 아닌데 내 맘대로 하라니 시작부터 내적 갈등이 심했다. 회사에 대해 아직 제대로 파악도 못 한 내가 고객 인사이트를 제대로 줄 수 있는가? 했다가 괜히 쪽팔림만 당하는 것이 아닌가 싶어 "좋아, 이거야!"라고 확신했다가도 돌아서면 확신이 무너졌다. 아무래도 이 리포트로 남을 설득하기는 글러 먹었다 싶었다. 초안이 작성된 후 팀 회의를 통해 결과물에 대해 논의하는데, 이때 중요한 것은 내가 작성한 것이 왜 좋은지를 다른 사람들에게 설득시키는 것이다. 상사가 계속 질문과 태클을 걸며 논점에 대해 비판하면 "네. 시정하겠습니다."라고 비판에 수긍하는 것이 아니라, 둘 중 하나가 상대의 논리가 더 낫다는 것을 인정할 수 있을 때까지 싸우는 것이 유능한 직원이다. 그래서 독일 회사들은 매우 자주 구인 광고의 지원자 자격 항목에 '그룹의 주주, 이사회 또는 관리자급에게 설득력 있게 소통, 호소하는 능력'이라는 문구를 넣는다. 면접에서도 가끔 어떤 상황을 주면서, 이 상황에서 어떻게 관리자를 설득할 것인가를 묻는다. 이런 것을 잘 몰랐을 당시에 면접에서 완벽한 실수를 저지른 적이 있었다. 당시 내게 주어진 질문은 "너는 방금 영업 관리에서 현재 가장 큰 걸림돌이 전사적으로 통합된 고객관리 시스템이 없고 법인마다 그리고 지사마다 다 개별 고객관리 시스템을 쓴다는 것에 있다고 했는데, 이를 해결하기 위해 얼마나 관리자에게 소통했니? 그리고 전사 통합 시스템을 만들어야 한다고 어떻게 설득했니? 왜 안됐니?"였다. 대답으로 그 배경을 설명하다 결국 전사 통합 시스템이 만들어지려면 어느 정도의 수직적 결정과 명령이 필요한데 현 관리자들은 모두 결정을 회피한다고 말해버렸다. 면접관이 나중에 말하기로는 그 날 면접 중 가장 만족스럽지 않은 대답이라고 했다. 각 지사와 법인의 담당자들을 설득하지 못한 실무자의 잘못이지 수직적 결정이 없는 것이 프로젝트가 실패한 원인이 될 수는 없다는 것이었다. 이는 내가 여전히 윗사람으로부터 예스와 노를 늘 확실히 전달받는 것이 주는 익숙함에서 완전히 벗어나지 못했다는 증거였다.

한국 직장 내 회의에서는 수직적 문화 탓에 결정권자 앞에서 실무자가 마음껏 의견을 개진하기가 어렵다. 쓸데없이 의견을 냈다 깨질 바에는 상사가 원하는 것을 파악하고 실현할 방법을 고민하는 게 더 낫다. 상사 의견이 곧 직원의 의견이 될 테니 말이다. "마음껏 얘기해봐"라고 상사가 지시했는데 묵묵히 눈치만 살피는 직원들의 모습이 눈앞에 선하지 않은가? 이렇듯 수직적인 조직 안에서는 나아갈 방향과 목적이 대개 위에서 정해져 내려오니 그대로 일을 잘 진행하여 결과물을 가져오면 된다. 즉, 내가 해야 할 업무와 책임져야 할 선이 비교적 명확했다. 그러니 어떤 일을 어떻게 할 것인가에 대한 고민은 상대적으로 적어 사실은 무척 편했다. 12년의 정규 교육과정을 통해 시키는 일 잘하기 하나는 기똥차게 배웠던 게 확실하다. 시키는 일만 해도 업무량이 워낙 많기 때문에 사실 내가 하는 업무 범위, 역량을 넓히겠다는 욕심이 선뜻 들지는 않았다. 대개 해야 하는 업무란 성과를 내야 하는 정기적인 업무 80%, 정기적이지는 않지만, 추가 지원이 필요한 업무 20%, 그리고 상사가 시켜서 그냥 무작정 해야 하는 업무 30%였다. 총합이 100%를 넘는 이유는 물론 캐파 100을 넘는 추가 근무 시간을 동반하기 때문이다.

예전 회사에서 일한 지 약 1년 정도 되었을 때 팀장과 상무가 번갈아 가며 "너 이거 말고 하고 싶은 일 뭐 없니, 계속 같은 업무만 할 수는 없잖아. 너도 대리를 달았으면 좀 더 발전적인 거 하고 싶을 텐데, 있으면 얘기해봐. 시켜 줄게."라고 말했다. 순간 엄청난 속도로 타다다다 두뇌를 회전시켰다. '이런 기회가 한국 회사에서 오다니!' 눈치를 살살 보면서도, 하고 싶은 일 몇 가지를 조곤조곤 말했다. "그래, 힘써 볼게."라는 회답을 받고 속으로 잠시나마 흥분했었다. 나중이 되어서야 그때 그 제안이 내가 하던 업무를 조금씩 다른 사람에게 인계 후 원하는 업무를 할 수 있도록 팀이나 직책을 바꿔주겠다는 의미가 아니라 하는 업무는 그대로 쭉 하되 그 위에 하고 싶다던 일도 보너스로 얹어주겠다는 의미라는 걸 깨달았다. 자발적으로 능력 증대에 힘쓰는 영광을 누렸다. 이런 걸 일복이라고 하나 보다.

연봉 협상과 관련된 업무 평가 항목을 작성하는 과정도 수평보다는 수직적 의사 결정에 가까웠다. 예컨대 콜센터 직원들에게는 대략 하루 100통, 10% 이상의 전환율을 목표로 준다거나, 전산 입력 직원에게는 실수 없이 데이터 입력을 했을 때 100% 달성, 실수 발생 건수마다 목표 달성률이 적어지도록 평가 항목을 만들 수도 있고, 영업 사원에게는 목표액을 신규 고객과 기존 고객 또는 신규 제품 판매와 기존 제품 판매 등으로 항목을 구분하여 평가 기준을 만들 수도 있다. 이런 기준은 대개 회사에서 팀 또는 부서별로 결정하거나 상사가 대충 틀을 잡아 작성한 후 "불만 없으면 사인해."라고 하는 방식으로 협의 후 합의를 끌어냈다. 협의라고 말했지만 직원의 의견으로 수정될 수 있는 부분은 사실 별로 없다. 연봉 협상은 또 어떠한가? 이전 회사에서 연봉 협상의 시나리오는 딱 두 가지였다. 첫 번째는 “올해는 회사가 실적이 좋지 않아 무너질 위기에 있으므로 모두 함께 희생을 감수하며 회사를 일으키는 데 집중해야 한다. 따라서 임원을 제외하고는 전 직원 임금동결이다.”라는 시나리오. 두 번째는 “너는 올해 성과가 무엇이냐, 연봉을 어떻게 조정했으면 좋겠냐” 하면서 의견을 묻고는 최종적으로 “너의 의견을 존중하지만, 올해는 우리 팀 실적이 좋지 않아 팀원들 연봉을 3% 이상 올려줄 수는 없다. 내년에 더 최선을 다해서 승진하면 연봉 올려줄게”라는 것이다. 본사에 있던 어떤 직원들에게는 월급 지급일 전날 불러 “오늘 이 연봉에 합의하고 사인 안 하면 내일 급여 못 나가”라며 반강제로 몰아붙였다는 말에 웃음이 나왔다. 독일 회사에서는 직원에게 어떤 항목으로 본인을 평가해야 합리적일지 미리 생각하고 아이디어를 짜오라고 이야기한다. 본인의 목표가 팀의 목표와 동일 선상에 있고, 평가 항목과 비율이 이해할 수 있는 선이라면 직원의 의견이 적어도 50% 이상은 반영된다.

독일 회사가 부여하는 자율성이 사실 조직 운영에 약점이 될 때도 있다. 반대로 수직적 의사 결정에서 오는 가장 큰 장점은 속도이다. 의사 결정도 빠르고, 결정 사항에 반기를 들 부하들이 별로 없으니 실행도 빠를 수밖에 없다. 그간 무슨 논의가 어떻게 이루어졌던지 막판에 회사 지분을 가장 많이 소유한 사장이나 회장이 “A로 해!”라고 하면 그 지시에 맞게 전사적 움직임이 일어난다. 독일 회사는 뭐 하나 결정하는 데 정말 온 세월이 걸리는 것 같을 때가 많다. 논의 과정에 너무나 많은 에너지와 시간을 쏟기도 하고 어떻게 하라는 지시도 명쾌하게 주어지지 않으니 말이다. 뮌헨 법인에 있을 때 유럽에서 가장 큰 전시회를 준비하는 동안, 행사를 고작 6주 남겨두고 마케팅 직원이 그만두는 일이 발생했다. 현지 마케팅 직원이 딱 그 직원 한 명뿐이었기 때문에 완전 비상이 걸렸고, 결국 내가 그 공석에 투입되었다. 그 직원은 현지 전시회 에이전시와 본사, 그리고 뮌헨 법인의 의견을 조율하는 데 한계를 느낀다며 더 이상 스트레스를 감당할 수 없다는 얘기를 했었다. 나는 업무에 투입된 지 1주일 만에 그 마음을 온몸으로 실감할 수 있었다. 오랜 기간의 논의를 거쳐 디자인과 전시 제품 구성, 마케팅 자료까지 모두 만들어 주문까지 다 들어간 찰나에 본사에서 갑자기 마음에 들지 않는다며 변경 지시가 내려온 것이었다. 사장님이 얼마 전 일본 전시회를 다녀온 뒤로 마음이 많이 바뀌었단다. 미칠 노릇이었다. 고집 세고 융통성 없는 에이전시는 이미 주문 제작이 끝난 상태라 변경할 수 없다고 하고, 변경된 전시 제품은 다 다시 제작해야 하는 것이라 본사에서도 전시회 날까지 보내 줄 자신이 없다고 하는 마당에 사장은 굽힘이 없었다. "에이전시는 한국 에이전시 데려다 써야지 그러니까 왜 독일 에이전시를 쓰냐, 제품 제작은 밤을 세워서라도 3일 안에 무조건 끝내라고 해라." 원하는 대로 완전 다 바꿀 수는 없지만 가능한 부분은 최대한 바꿔보겠다며 사장을 설득하고 에이전시를 달래며 일을 하려니 전시회만 끝나면 이 미친 회사를 그만두겠다는 생각이 간절해졌다. 그 뒤 우연히 LG에서 근무했던 프랑스인이 썼던 《한국인은 미쳤다!》라는 책에서 기막힌 전시회 준비 과정을 묘사한 부분을 읽었는데, 내가 겪었던 것과 너무나 비슷해 놀란 적이 있다. 한국 회사 전시회에서 만족해야 할 고객은 방문 고객이 아니라 사장님이다. 반대로 독일은 전시회 준비만 꼬박 1년을 넘게 한다. 2년 주기로 열리는 전시회는 2년 내내 전시회 준비가 조금씩 진행되고 있다고 생각하면 된다. 그도 그럴 것이 디자인 콘셉트, 제품 구성 하나하나 실무자가 계속 협업 부서와 논의에 논의를 거쳐 틀을 잡고, 관리자를 설득하는 과정을 거쳐야 하기에 1년이라는 시간도 그리 길게 느껴지지 않는다. 하지만 속이 터질 때도 많다. 논의에 참여시켜야 하는 부서는 왜 이리 많고 설득해야 하는 사람은 또 왜 이리 많은 것인지, 이렇게 결정하려고 했는데 또 누군가 다른 아이디어를 들고 와서 결정을 어렵게 만들지를 않나, 그러면서도 마지막에는 다들 책임지고 한 결정에 완벽히 동의하는 것도 꺼리니 최종 피드백을 기다리다 목이 빠질 뻔한 적이 한두 번이 아니다. 모두가 합의한 결정을 위에서 마음대로 바꾸는 일은 자주 일어나지 않는다. 그런 변경이 얼마나 많은 추가적 비용-시간과 금전, 인력 모두-을 발생시키는지 알기 때문이다. '세상에 좋은 남자는 없다. 본인에게 잘 맞는 남자만 있을 뿐.'이라고 누가 그러더니 이 말은 회사에도 딱 맞다. 독일 회사건 한국 회사건 더 좋은 회사는 없다. 그저 나에게 더 잘 맞는 조직이 있을 뿐이다.

### 퇴사자와 해고자를 대하는 자세

문자 메시지로 간단히 이별을 통보하는 '카톡 이별법'이 유행이라는 말을 듣고 생각했다. '우리는 참으로 헤어짐에 약하구나.'라 말이다. 이별보다는 만남을 더 가치 있게 대하는 것은 비단 사람과 사람 사이 이별뿐 아니라 회사와 직원 간 이별도 그렇다. 그러나 돌이켜보면 헤어짐의 방식, 즉 떠나는 사람과 떠나보내는 사람이 남기는 뒷모습은 첫인상만큼이나 오랜 여운을 남긴다. 몇 년을 즐겁게 일했는데 끝마무리를 엉망으로 한 채 도망치듯 떠난 직원이라면 오랜 기간 쌓아온 좋은 기억도 한순간에 사라져버린다. 일도 잘 못하고 말다툼도 많던 동료였더라도 퇴사한다는 소식을 들으면 왠지 마음이 허전하고 아쉬운 마음이 들기도 한다. 여러 차례 회사를 옮기는 동안 어느 곳이든 마지막 날은 늘 마음이 이상했다. 이곳을 떠나는 것이 결코 후회 없는 결정일까 하는 두려움과 동료들에 대해 그리움 반 그리고 새로운 시작에 대한 기대 반으로 마음이 한가득 채워져서일 테다. 그래도 회사 문을 박차고 나오는 그 짜릿한 순간에는 잠시나마 해방의 기쁨도 느꼈다. 그런 내가 독일에서 한 첫 퇴사에는 폭풍 눈물을 흘렸다. 파도타기 하듯 술렁이는 마음을 눈물로 바뀌게 한 것은 동료들이 준비한 퇴사 선물이었다. 난생처음 동료들에게 받아보는 돈 봉투와 감사 카드였다. 우리나라 사람들 기준에는 한 사람 축의금도 안 되는 적은 액수의 돈이지만 그 안에 담겨있는 의미가 눈물샘을 강타하는 기분이었다. 이는 독일 동료들에게 받는 '작별의 돈'이었다. 작별 인사를 나누고 마지막 문을 열고 나올 때 해방의 기쁨이 아니라 고마움과 그리움이 먼저 느껴진 것은 이번이 처음이었다. 행복한 퇴사 날이었다.

대부분 한국 회사에서는 입사 환영식은 2차, 3차까지 가며 거창하게 치러

주는 반면 퇴사는 조용하게 한다. 함께 일했던 팀원이나 팀장들도 누군가의 퇴사 소식을 들으면 큰 소리 내지 않고 조심스럽게 그 안에서만 소식을 주고받는다. 회사의 전반적인 분위기가 퇴사 소식을 떠들고 다니지 못하게 만든다. 누가 퇴사한다더라 하는 소문이 일하는 다른 직원들의 사기를 꺾을 수도 있고 퇴사하는 이유에 대한 궁금증이나 루머가 떠돌아 사내 부정적 분위기를 형성할 수 있다는 이유가 크다. 그래서인지 상사에게만 퇴사 의지를 알린 뒤 마지막 날까지 묵묵히 일하다 동료들에게 개별적으로 메일이나 쪽지를 보내 퇴사 소식을 알리고 인사를 나눈 뒤 떠나는 직원들이 많다. 회사 차원에서 퇴사 예정자를 공고하는 경우는 보지 못했다. 좋은 소식은 함께 나누고 좋지 않은 소식은 덮어 두는 게 낫다는 인식도 있는 것 같다. 이런 '쉬쉬 문화'는 뮌헨의 법인에서도 있었다. 내가 퇴사 의지를 알렸을 때도 한국인 상사는 다른 직원들에게 되도록 이야기하지 말고 최대한 인수인계가 쉽도록 업무 매뉴얼을 꼼꼼히 구축해 놓으라는 지시를 내렸다. 현지 외국인 직원들은 이런 문화를 많이 비판했다. 법인과 협력해야 하는 본사 직원에게 며칠 내내 연락이 잘 닿지 않다가 "그동안 감사했습니다. 오늘을 마지막으로 회사를 떠납니다." 하는 이메일을 달랑 한 통 받고 나서 황당해하는 현지 직원들이 많이 있었다. 그 직원과 함께했던 일들을 정리할 시간도 또 그동안 바빠 제대로 하지 못했던 이야기도 나눌 기회를 주지 않고 홀연히 떠나 버리는 방식을 이해하지 못한다고 했다. 그래서 같은 법인 사무실에 있는 직원들끼리만이라도 사표를 내면 바로 내부적으로 공유하고 회식을 하며 작별 인사를 하도록 하자고 했었다. 대개 독일 직원들은 마지막 날 본인이 다른 직원들을 식사에 초대하거나 집에서 준비해 온 케이크를 나누며 감사 인사를 전했고, 다른 직원들은 퇴사 선물을 준비했다.

대부분의 독일 회사는 퇴사가 결정된 후 짧으면 1개월 전, 길면 3개월 전 퇴사자 명단을 인사부 담당자가 공유한다. 인사부에서 하지 않는 경우는 팀 보조나 다른 팀원이 해당 팀과 관련 부서에 그 소식을 공유한다. 그 이메일에는 퇴사한 직원이 누구인지, 그 직원이 근무하는 동안 어떤 일을 했는지 간단히 소개하고 이루어 낸 성과에 감사 인사를 한다. 이미 정해진 경우 그 직원이 퇴사하고 이직하는 곳도 명시하며 새로운 곳에서 더 큰 성공을 거두기를 염원하는 문구도 함께 넣는다. 이런 이메일을 통해 다른 직원들이 그 직원에게 작은 선물을 준비할 기회, 또한 중요한 업무들을 마무리 짓고 인수인계할 수 있는 시간을 제공한다. 소규모 회사에서는 이메일을 별도로 보내지 않아도 퇴사자가 회사 직원들과 인사를 나눌 수 있도록 지원한다. 마지막 날에는 대개 남아있는 동료들을 위해 당사자가 케이크와 샴페인을 가져와 함께 나누어 먹는 문화가 있는데 마치 생일처럼 마지막 장식을 하는 그 모습이 한국과는 많이 달라 무척 감명 깊었다.

한국에서 사직서를 내면 처음 상사의 반응은 "아니 왜!", "여태 잘해 왔는데 문제가 있으면 얘기를 해야지 이렇게 사직서를 내면 쓰나, 불만을 얘기해 봐.", "지금같이 중요한 때에 나가면 안 되지.", "조금만 더 참고 견디면 내년에 승진되도록 해 줄게. 직급 올리고 나가는 게 낫잖아.", "다른 데 가봤자 다 비슷해. 회사는 다니던 곳이 제일 좋은 거야.", "내가 여태까지 널 어떻게 키웠는데…" 등 무척 다양하지만, 그 중심에 있는 메시지는 결국 '나가지 마'였다. 정 많고 직원을 아끼는 상사들은 직원을 진심으로 떠나기 보내기 싫어서 발목을 붙잡고 나쁜 상사들은 그 업무들을 당장 할 인력이 없어서, 누굴 또 뽑아서 가르칠 생각을 하니 까마득해서 붙잡는다. 그러니 그만둔다는 말을 꺼내는 것도 무척 어렵지만 마지막 근무 날까지 무척이나 마음이 편치 않다. 그만 둔다는 직원이 무능력하지 않은 이상은 한 번 이상 사직서를 무를 수 있는 기회를 준다. 더 이상 붙잡아도 소용없다는 판단이 들 때 보내준다. 퇴사한 직원에게 추천서를 써주는 문화도 거의 없는 이유는 떠나는 직원까지 챙길 시간도 없고 본인 더 잘 살자고 회사와 동료들을 떠나는 놈한테 누구 좋으라고 추천서를 써주나 하는 마음이 크기 때문이 아닐까 짐작한다면, 내 부정적 색안경일까? 그만큼 한국 상사가 직접 써준 추천서는 받기 쉽지 않다. 대개 본인이 쓰고 별문제 없으면 상사가 대충 사인하지 않는가?

독일에서 그만둔다는 의사를 밝히면 첫 질문은 대개 "왜 떠나려고 하는지 물어봐도 괜찮니?"이다. 이 질문은 다시 말해 그만두는 이유를 본인이 원하지 않으면 밝히지 않아도 괜찮다는 것이다. 굳이 숨길 필요 없다면 공손하고 솔직하게 본인의 이유를 설명하면 된다. 직접적 실명을 거론하며 어떤 직원이나 상사와의 관계가 힘들어 나간다는 말은 물론 하지 않는다. 대부분의 이직 사유는 더 좋은 기회를 찾아가는 것이므로 상사들은 쉽고 빠르게 수긍한다. 본인도 결국 직장인이고 좋은 기회가 있는 곳으로 얼마든지 옮길 수 있다는 것을 알기 때문이다. 앞에서 말했듯이 한국에서는 한 번 정도 불만을 해결해 주거나 더 좋은 조건, 비전을 제시해주면서 사직서를 철회할 기회를 주는데, 독일에서 사직서 제출은 이미 종료를 의미한다. 연봉이나 근무, 업무 조건 조율은 근무하는 동안 지속해서 논의되어야 하는 부분이지 사직서를 무기로 거래를 하는 것은 상식에 어긋나기 때문이다. 이유를 얘기하고 나면 어떤 회사로 옮겨 가는지 조건은 얼마나 좋은지를 묻고 함께 축하해준다. 그리고 앞으로 인수인계를 어떤 방향으로 진행했으면 좋을지 상의한다. 또한 아직 정해진 것이 없다면 앞으로 회사 생활에 상사로서 또는 회사 밖 인맥으로서 도움을 줄 수 있는 부분이 있는지도 묻는다. 추천서는 당연히 써주는 것이고 남은 연차는 마지막 날까지 모두 쓰고 가도록 지시한다. 최대한 퇴사하는 직원이 현 직장에서 받을 수 있는 혜택과 복리 후생을 모두 사용하고 가도록 지원한다. 내가 특히 감사했던 것은 근무 마지막 날, 전 상사와 한 번은 진행하는 출구 대화를 통해 직장 상사가 아닌 인생의 소중한 인연으로서 많은 이야기를 나눌 수 있는 기회였다. 케이스 바이 케이스라고 비판하는 사람들도 물론 있을 테다. 그러나 확실히 퇴사자를 대하는 상사와 회사의 태도는 독일이 훨씬 따뜻하다. 최소한 내 퇴사가 남은 동료들에게 짐이 된다는 느낌은 주지 않는다.

자발적인 퇴사가 아니라 잘못을 저질러 회사에서 해고당하는 경우에도 이별을 맞이하는 방식에 차이가 있다. 내가 직접 일해보지 않은 한국 회사들을 물론 일일이 알 수는 없지만 친구들과 비슷한 주제의 회사 생활 이야기를 나눌 때면 해고자 공지 방식에 놀랄 때가 많다. 잘못을 저질러 해고당하거나 권고 퇴직하는 직원들의 명단을 전사 게시판에 알린다는 것이다. 물론 직원의 잘못으로 해고된 경우가 훨씬 더 가혹하다. '이런 사유로 해당 직원은 징계를 받았으니 앞으로 남은 직원들은 이를 교훈으로 삼고 조심해라'라는 깊은 뜻이 있는 듯 직원의 이름과 해고 사유를 낱낱이 게시한다. 한국에서 다니던 직장에선 해고자가 있던 경우 이름 자체는 익명 처리를 하지만 해고 사유는 반드시 공지되었다. 아무리 익명으로 처리하더라도 어떤 부서의 K 과장이라고 하면 사실 모르는 사람이 없었으므로 대놓고 이름을 공개하는 것과 아무 차이가 없었다. 성추행 같은 개인적 품행 문제가 아닌 공금 횡령, 정보 유출과 같이 회사에 손해를 끼친 사유는 더욱 강조하여 경각심을 주었다.

더 놀라운 경험도 있었다. 당시 나를 포함한 현지 직원들 모두 충격을 받은 일이었다. 어느 날 갑자기 독일에 상주하던 주재원 두 사람이 해고된 것이었다. 그중 한 명의 해고 사유를 다른 동료로부터 전해 들은 당시, 그 이유가 회사에 손해를 끼치는 수준은 아니었고 주재원 본인의 실수만큼이나 본사 인사 담당자의 실수도 절반은 있다는 생각에 징계 수위가 최고치가 되리라곤 상상도 하지 못했다. 당시 주재원은 하루아침에 컴퓨터 접속이 막힌 채 한국에 있는 본사 출석 명령을 받았다. 그리고 며칠 만에 해고 통보가 내려왔다. 문제는 그 이후였다. 회사는 전사 게시판 및 그룹 이메일이라는 두 가지 방법으로 해당 직원의 이름과 해고 사유를 전 직원에게 공유했다. 아주 친절하게도 이 공지는 영어, 중국어, 일본어 3개 국어로 번역까지 되어 해외 법인에도 뿌려졌다. 유럽 직원들은 이메일을 받자마자 이런 행태는 유럽에서는 완전히 불법이라며 해당 직원은 반드시 회사를 상대로 소송을 해야 한다고 토론을 해댔다. 놀라움은 여기서 그치지 않는다. 해고된 주재원은 부당 해고 사유로 회사에 소송을 걸었고 이에 회사는 다시 한 번 전사 게시판과 이메일을 통해 "이 직원은 잘못을 저질러 놓고 회사를 고소까지 했다. 이런 행동은 용서할 수 없으므로 앞으로 회사는 이 소송이 남아있는 직원들에게 교훈이 되도록 끝까지 승소를 위해 싸우겠다"고 알렸다. 완전한 선전포고였다.

독일은 해고자에 대해서 별도 공지를 하지 않는다. 누가 해고되었다 한들 퇴사자로 알린다. 대개 회사 인트라넷에 직원 품행과 업무 규율에 대한 프로토콜, 조항이 상세히 나와 있고 징계 사유가 될 수 있는 항목들이 소개되어 있다. 전체 직원 대상으로 일반적 사례를 소개하는 교육을 제공할 수는 있지만, 실제 일어난 특정 사유에 대해 직원들이 그 사례가 어느 팀 누구를 이야기하는 것인지는 알 수 없도록 주요 정보는 차단한다. 절대로 이름이나 부서 따위를 익명이나 이니셜로 처리하여 알리지는 않는다. 해고 자체가 이미 징계이기 때문에 가중 징계로 이어질 수 있는 다른 행위들을 조심하기 위해서다. 물론, 노동법에 위배되기 때문이기도 하다. 해고된 직원이라도 그 직원이 이후 구직 활동이나 회사 생활에 해가 될 수 있는 원인 또는 정보를 유출하는 것은 불법이다. 그러므로 관리자급이 공금 횡령을 엄청 해서 미디어에 보도가 되지 않는 이상 일반 직원들의 해고 여부나 해고 사유는 알 수 없다.

우리나라 회사와 상사들도 독일처럼 따뜻하게 직원을 보내주는 문화를 만들어 주면 좋겠다. 언제 어디서 또 만날지 모르는 이 좁고 좁은 세상. 열렬히 사랑한 연인 정도는 아니더라도 울고 웃는 연애 기간을 함께 한 연인을 보내듯 편안하게 서로의 길을 축복해 준다면 다음에 마주쳤을 때 훨씬 더 반갑고 애틋할 것이다. 잘 보내고 잘 떠나주는 것 하나만으로도 그간의 섭섭한 기억들이 어느 정도는 잊히지 않나. 자고로 사람은 나쁜 기억을 제일 먼저 잊고 좋은 기억을 가장 오래 간직한다고 하니 말이다.

### 적수는 어디에나 존재한다

독일에도 '도대체 저런 사람이 어떻게 사회생활을 하고 있을까', '도대체 면접을 어떻게 뚫었을까' 의구심이 드는 이상한 놈들이 있다. 그러니 '또라이 질량 보존의 법칙'은 시공간을 불문하고 언제 어디고 적용되는 대단한 자연법칙인가 보다. 다만 한국 회사에서 만나는 또라이와 독일 회사에서 만나는 또라이의 레벨과 숫자에는 차이가 있다. 아무리 생각해도 한국 회사에 있는 또라이를 이길 만한 레벨은 다른 어느 나라에도 없는 것 같다는 생각이 든다. 그만큼 한국인의 내공은 엄청나다. 아, 여기서 물론 잊어서는 안 되는 사실은 '다른 사람들에게는 그 또라이가 나 일 수도 있다'는 것이다.

가장 큰 차이는 그 사람을 회사 밖, 즉 사적으로 만나도 싫어할 만한 사람인가에 있다. 현지 직원들은 '아 진짜 이 자식 왜 일을 이런 식으로 하지?' '이 자식은 진짜 나중에 나 필요로 할 때 협업해주나 봐라…. 두고 보자.' '우리 팀장은 진짜 혼돈의 표본, 짜증이 나서 같이 일 못 해 먹겠다.'라고 불평을 하지만 사적인 자리에서 만나면 미워할 일 없는 사람들이다. 그저 함께 일하는 것이 무척 어려울 뿐 회사 밖에서는 그저 평범한 남자 사람, 여자 사람이라는 확신이 든다. 반면 한국 동료 중 싫어지는 사람들은 신기하게 회사 밖에서 만나도 말 섞기 싫을 정도로 몸서리가 쳐진다. 일을 잘하고 못하고의 문제가 아니라 기본적인 매너나 인성이 부족해서 일하기 싫다고 느끼는 때가 많기 때문이다. 예컨대 욕을 밥 먹듯이 하며 부하 직원에게 막말을 해대는 사람, 여자 직원에게 끊임없이 성희롱 발언을 해대는 놈, 같은 부서 상사 중에 아침마다 직원들 몸을 위아래로 훑으면서 살이 쪘느니 안 쪘느니 해대는 버러지 같은 놈과 회식에서 술을 처드실 때마다 나이 어린 신입 여직원들에게 "요즘 젊은이들은 부비부비하면서 논다는데 우리도 젊은이들 문화 따라가야지! 부비부비하러 클럽 가는 거 어때?"라고 얼토당토 않은 소리를 해대며 2차 가자고 졸라대는 영감도 있었다. 나아가 사적인 심부름을 시킨다거나, 인격을 폄하하는 발언을 농담처럼 내던지거나 또 당사자인 현지인이 옆에 있는데 한국말을 못 알아듣는다는 이유로 막말을 해대는 행위들은 부끄럽게도 한국인 동료에게서만 보는 무례한 행동이었다.

그런데 이런 한국인의 엄청난 내공조차 뛰어넘는 지존급 독일인을 처음 만난 것은 2016년 3월이었다. 지금 생각해도 너무나 끔찍한 동료였다. 그 사람은 큰 전시회를 앞두고 그만둔 마케팅 담당자 자리에 입사한 마케팅 매니저였다. 그녀는 전시회 한 달 전 채용되어 전시 2주 전부터 일을 시작했다. 이 여자를 채용한 이유는 특별했다. 마지막까지 경쟁하던 젊은 홍콩 여자를 제치고 채용된 것은 이전 근무 경력에 프랑크푸르트에 있는 한국 대기업 S사에서 일한 기간이 7년이나 되었기 때문이었다. 한국 회사 특유의 문화와 업무 강도에 불만을 품고 입사 후 2년 사이에 퇴사하는 직원 수가 높았기에 한국 회사에서 근무, 그것도 빡센 업무로는 둘째라면 서러운 S사라는 점이 지사장과 한국 본사 상무의 마음에 아주 쏙 들었던 것이다. '그곳에서 7년을 근무한 사람이라면 우리 회사는 식은 죽 먹기겠군….' 하는 생각이 들었나 보다. 그러나 사실 인사 담당자와 내가 이력서를 확인했을 당시 의아한 점이 한둘이 아니었다. S사를 그만둔 이후 경력이 6년이나 단절되었고 (미혼임에도) 그 기간에 대한 설명이 전혀 없다는 것 외에 그 이후 거쳐 간 다섯 곳의 회사는 모두 근무 기간이 6개월 정도로 수습 기간을 넘지 않았다는 것이었다. 그 회사들 모두 좋은 곳이었는데 마지막으로 추천서를 발급 받은 곳은 오로지 S사뿐이었다. 한 번 입사하면 3년 이내로는 직장을 잘 바꾸지 않는 독일사람 치고는 그 경력이 좀 이상하다 싶었지만 S사 경력의 막강한 영향력에 힘입어 채용이 빠르게 결정되었다.

근무한 지 고작 2~3주밖에 되지 않아 이 여자는 회사 내 국적을 가릴 것 없이 모든 직원이 대놓고 싫어하는 만인의 적이 되었다. 따돌림 문화가 발달(?)하지 않은 독일에서는 특히 직장에서 어떤 직원을 모두가 싫어해도 대놓고 그 직원에게 표현하거나 모임에서 배제하지는 않는다. 문제가 있다면 1:1로 논쟁을 벌일 수는 있지만 다 같이 그 대상이 따돌림으로 느낄 만한 행동을 직접적으로 하지는 않는다. 그런데 이 여직원은 누구라도 5분 이상 대화하면 얼굴이 빨개지며 화가 날 정도로 대단한 인격을 소유하고 있으면서 본인이 적극적으로 다른 동료들을 따돌리는 반전까지 선사했다. 입사 첫날부터 의자에 다리를 꼰 채 한참을 앉아 동료들을 유심히 한참을 지켜보더니 뜬금없이 "이제 여기도 대충 다 파악했다."는 말을 했다. 그리곤 모든 동료를 마치 자신의 노예 다루듯 하찮게 여기기 시작했다. 시니어급 엔지니어들이 시간을 내어 회사 소개 및 제품 소개를 해주겠다고 하니 이제 입사한 사람이 뭐 할 일이 있다고 "내가 오늘 내일은 시간이 없으니까 내가 시간이 생기면 널 부를게."란다. 엔지니어는 마치 내가 잘못 들었나 하는 얼굴로 그 여자 얼굴을 멍하니 쳐다보다 헛웃음을 지으며 자리로 돌아갔다. 그것은 시작에 불과했다.

전시회는 이미 내가 맡아 준비하고 있던 터라 이외 작은 업무들 인수인계부터 시작되었는데 업무가 있을 때마다 주변을 한참 둘러보다 가장 어리고 착해 보이는 직원들을 불러 자기 일을 하라고 지시를 하는 것이었다. 가장 쉬운 타깃은 물론 나와 같은 팀에 있던 한국인 여직원이었다. 천사같이 착한 그 여직원은 내가 왜 네 일을 하냐는 반문은 하나도 없이 새로운 직원을 도와준다는 마음으로 일을 다 처리해주었다. 보통 입사한 직원들이 처음 2~3개월은 다른 직원들과 좋은 관계를 형성하기 위해 평소보다 더 잘 보이려고 노력하기 마련인데 이 여자는 참 신선하다 싶었다. 이렇게 다른 직원들을 발톱의 때 정도로 보던 여자가 갑자기 자세를 낮추고 방실방실 웃는 경우는 딱 두 가지였다. 법인장 앞, 그리고 본사에서 상무급 이상이 방문했을 때. 한국의 아부 나부랭이 자세를 S사에서 배워 온 걸까 싶을 정도로 커피 대령부터 '네가 원하는 것은 다 이루어지도록 해주겠다'는 꿀 떨어지는 자기 어필까지 서슴없이 던져댔다.

그 여자와 나의 전쟁은 전시회에서 도발되었다. 그녀는 동료들에게 무척 무례한 행동을 지속했다. 새로 만나는 다른 유럽 국가 동료들이 왔을 때에는 본인이 누군지 설명조차 하지 않고 옷에 단 이름표를 훑고는 "야! 너 영업 사원이지, 손님 안 보여? 빨리 가!", "손님 왔는데 밥 먹고 있으면 되니? 당장 밥그릇 놓고 저 손님한테 가." "쉿, 내가 지금 생각하느라 바빠. 내가 부르면 다시 와", "끼어들지 마", "넌 여기 서 있어."와 같은 말을 했다. 마치 사장이 말단 직원 부리듯 지시를 해대곤 본인은 가장 바쁜 시간에 6인용 소파 한가운데 다리를 꼬고 앉아 손가락으로 휴대폰을 만지작거리다 바텐더에게 커피 가져오라 시키기까지 했다. 하도 어이가 없어 "지금 회의장 꽉 차서 손님들 앉을 자리 부족하니까 너 저기 1인용 테이블로 가. 지금 뭐 하고 있니?"라고 물었더니 본인은 3년 뒤 전시회는 어떻게 하면 좋을까 아이디어를 구상하며 현 전시회의 문제점을 파악하고 있단다. 미친년이라는 소리가 입에 가득 찼다. 그래 다른 사람들이랑 섞이는 것보다는 혼자 입 다물고 앉아 있는 게 차라리 도와주는 것이겠다 싶었다. 그때까지 싸우지 않고 놔둔 것이 내 실수였다.

전시회는 여전히 내가 총책임이었지만 마케팅 경력 매니저였으므로 부스 내 바에서 일하는 바텐더 및 리셉션은 본인이 해보겠다는 제안에 바로 오케이를 하고 맡겨 놓았는데 시작부터 분위기가 이상했다. 점심시간쯤 창고에 들어갔는데 바텐더 여직원 하나가 울면서 옷을 갈아입는 것이다. 무슨 일이냐고 물었더니 마케팅 매니저가 집에 가라고 했단다. 그리고는 고개를 숙이고 자리를 떠나 버렸다. 다른 운영 업무가 너무 많아 더 이상은 신경 쓰지 못하고 넘어 갔는데 오후 2시가 넘어서 보니 또 다른 바텐더 직원이 보이지 않았다. 남아있는 한 명의 바텐더에게 물어보니 그 직원도 쫓겨났고 마케팅 매니저가 바텐더를 제공하는 협력 업체에 전화해 다른 직원을 부르라고 지시했단다. 첫날 이런 일이 일어나는 것이 정상이 아닌지라 그 여자가 자리를 비운 사이 무슨 일이 있었는지 물었다. 대답은 기가 막혔다. 아침부터 바에 있는 직원들 옆에서 온종일 감시하며 막말을 했다는 것이다. 점심시간이나 휴식 시간은 없다고 했단다. 커피를 뽑는 게 왜 이렇게 느리냐며 신경질을 부릴 때 직원이 "에스프레소 기계가 소형이라 큰 잔의 커피를 뽑으려면 시간이 오래 걸리는 편이에요."라고 대답을 했다가 바로 "너 지금 나한테 말대꾸한 거냐? 내가 누군지 알아? 넌 내가 고용 한 거야. 잘리기 싫으면 내가 하는 말에 대답 하지 마. 넌 시키는 대로만 해. 그리고 웃어, 지금 너 얼굴 찡그리고 있잖아. 옆에 손님들 안보여?"라고 화를 냈다는 것이다. 그 말을 듣자마자 마케팅 매니저가 한 말과 행동을 사과하며 혹시 또 그런 발언을 하면 나에게 얘기해 달라고 했다. 휴식은 1시간에 10분씩, 점심은 번갈아 가면서 편한 시간에 천천히 먹고 사람이 너무 많아 힘들면 여기 있는 영업지원팀 직원들에게 꼭 도움을 요청하라는 말도 함께 남겼다. 그랬더니 그 바텐더는 입이 터져 "어떻게 이럴 수가 있지? 우리 다 독일 사람들인데 저 독일 여자가 하는 행동을 보니 내가 독일 사람이라는 게 창피할 정도야. 여기 있는 한국 직원들 우리한테 초콜릿 챙겨 주면서 다 친절하고 따뜻하게 대해 주는데 저 여자는 도대체 무슨 직급의 여자인지 궁금해."란다. 그 바텐더는 호스티스팀 리더 역할을 맡던 흑인 이민자였는데 마케팅 매니저가 본인에게 "넌 여기서 일을 하는 것조차 감사하게 생각해야해. 옛날 같았으면 너는 내 눈을 쳐다보지도 못 했어"라고 했단다. 이 말을 듣고 나서 꼭지가 돈 나는 그 여자에게 찾아가 상황에 관해 묻고, 전시회 운영에서 완전히 빠지라고 이야기하다 결국 서로 눈을 부라리고 손가락질을 하며 싸우게 되었다. 직장에서 누군가와 그렇게 온몸이 부르르 떨릴 정도로 싸워 본 것은 난생처음이었다. "다른 사람에 대한 존중이 조금도 없는 너를 존중해야 할 이유도 나한테는 없어. 너 같이 인격 형성 기본조차 되지 않는 직원과 앞으로 함께 일할 수 없다고 법인장에게 보고 할 테니 너도 맘에 안 들면 법인장에게 억울하다고 나 자르라고 이야기해."라는 말로 억지로 싸움을 끝냈다. 그리고 나선 전시회가 끝날 때까지 둘이 한마디도 하지 않았다. 전시회가 끝난 마지막 날 회식에서 직원들이 이구동성으로 법인장에게 마케팅 매니저 수습 기간 내에 자르라고 이야기했다. 물론 잘리기 전까지 사무실에 돌아온 이후에도 그 여자의 만행은 지속하였다.

그 여자 이후에 만난 적수는 독일 회사로 이직한 뒤 만난 부서장이었다. 함께 일한 지 1년이 다 되어 가는 지금은 다행히 다시 편안한 관계가 되었지만 입사 후 3개월은 마음고생이 심했다. 물론 이 부서장은 앞에서 예로 든 여

직원 수준의 정신 나간 사람은 절대 아니다. 사실은 회사 밖에서는 굉장히 유쾌하고 심지어 잘 생긴, 회사 안에서는 평범하고 보수적인 독일 사람일 뿐이다. 그래서 '또라이 질량 보존의 법칙'에서 다루기에는 평범한 사람을 내 고통을 합리화하려고 욕보이는 것 같아 죄책감이 들기도 한다. 나를 힘들게 했던 이유도 내가 그 사람 입장이었다면 충분히 이해할 수도 있을 것 같은 생각마저 들기 때문이다.

이 부서장은 나와 같은 날에 입사했다. 나를 채용한 부서장은 스웨덴 사람으로 내가 입사하자마자 다른 부서로 발령이 나고 그 공석에 이 사람이 스카우트 된 것이었다. 같은 날에 입사했으니 어쩌면 다른 직원들보다 더 빨리 친해질 수도 있겠다는 착각마저 들게 할 정도로 우리의 첫 만남은 긍정적이었다. 문제는 첫 팀 회의에서 모습을 드러냈다. 첫 미팅을 독일어로만 진행하는 것이었다. 그때까지 모든 소통은 영어로 했고 나 외에도 독어를 못하는 외국인 직원이 있다는 것을 알고 있으면서 무작정 독일어만 쓰는 부서장 고집에 당황했지만, 신고식 같은 것이라 여겼다. 그러나 본격적 실무에 투입되면서 언어의 장벽에 크게 부딪히기 시작했다.

다행히 팀장과 팀원들이 굉장히 적극적으로 도와주었고, 심지어 부서장에게 직접 "우리 팀의 공식 언어는 영어이니 앞으로는 영어로 업무를 진행해 주시기 바랍니다."라고 공식적 건의도 해 주었다. 건의가 있었던 뒤 2개월은 부서장 기분에 따라 영어와 독일어가 혼용되는 약간 우스꽝스러운 형태로 미팅이 이루어졌다. 기분이 조금 좋지 않은 날은 무조건 독일어로만 말을 했는데, 내가 담당하는 업무조차 모두 독일어로 한 뒤 느닷없이 내게 "할 수 있지?"라고 질문을 하는 것이었다. 알아들었던 것 같은 내용도 왠지 질문이 들어오면 확신이 반으로 줄어들어 "미안하지만 네가 말한 내용을 내가 확실히 이해했는지 모르겠다. 다시 한번 천천히 설명해 줘." 라고 요청해야 했다. 그날도 온통 독일어로만 회의를 강요한 뒤였다. 팀장이 다시 한번 영어를 사용해 달라 건의를 하자 그 말이 엄청 심기에 거슬렸던 모양이었다. 화가 난 채로 "앞으로 3개월만 영어를 쓸 거야. 3개월이 지나면 독일어를 쓸 테니 그 기간 동안 나래에게 독일어 능력 증명하라고 해."란다. 엎친 데 덮친 격으로 그 후 2주가 지난 뒤 팀 미팅에서 갑자기 "앞으로 모든 내부 미팅은 독일어로만 할 거야. 공식적인 명령이니 다 따르도록 해. 소수를 위해 다수가 불합리하게 희생되어서는 안 된다고 건의했으며 조직장에게 확인 받은 내용이야." 라고 발표를 하는 것이었다. 그 때 심정은 '수습 기간 내에 나가라는 건가?' 였다. 희생이라는 단어도 마이너리티(소수)라는 단어도 너무 강해 가슴을 송곳으로 찌르는 것 같았다. 회의가 끝난 뒤 팀장에게 면담을 요청했다. "나 스스로도 독일 4년 차에 여전히 독일어가 유창하지 않다는 것을 무척 부끄럽게 생각하고 꾸준히 학습하고 있으며 이는 분명 내 약점이야. 그렇지만 나는 분명 영어가 공식어라는 조건 아래 공정하게 면접을 보고 이 포지션에 뽑힌 것이므로 언어 때문에 어려움을 겪거나 차별받아서는 안 된다고 생각해. 내 업무에 독일어가 머스트는 아니지만 만약 독일어가 부서장에게 그렇게 중요한 것이라면 둘이 충분한 논의를 거쳐 현실적인 목표를 세운 뒤 노력해야 하는 게 맞아. 회사에서 독일어 강습을 지원해 주고 6개월 단위로 중간 테스트를 하는 방식 정도는 나도 받아들이고 노력할 수 있어. 현재 부서장이 요구하는 것은 이해는 가능하지만 막무가내이고 만약 이게 내 평가에 조금이라도 영향을 미친다면 나는 반드시 인사팀에 건의할거야." 팀장은 이를 100% 이해하며 다시 한 번 부서장과 이야기 해 보겠지만 부서장 생각이 현재로서는 너무나 단호하여 본인이 설득하는 데 어려움이 있다고 대답했다. 대신 팀장은 내가 팀 회의에서 나오는 정보를 놓치지 않도록 부서장을 제외하고 별도 팀 미팅을 다시 한 번 하거나 미팅 요약을 팀원 전체에게 공유하는 방식으로 문제를 조금이나마 해결해보자고 했다. 무척 고마운 부분이었다.

일방적 공표가 있고 난 뒤 부서장은 나와의 커뮤니케이션은 단절하려는 듯 보였다. 내 담당 업무인데 다른 팀원에게 해당 업무의 상태를 체크하곤 그 직원이 "그 업무는 나래 담당입니다."라고 대답하면 "그럼 네가 나래한테 전달해."라며 유치한 방식으로 업무 지시를 내렸다. 이사회에서 내려온 결정을 팀 전체에 공지할 때도, 팀 미팅을 할 때도, 점심시간에 함께 식사를 할 때도 1초의 거리낌 없이 완전히 독일어로만 소통했다. 팀원들은 가끔 진행되는 이야기 중 내가 반드시 알아야 하는 내용이 있으면 살짝 내가 알아 들었는지 묻고 완전히 알아듣지 못한 내용은 체크해 두었다 나중에 설명해주곤 했다. 부서장이야 어떻든 팀원들은 내가 참석하는 미팅에서만큼은 부서장 질문에 영어로 대답하며 내 눈치를 보았다. 사회생활 시작 후 처음 경험해 본 상사와의 갈등, 아니 정확히 말하면 상사에게 당하는 은밀한 따돌림에 한두 달 굉장한 심적 갈등을 겪었다. 지지 않겠다고 겉으로는 무척 밝은 척 강한 척하면서도 내심 이 기간이 정말로 길어진다면, 여기까지 오기 위해 노력했던 것들이 고작 독일어라는 약점 때문에 물거품이 된다면 부서장보다는 나 자신을 너무 미워하게 될 것 같았다. 방법이 조금 무식할 뿐 틀린 소리는 없지 않은가? 로마에 왔으면 로마법을 따라야 하는 법, 독일 회사에 왔으면 독일어를 쓰는 게 맞는 거다. 온종일 일한다는 이유로, 생각보다 빨리 늘지 않는다는 이유, 독일어 학원이 비싸다는 이유 등으로 게으름을 피웠던 독일어 공부가 중요한 순간에 발목을 잡았다. 그래 3개월, 네가 이기나 내가 이기나 해보자는 마음이 불타오르다가도 마치 "공부해!"라고 소리치는 부모님이 있으면 책을 덮어버리는 청소년기처럼 병신같은 부서장 엿이나 먹어라 소리치고 그만두고 싶은 생각도 금세 들곤 했다. 요즘 한국 텔레비전에 나오는 외국인들은 또 독일어보다 어렵다는 한국어를 왜 저렇게 유창하게 구사하는지, 별것 다 짜증이 나는 나날이었다.

다행히 시간에 따라 감정은 무뎌지고 갈등도 순화됐다. 부서장에게도 나도 이직 후 적응까지 나름대로 과도기가 필요했던 모양이다. 팀장의 도움으로 인사팀에 독일어 레슨 지원 요청을 올렸는데 회사의 공식 언어는 영어이므로 부서장은 외국인 팀원에게 꼭 영어를 써야 하며, 인사부 교육 프로그램 정책상 개인강좌는 불가하고 온라인 강좌만 지원해 줄 수 있다는 답변을 받았던 것이 전환의 계기가 되었다. 그리고 한편으로는 부서장 본인도 업무를 하다 보니 팀원과의 소통은 둘째 치고 기업 특성상 누군가와 영어를 쓰지 않고선 하루도 넘길 수 없다는 걸 깨닫기 시작하며 마음을 열기 시작한 것 같다. 1년이 넘어가는 지금은 독일어 압박이 언제적 이야기였냐는 듯 이게 영어로 뭐였더라, 이게 독일어로 뭐였더라 서로에게 묻고 대답하며 업무를 논의하고 사적인 이야기를 공유하는 사이가 되었다. 나는 "3개월 안에 독일어 증명하라더니 어떻게 된 거야?" 묻지 않으며 그도 "독일어 증명서 가져와"라고 하지 않는다. 어쩌면 입사 초반의 갈등은 나 뿐 아니라 부서장에게도 잊고 싶은 기억인지 모른다. 내 독일어는 예전에 비하면 아주 많이 발전했지만 아직도 갈 길이 멀다. 그렇지만 욕심을 버리기로 했다. 자신의 발전 속도에 만족해야 오래 견딜 수 있다.

결국 어떤 직장에 가든 겪어야 하는 문제들은 있다. 그 형태가 다를 뿐이다. 연봉이 높고 회사의 규모가 훨씬 크다면 경쟁해야 하는 상대가 많으니 상사의 눈에 띄기 어렵다든지 협업이 잘 안 될 수 있다. 그 문제가 사람으로부터 올 확률도 무척 높다. 내가 아무리 착하고 잘난들 적수는 꼭 있다. 대놓고 싸우지는 않아도 하는 짓이 얌체 같아서, 게을러터진 게 일도 안 하고 남한테 미루는 데 연봉은 나보다 더 많이 받아서, 제 잘난 맛에 다른 사람을 개무시하고 윗사람한테만 잘 보여서 등등 이유는 무수히 많다. 내 주변에는 그 어디에도 회사에 싫어하는 사람이 한 명도 없다는 사람은 보지 못했다. 독일 사람들은 조금 더 합리적이고 순수하지 않은가 싶다가도 모두가 같이 쓰는 컵에 떡 하니 자기 이름을 써놓고 마치 제 것인 양 쓰는 정신 나간 여직원 이야기를 듣고 놀란다. 부하 직원과 바람피우다 결국 들통나 둘 다 퇴직했다는 이야기는 할리우드 이야기나 한국의 막장 드라마에서 보나 싶었지만, 독일 회사에서도 종종 들리는 에피소드 중 하나일 뿐이다. 거지 같은 동료나 상사를 만났을 때 대처 방법을 묻는 후배에게 내가 줄 수 있는 허접스러운 대답이라곤 '전 세계 공통으로 적용할 수 있는 가장 최고의 방법은 지지 않는 것'이다. 맞서 싸우든 모른 척 오랜 시간 견뎌내든 내 나름의 방법으로 그들에게 밀리지 않고 버티는 것이 바로 그에 대한 대답이다.

## 갈등의 주범은 늘 그렇듯, 소통 방식에 있다

독일어를 물고 늘어지던 부서장에 대해 불평을 하던 것이 엊그제 같은데 어느덧 일 년이 지나고 서로에게 대수롭지 않은 우스갯소리를 던져가며 '아 이제야 좀 편안해졌구나' 하는 확신이 들 무렵에 그 분이 부서장 자리에서 떠난다는 소식을 들었다. 참 사람 일은 알다가도 모를 일이다. 가장 많은 갈등을 야기하던 사람이 떠난다니 '잘됐다' 하는 마음보단 늘 그렇듯 그저 보내는 사람의 텁텁함과 공허함이 마음을 먼저 채우고 만다. 싸울 사람이 없어 신이 나지 않는 그런 느낌이랄까?

한 고비를 넘으면 또 한 고비가 온다더니 섭섭할 새도 없이 또 새로운 인물이 나타나 갈등을 유발했다. 이번 갈등의 주범은 직장 동료나 상사가 아닌, 작년부터 맡고 있는 디지털 프로젝트를 위해 임시로 고용한 외부 소프트웨어 개발자였다. 함께 일한 지는 총 3개월. 첫 두 달은 무언가 조금 불편하긴 했어도 수면에 그 불편함이 드러나지 않도록 물 밑으로 밀어 넣으려 했다.

말과 행동에 주의를 기울이며 거슬리는 상황을 피해온 것이었다. 그러나 결국은 참지 못하고 갈등을 물 밖으로 끌어 올리게 되었다. '에라이 젠장 모르겠다. 네가 나 때문에 일을 못하겠으면 어쩌겠냐, 네가 그만 둬야지.'라는 마음으로 그 동안 애써 둘러대던 간접 화법을 모두 포기하고 직설 화법으로 바꾸기로 마음을 먹었다. 그래서 처음으로 군더더기 하나 없이 "너, 앞으로 일하면서 선 넘지 마. 우리가 이번 프로젝트를 위해 함께한 것은 기쁜 일이지만 그 이상으로 다시 한 번 선을 넘는다면 난 너와 더 이상 편안히 일 할 수 없어."라고 통보했다.

이 개발자의 문제는 친절함이 너무 과하여 상대로 하여금 부담을 주는 것이었다. 친절함이 그저 호의와 편안함으로 느껴지면 좋으련만 부담이 될 때까지 상대를 절벽으로 밀어 붙이는 느낌이었다. 어쩌면 내 절벽이 남들보다 가까운 곳에 위치했는지도 모른다. 겉으로는 외향적이라 초면에 많은 사람들과 잘 친해지기는 하지만 나는 늘 거기까지다. 사실은 진심으로 깊은 관계를 만들기까지 넘어야 하는 심리적 벽을 꽤나 높이 쌓는 이중적 성격을 가지고 있다. 그래서 사실 위급 상황에 연락할 친구가 그리 많지 않다. 그래서 팀원들과 다 함께 술 마시고 놀며, 파티를 하는 일은 자주 있지만 일 대 일로 만나 마음 편히 노는 친구는 다섯 손가락도 되지 않는다.

이 오스트리아 개발자는 프로젝트 시작 날부터 자꾸 일 끝나고 단 둘이 무언가를 하자고 제안했다. 독일이 고향이 아니라 친구가 없기도 하고 외부 개발자라 직장 내 친한 동료들도 없을 테니 나와 친해지고 싶은 마음은 충분히 이해하였지만 회사 밖에서, 그것도 업무 시간 외에 단 둘이 무언가를 한다는 것이 부담이 됐다. 그래서 예의 바르게 말을 돌려가며 거절을 했다. 몇 번 거절하면 누구든 눈치 챌 법도 한 데 지치지도 않고 매일 매일 물어대니 보통 피곤한 것이 아니었다.

게다가 회사 이메일로 근무 시간에 한 시간에 열통이 넘는 사적인 질문이나 이야기를 보냈다. 예컨대 본인이 키우는 개 사진, 자연 풍경 사진을 오전 내 보내 주거나 한국 문화와 드라마에 대한 질문을 이메일 한 통에 질문 한 개씩 적어 던져 댔다. 심지어 오늘은 얼굴이 안 좋아 보이는데 뭐 힘든 일이 있는 지도 이메일로 물었다. 바쁜 와중에 이런 자잘한 이메일에 다 답변을 해줄 수 없어 처음엔 오후 내내 이메일을 모아 두었다 한 통의 답장에 모든 답변을 보내 주었다. 그러다 사적인 이야기엔 답변을 멈추었다. 이런 이야기는 점심 먹으면서 충분히 해도 되는 이야기인데 대체 왜 이메일을 보낸단 말인가? 짜증이 나다가도 친해지려고 노력하는 거겠지 하는 생각에 또 죄책감과 미안함이 들어 답장을 할까 말까를 고민하게 되었다.

그러나 어느 날 이 개발자가 어떤 업무를 다 끝냈다는 일일 보고를 보내어 답장으로 "일을 잘 처리해주어 고마워."라고 간단히 수고에 대한 감사 표시를 했다. 그러자 갑자기 내게 "너 그 고맙다는 소리 좀 그만할 수 없니? 난 어린애가 아니야. 네가 내가 무슨 일을 할 때마다 고맙다고 하니 무슨 어린애 취급을 받는 느낌이야!"라고 불평을 했다. 생각지도 못한 불평과 정색이라 당황했지만 곧바로 "난 진심으로 네 수고에 고마워하는 건데 듣기 불편하다면 조심할게."고 회신하여 일을 수습했다. 고맙다는 말을 너무 많이 하는 것도 다른 사람에겐 듣기 싫은 소리가 될 수 있다는 것을 깨닫는 찰나였다. 너무 착한 소통 방식에 익숙해진 탓이었다.

그 뒤로도 지속된 많은 양의 사적인 이메일 중 하나는 오스트리아 음식에 관한 이야기였다. 무려 4차례나 걸쳐 오스트리아 음식에 관한 링크와 레시피를 보내주길래 "그래 맛있겠네."라고 결국 답장을 또 보내버렸다. 그러자 본인이 나를 집에 초대하여 직접 오스트리아 음식을 대접해 주고 싶단다. 그냥 거기서 멈추면 될 걸 이 사람은 또 한 발자국을 더 나간 것이다. 그래서 싫다는 말 대신 말을 돌려 "아니야 나를 위해 요리를 할 필요 없어. 차라리 프로젝트 끝난 뒤 축하할 겸 다른 팀원들과 함께 레스토랑에 가서 회식을 한 번 하면 좋겠다."고 답장을 보냈다. 이 답장에 마음이 어지간히 상했나 보다. 내게 "나는 너의 이런 식의 거절은 받아들일 수 없어. 차라리 싫으면 싫다고 직접적으로 말해. 자꾸 말 돌려서 진심을 네 웃는 얼굴 뒤로 숨기지 말라고!"라며 폭탄을 던졌다. 이때까지도 회신하지 않고 그냥 무시했다.

문제가 터진 날은 위염 증상이 있어 재택근무를 하게 된 때였다. 동료에게 듣고 엄청 걱정을 하며 "나래야 네가 아프다고 들었는데 내가 내일 치킨 수프를 만들어 올게. 매우 걱정이 된다. 프로젝트는 내가 잘 할 테니 걱정 말고 이번 주는 그냥 푹 쉬어."라고 이메일을 보내 왔다. 그래서 "아! 나 그 정도는 아니야. 위염 증상이 조금 있는데 이미 훨씬 나아졌어. 내일은 출근 할거야."라고 답장을 했다. 그러자 "너 또 나 아기 취급하니? 아프면 아프다, 힘들면 힘들다고 그냥 솔직히 말하라니까 왜 또 괜찮다는 거야? 너 안 괜찮잖아! 치킨 수프 만들어 올 거니까 먹어."라고 불평을 하는 것이었다. 참았던 화가 폭발했다. 지가 뭔데 내가 괜찮고 안 괜찮고를 결정하며, 내가 말을 돌려 하든 직설적으로 하든 무슨 상관이란 말인가? 눈치 없이 못 알아듣는 네가 문제라니까! 그래서 네가 원하는 대로 돌리지 않고 얘기해 주겠다는 심정으로 "카를, 나는 원래 직설적으로 말을 잘 못해. 왜? 그것은 내 성격이기도 하고 내 문화이기도 하니까. 프로젝트를 위해 함께 일하는 사람과 불편한 관계나 갈등을 만들고 싶지 않아서 나는 최대한 너를 배려하고 노력한 거야. 그러나 네가 내 이런 소통이 싫다고 하니 원하는 대로 직설적으로 말 할게. 앞으로는 일 할 때 선 넘지 마. 프로젝트를 함께 하는 것 외에 사적인 이메일을 자꾸 보내는 것도, 내가 원하는 이상으로 나한테 뭘 자꾸 해주겠다는 것도 다 너는 선을 넘는 거야. 업무와 관계 없는 일은 회사 이메일로 보내지 말아줘. 네가 나와 친해지고 싶어서 그런 거였다면 너는 우리에게 친해질 시간을 충분히 주어야 했어. 너의 친절함은 좋게 평가하지만 네 그 끝도 없는 제안은 내게 너무 부담이 되니 이해해 주길 바래. 그럼 내일 보자."라고 말했다. 그리고 그날 밤 그는 본인의 행동을 사과한다며 다시는 그런 불편함이 없을 거라고 장문의 답장을 보냈다.

생각해 보면 개발자의 말에 맞는 부분도 많았다. 나는 내가 용납할 수 있는 어느 한계를 넘기 전까지는 저자세와 친절함으로 일관했다. 상대가 당연히 해야 하는 일이지만 늘 조심스럽게 업무 요청을 했고, 해주면 감사 인사를 전했다. 미팅을 요청할 때면 누군가의 바쁜 시간을 빼앗는 느낌에 "바쁘신 와중에 시간을 빼앗아 실례합니다만…."이라는 말을 습관적으로 붙였다. 누가 실수를 하면 괜찮다고 직접 수정하고, 더럽고 치사하게 협조를 안 하는 타 부서 직원을 속으로는 병신이라고 욕을 해대다가도 또 얼굴을 보고 나면 '그래 지도 바쁘니까 그렇지 뭐….' 하며 쉽게 이해를 했다. 내가 할 수 있는 일이라면 누구한테 부탁해서 하느니 그냥 내가 추가 근무해서 끝낸 뒤 오케이 사인만 받자며 조금은 쉽게 본인을 희생하는 편이기도 했다. (남이 하는 일을 잘 못 믿어서이기도 할 테다) 아무래도 역시 이런 식으로는 CEO가 되긴 글러 먹었다는 생각이 종종 들었다.

이런 친절함으로 무장한 직장인의 자세는 한국 회사에서는 사실 꽤 잘 먹혔다. 할 일 잘 처리하고 주변 사람에게 좋은 동료로 인정 받으면 상사 귀에도 그런 말은 들어가니 말이다. 호구가 되느냐 좋은 동료가 되느냐는 한 끗 차이지만 그 미묘한 차이만 잘 캐치하면 관계를 중시하는 한국 집단 문화에서는 잃는 것보다 얻는 것이 어쨌든 더 많았다.

그러나 독일은 참 그렇지가 않다. 친절하고 예의 바른 성격을 좋아하지 않는 사람은 없지만 일을 할 때 좀 더 직설적으로 명확하게-설사 그것이 남에게 좀 상처가 될 지라도- 하는 편이 낫다. PT 초안을 동료들에게 공유하며 의견을 물으면 칼 같이 날카로운 피드백을 준다. 행여나 초안 작성자가 상처받을 까 돌려 말하는 독일 직원은 없다. 일은 일이니 말이다. 바빠 죽겠는데 협조를 잘 안 하면 바로 컴플레인이 되고, 컴플레인이 먹히지 않으면 윗선으로 보고를 한다. 그 사람과의 관계가 흐트러질까 불필요하게 잘해줄 필요는 없다. 독일 회사에서 좋은 동료로 남는 것은 그리 중요하지 않다. 싸이코패스 같은 사회성을 가지지 않는 이상 조금 재수 없더라도 일을 잘하는 유능하고 영리한 직원이 되는 편이 나을 때가 더 많다.

그래서 독일 회사로 온 뒤 내 소통 방식에 변화를 줄 필요성을 많이 느끼기 시작했다. 내 소통은 약자의 냄새를 풍겼다. 고질병 중 하나, 함께 일하는 사람에게 사랑 받고 싶어 애쓰는 천사병과 비슷한 그런 무언가가 무의식중에 계속 증상을 나타내기 때문일까 하는 생각도 든다. (이 천사병은 독일 사람에게선 한 번도 발견하지 못했다. 아마도 아시아인이 주로 겪는 질병이 아닌가 싶다.) 직장에서 시행한 교육에서 성격 유형 별 의사소통 방법이라는 주제의 강의를 들을 때 약한 소통법과 강한 소통법에 대해 논의한 적이 있었다. 약한 소통법은 말할 때 불필요한 또는 약한 느낌의 형용사를 이용하거나 지나치게 예의 바른 표현을 쓰는 것을 일컫는다. 예컨대, "이것을 언제까지 완성 후 보내주세요."라고 하기보다 "당신이 이것을 언제까지 완성 후 보내주시면 무척 도움이 될 것 같습니다."라고 말한다든지 "그럴 확률이 높다."라기 보다 "그럴 확률이 높을 것으로 예상되는 바 입니다."라고 표현하는 것을 말한다. 상대와 상황을 불문한 약한 소통법을 써왔다는 것을 다시금 깨닫는 시간이었다. 이런 갈등의 순간들을 계기로 좋은 사람이 되는 것에 스스로를 가두지 않아야겠다고 다짐할 수밖에 없다.

## 협업을 위한 고군분투

뮌헨 법인에서 유럽 직원들에게 한국 회사에서 일하면서 느끼는 힘든 점이 무엇인지 물었던 적이 있다. 가장 큰 것은 사생활에 대해 배려 없이 업무 외 시간에 아무 때나 전화하고 메일 또는 메시지를 보내는 행동이었다. 두 번째는 문화적, 환경적 차이를 고려하지 않고 내리는 본사의 일방적 지침, 예컨대 영업 활동 또는 외근 시 한 끼 식사비를 1만 원으로 제한하는 것이 이에 포함된다. 불필요한 접대비를 없애겠다는 야심 찬 계획이었지만 1만 원으로는 사실 북유럽에서 햄버거 세트도 사 먹지 못하는 비용이었기에 유럽 직원들로부터 엄청난 원성을 샀다. 마지막이 무척 흥미로웠는데 이는 두 얼굴의 한국인이었다. 한국에 출장 가거나 유럽에서 한국인 동료들을 만나 사석에서 이야기하면 그렇게 재미있고 친절한 사람들인데 같이 일을 하는 건 너무 힘들다는 이야기였다. 협업이 쉽지 않다고 매일 같이 난감해하던 것이 생각난다. 사실 한국 본사 직원들과 유럽 동료 사이에 협업이 어려운 것은 언어의 장벽도 한몫했으므로 그 불평에 온전히 다 맞장구치기는 어렵다. 직장 내에서 동서양의 문화적 차이를 이해하고 극복하는 데는 적극적인 노력이 필요하지만 얼굴을 자주 보지 않고 전화나 메일로 연락하는 사이에 이런 노력은 아무래도 한계가 있다. 한국인인 나는 타 부서의 직원에게 무엇인가 요청해야 할 때 조심스레 눈치를 살피다 "이거 꼭 부탁드려요! 꼭 해주세요!" 하며 최대한 감정 상하지 않게 접근하겠지만 이런 차이를 이해하지 못하는 유럽인은 대부분 요건만 간단히 "이거 안됐는데 내일까지 꼭 보내."라며 통보 아닌 통보를 하여, 듣는 한국 직원이 "이 자식은 뭐야?"라고 무시하게 만든다. 특히 감정의 미묘함이 전달되지 않는 이메일의 경우 오해를 하기 십상이다.

협업이 안 돼 자주 갈등을 일으킨 업무 분야는 단연코 출하 선적이었다. 한국과 중국에 소재한 생산 공장과 물류 창고는 관리부서와 가장 협업이 많이 필요했는데 이곳이야말로 우리나라 특유의 정에 약한 문화와 설렁설렁, 확실한 맺고 끊음이 없는 융통성이 막강한 영향력을 발휘하는 곳이기 때문이다. 고객의 선적 요청일에 따라 물건을 출하 및 선적하지 않고 무조건 빨리빨리 출하하여 선적하거나, 지연되는 제품의 경우 "제발 내 고객 것부터 먼저 선적해 줘."라고 졸라대는 친한 동료의 것을 먼저 해결해 주는 게 흔했다. 사정을 해대면 "내일 선적할게."라고 구두 약속을 해놓고 내일이 되면 미리 공지 없이 선적이 지연되는 일도 잦아 아침마다 선적 서류와 트래킹 번호를 기다리는 독일 영업 직원들이 짠할 지경이었다. 특히 독일 고객의 대부분은 공정 스케줄에 따라 재고 관리를 무척 철저하게 하므로 2~3일 이상 빠르게 또는 늦게 선적되는 것조차 입에 거품을 물고 문제를 제기했다. 세계적인 기업 오스람이나 필립스 같은 경우는 선적일을 맞추지 못하면 공급 업체 점수를 깎아 다음번 파트너사에서 탈락시키는 등 매우 엄격한 파트너 관리 정책까지 취하는지라 본사 담당 직원으로부터 선적일 약속을 받아내는 것이 그 무엇보다 중요했다. 본사에서도 얼마나 힘들게 일을 하고 있는지 아는 터라 중간에 끼어 있는 나는 여기저기 눈치 살피며 양쪽의 감정이 상하지 않게 죄송합니다와 감사합니다를 수십 번 반복해야 했다. 그래도 이 문제가 해결이 안 되면 현지 직원과 주재원, 본사 직원 모두가 숫자 섞인 쌍욕을 해대며 싸우기 일쑤였다. 한 장소에 있지 않았기 망정이지 모두 같은 자리에 있었다면 삿대질이나 멱살 정도도 잡지 않았을까 싶을 정도로 골이 깊어진 적이 많았다.

이렇게 업무로 욕을 하다가도 출장 가서 회식하면 서툰 영어로 농담을 해가며 술을 마시고, 먼 유럽에서 한국까지 온 직원이 혼자 밥 먹을까 싶어 가족을 제쳐두고 저녁마다 회사 근처 식당에 데려가 밥을 먹이고 그것도 모자라 돌아가는 날 공항까지 차로 데려다주니 한국 사람들은 정말 알다가도 모르겠단다. 독일에서 그런 친절은 기대하지 않는 것이 좋다. 공항은커녕 기차역까지도 데리러 가지 않으니 말이다. 이런 이유인지 한국인 친구가 있던 사람과, 한국인 친구가 없이 같이 일만 해 본 사람들은 한국인에 대해 종종 극과 극의 평가를 하는 것 같다.

함께 사는 룸메이트로부터 비슷한 일화를 들은 적이 있다. 그 룸메이트는 무척 유능한 엔지니어로 지멘스 계열사에서 일하는 친구였다. 한 소프트웨어 개발에 한국 기업과 파트너십을 구축할 뻔(?)한 적이 있었는데 성사되지 않은 이야기였다. 해당 한국 기업에서 2명의 영업 담당자가 오전 9시에 방문하기로 일정이 잡혀 있었다. 힘들게 빼놓은 회의 시간인데 오전 10시가 되어도 나타나지 않다가 11시가 가까이 되어서야 회사에 나타났다. 화통하게 웃으면서 이야기한 지각의 이유는 전날 독일에 도착해 뮌헨에서 가장 유명한 맥줏집에 가 맥주를 마셨는데, 생각보다 훨씬 도수도 세고 양이 많아 오전에 일어나지 못했다는 것이었다. 이전까지 한국인에 대해 무척 성실하고 유능하고 또 예의 바르다는 좋은 인상만 가지고 있던지라 이런 이유와 태도에 독일 담당자들은 무척 실망했다. 지연된 회의는 여차여차 진행되었다. 회의 중간에 프로젝트 일정에 대해 논의하다 한국인은 2개월 안에 해야 한다고 주장했고 독일인은 2개월은 안 되며 1분기 이상이 필요하다고 주장하여 의견 차이를 보였다. 의견이 좁혀질 여지가 보이지 않자 한국인들이 노트북을 덮으며 시간 조율이 안 된다면 다른 파트너를 찾으라며 회의를 강제 종료시키고 나가버렸단다. 그 회의를 위해 한국에서 독일까지 날아온 손님들이 회의장을 나가버리니 독일 직원들은 무척이나 멍한 상태로 이런 회의는 처음이라며 한참을 회의실에 앉아 있었단다. 한쪽의 말만 들어서 사실을 완전히 객관적으로 판단할 수는 없지만 왠지 씁쓸한 것은 그 이야기를 들었을 때 '에이 설마, 우리나라 사람들이 그럴 리가 없는데. 이 자식이 한국인 욕하려고 이야기를 과장 하는 거겠지.' 하는 생각보다 '그래, 한국인이라면 그랬을 수 있겠구나…' 하는 내 생각이었다. 굉장히 소수의 경우라고 생각하면서도 왠지 고객사와 저녁을 먹고 술병이 나 다음날 사무실 책상에 머리를 박고 온종일 자야 했던 차장, "오케이! 가격 원하는 대로 다 맞춰줄게!"라고 대리점에 큰소리 쳐놓고 다음날 딴소리를 해대는 과장의 얼굴이 파노라마처럼 지나가며 나도 모르게 룸메이트에 공감하게 되어 조금은 죄책감이 느껴졌다.

협업이 어려운 것은 독일인도 마찬가지다. 처음엔 '오는 게 있어야 가는 게 있지'는 어딜 가나 통한다는 마음으로 다른 직원들에게서 오는 말도 안 되는 요청들도 기쁘게 다 들어주었다. '내가 이렇게 적극적으로 도와주면, 내가 그들이 필요할 때 나를 도와주겠지?' 하는 순진한 마음에서 출발했다. 그러나 회사 내 개인주의 혹은 본인이 소속된 집단주의가 팽배한 독일에서 이런 순진한 전략은 잘 통하지 않았다. 친한 직원과 본래 남을 잘 돕는 착한 성향의 직원들을 제외한 나머지 독일 직원들과의 협업은 실리주의를 바탕에 둘 때 훨씬 잘 이루어진다는 것을 이후에야 깨달았다. 한국식의 '부탁해요 사바사바' 같이 착하고 친절하게, 때로는 커피를 사다 바치며 낮은 자세로 무언가 요청하는 것보다 상대가 나한테서 얻을 수 있는 이점을 확실히 어필하는 것이 두 배로 효과적이다. 나에게서 얻을 것이 없다면 즉, 그 일을 해줌으로써 본인이 얻는 것이 없다면 '업무량은 최소! 업무 효율성은 최고!'를 늘 강조하는 독일인이 굳이 남의 일을 도와줄 이유는 거의 없다. 특히 그것이 간단히 처리할 수 있는 일이 아니라 시간과 노력을 투자해야 한다면, 업무 협조는 상사의 직접적 지시가 없는 한 우선순위에서 밀려날 수밖에 없다. 이는 조직의 크기가 클수록 더 그렇다. 아무리 생각해도 내 업무 협조에 응함으로써 상대가 얻을 수 있는 이점이 별로 없다면, 협조를 받아낼 수 있는 최선의 방법은 상대의 시간과 노력을 최소화하는 것이다. 예를 들어 신제품 설명 카탈로그 작성 시 해당 제품 담당부서의 협조가 필요한 경우 "신제품 기사 작성 부탁합니다."라고 떠넘기는 것보다 초안을 최대한 본인이 가진 지식을 총동원하여 작성 후 "수정 필요한 부분만 코멘트 주시거나 없으신 경우 OK 부탁합니다."라고 하는 것이 회신을 받을 확률이 높다. 또 다른 예로 여러 부서와 영업 프로세스를 정비하는 회의를 한다면 참석자로부터 단순히 어떤 프로세스가 좋겠는지 아이디어를 묻는 것이 아니라 선택할 수 있는 옵션 2~3가지와 그 옵션이 비즈니스에 가져오는 결과가 무엇인지 대조하여 그 미팅을 통해 결정을 끌어낼 수 있도록 하는 것이 좋다. 우리나라 회사의 경우 대개 다른 팀의 누가 협조를 안 해서 업무 진행이 잘 안 되고 있다고 불평하면 직속 상사가 아니더라도 직급이 높은 사람이 비협조 직원에게 "김 과장, 너 왜 피드백 안 주냐? 나래 씨한테 오늘까지 보내." 하고 명령할 수 있지만, 독일에선 타 부서 상사가 다른 팀 직원에게 곧바로 명령이나 핀잔을 주는 경우는 없다. '내 팀'이라는 자존심과 책임감이 센 독일 특성상 그 직원의 상사에게 '네 직원이 이것 빨리 처리하도록 좀 도와줘'라고 하는 것 정도는 가능하다. 누가 얘기하길 세계에서 가장 협조가 쉬운 국민은 일본인이라던데, 일본인이 독일에 와서 일하면 속이 터져 견디지 못할 것 같다는 생각이 든다.

### 만국 공통의 언어는 뒷담화와 불평

미국과 멕시코를 거치며 '와우! 북미, 중미 사람들도 불평이 보통이 아니구나.' 생각했다. 그러나 그들은 독일인에 비하면 피라미에 불과했다. 독일인들도 한국인만큼이나 아니 어쩌면 한국인보다 더 불평을 많이 한다. 각종 미디어에서 받은 이미지의 영향일까? 미국인이나 멕시코인, 이탈리아인 등 우리가 흔히 생각할 때 말이 많고 떠들썩하다고 느껴지는 외국인이 불평을 해대는 것은 별로 놀랍지 않은데, 점잖고 합리적이며 감정을 잘 드러내지 않기로 유명한 독일인들이 한 번 입을 털면 끊임없이 불평을 해대는 것을 보니 이 역시 국민의 성향이나 문화를 가리지 않는 만국의 공통 언어구나 싶었다. 독일인이 다른 나라 사람들과 다른 점이라면 독일인은 일이 많아도 불평, 일이 적어도 불평, 책임이 너무 커도 불평, 적어도 불평이라는 것이다. 중남미 직원들이 일이 적다고 불평하는 일을 보는 것은 무척 드물다. 일이 많지 않아도 많다고 불평하면 모를까. 독일인은 일이 적어 시간을 알뜰하게 사용하지 못하거나 자기 발전이 없다고 느낄 때 일이 많을 때보다 더 좌절을 느낀다. 그러니 독일 직원만큼 만족시키기 어려운 직원이 또 있을까 싶다.

뒷담화의 문화도 공통적이다. 별수 없이 가장 흔히 뒷담화 대상이 되는 것은 공동의 적인 보스이다. 아무래도 인간의 천성인가 보다. 일이 힘들거나 원하는 대로 잘 진행이 되지 않을 때, 압박을 주거나 본인의 성과를 잘 인정해 주지 않는다고 느끼기 시작하면 하나둘씩 동료들을 모아 놓고 험담이 시작된다. 마구잡이 뒷담화를 하다 너무했다 싶으면 "물론 그래도 회사 밖에서는 정말 괜찮은 사람인데! 보스만 아니었다면 무척 좋아했을 텐데, 일에서 안 맞는 것 같아…."라고 덧붙이며 조금이나마 뒷담화를 무디게 만든다. "진짜 왜 저런 사람이 저 자리에 앉아서 연봉을 저렇게 많이 받는지 모르겠어….", "도대체 우리 보스가 해결할 수 있는 일이 뭐지? 어떨 때는 보스라는 게 창피하지 않니?", "누가 보스와 팀원 사이에 언어 소통을 도와주는 통역기 하나 개발했으면 좋겠어. 도대체 말이 안 통해." 등등 비슷한 생각을 공유하는 동료와 물꼬가 한 번 트이면 뒷담화는 계속된다.

물론 같은 팀원들을 향한 험담은 수위가 무척이나 낮다. 애정을 전제로 한 뒷이야기이다. "J는 진짜 말을 너무 못 알아듣게 하는 것 같지 않니?", "야 F는 어떻고, 회의 때마다 사람들 다 보는데 졸아서 내 심장이 다 떨려.", "K는 말이 너무 많아…. 일에 집중을 못하게 계속 내 사무실에 와서 온종일 수다 떨려고 해서 어쩔 땐 진짜 대답도 안 하고 가만히 있는데 멈추질 않아.", "제품 부서에 그 새끼 진짜 병신 아니니? 사이코가 따로 없어. 그런데 걔 댄서래. 대박이야…." 나에 대한 뒷담화는 전해 듣지 못한 게 훨씬 많지만 그 중 재미있었던 것은 나는 표준적인 한국인이 아무래도 아닌 것 같다는 얘기, 그리고 특이한 질문을 많이 한다는 것이었다. 그렇다. 나는 독일 동료들 사이에서 재미있지만 얘가 또 무슨 질문, 무슨 이야기를 해댈까 두렵기도 한 라디오스타 같은 존재였다. 다른 말로 하자면 나는 너무 사적인 영역을 수위 조절 없이 넘나드는 사람이었다. 게다가 언어를 항상 혼용하다 보니 사실상 어떤 언어도 제대로 구사하지 못하는 언어 미숙아가 되어 이상한 단어를 써대는 실수도 곧 잘하며 동료들에게 웃음을 안겨주기도 했다. 그래서 모두가 있는 가운데 분위기를 약 5초간 당황스럽게 만드는 적이 꽤 있었다. 외국어로 소통을 하다 보면 한국어보다 무엇인가 더 자유로운 느낌, 그 수위가 잘 느껴지지 않기 때문일까 나름대로 추측도 해보았지만 한국어로 얘기할 때도 동료들로부터 핀잔을 들은 적이 기억나는 걸 보니 그건 아닌가 보다.

뮌헨 사무실에서 근무하던 어느 날, 친한 주재원과 현지 한국인 직원이 집에 모여 식사를 하기로 했다. 모두가 함께 차를 타고 한 동료의 집으로 가는 길에 주위를 둘러보니 주거지치고는 너무 휑한 것이었다. 지하철이나 버스 정거장도 멀어 역세권이 너무 좋지 않다고 이야기하는 중이었다. 마침 그때 주재원 중 한 명이 "이 아파트는 숲세권도 별론데?"라고 언급했는데 살면서 숲세권이라는 단어를 한 번도 들어보지 못한 나는 '숲섹'이라는 단어를 이상한 성적 언어로 잘못 이해하고는 "아 대박 차장님 왜 그런 말을! 어우, 너무 앞서 나가시네."라고 했다가 모두를 당황하게 했다. 그가 말한 숲세권은 수풀림, 즉 녹색 공간이 많은 지역권을 의미하는 것이었다. 또 한 번은 고객사와 함께 미팅하다 당당히 "이 프로젝트를 진행하면 당신의 회사와 우리 회사 모두에게 플러스 플러스 전략이 됩니다!" 라고 했다가 큰 웃음을 샀다. 나는 그저 윈윈 전략을 말하고 싶었던 것이다.

동료들과 점심시간에 사적인 담화를 나누다 남자 친구 이야기가 나왔다. 내가 묘사하는 남자 친구가 특이해 꼭 한 번 얼굴을 봤으면 좋겠다며 다음 회식에 초대하라 길래, "내 남자 친구 개미 닮았는데!"라고 했다가 동료들을 울지도 웃지도 못하게 만들었다. 한국 사람들 같았으면 "개미래 꺄하하하!" 하면서 사진 보여 달라며 웃을 테지만 다른 사람의 외모에 대한 얘기를 웬만하면 하지 않는 독일 동료들에게는 어떤 반응을 해야 하는지 알 수 없는 한국인의 화법이었나 보다. 옥토버페스트에 딘들(독일 남부지역 전통 의상으로 어깨 뽕이 들어가고 가슴이 깊이 패인 블라우스에 A형 플레어스커트, 앞치마를 함께 입는 것이 특징)을 꼭 입고 오라고 당부하는 동료들에게 "절대 싫어. 그 블라우스 입으면 납작 가슴 티 나서 블라우스 펄렁 펄렁거리고 빵

빵한 독일 여자애들 사이에서 기죽는단 말이야."라고 대답함으로써 그들의 입이 꾹 다물어지게 만든다. 일 중독에 사회성 부족한 캐릭터로 유명한 디지털 프로젝트팀 팀장과 점심을 먹는 동안 8년 동안 주위 동료 아무도 몰랐던 그의 자녀들과 결혼하지 않은 여자 친구 이야기를 우연히 캐 오는 것도 아마 대화를 무서운 인터뷰 형식으로 끌고 가는 내 재주인가보다. 이런 재주는 아주 자주 동료들 사이에 뒷담화 아닌 뒷담화로 회자 되었다.

직장인들이 달고 사는 불평불만이야 다 비슷비슷하지만 전 직장에서 유럽 동료들이 한국 본사를 핑계로 한국인이나 한국문화를 통째로 싸잡아 불평할 때면 나도 모르게 뿔따구가 났다. 한국인들은 영어를 너무 못해서 업무를 같이 못 하겠다고 하면 "한국 회사에서 일하는 너도 한국어 못하잖아"라며 꼰대 같이 따지고 싶어 입이 간질간질했다. 한국인들은 맨날 일 열심히 하는 척 밤 9시, 10시까지 일하면서 OECD 중에 업무 효율성은 거의 바닥이라고, 그러니 회사가 발전을 못하는 거라고 불평을 해대면 "너희들이 일을 제대로 못하니까 싼 똥 치우느라 주재원이랑 본사 직원들이 피를 보는 거 아니냐"고 싸우고 싶었다. 사람 심리는 참으로 시도 때도 없이 이기적이라 나도 똑같은 이유로 불평을 할 때가 있지만 왠지 다른 나라 사람들이 우리나라 사람을 욕할 때면 마치 나는 안 그랬던 것처럼 감싸며 애국자 코스프레를 하고 싶어진다. 거의 매일 오후 6시도 안 되어 퇴근하면서 일이 너무 많다고 투덜대는 내 룸메이트를 볼 때면 교환학생처럼 한국 회사에 한 3개월씩만 다 보내서 수련시키면 딱 좋겠다는 생각이 든다. 그러면 저런 배부른 소리가 쏙 들어갈 테지? 그러나 나 역시 하루 늦게 가는 날이 있으면 집에 가며 전화기를 붙잡고 불평한다. 그러면서 '나는 역시 위선자야….'라고 생각한다. 직장인의 삶과 애환, 투덜거림과 깔깔거림은 역시 다 똑같다.

## 회사에 합리적으로 불평할 수 있는 권리

한국 회사에서 근무할 당시, 아주 드물게 CEO와 초대된 몇 명의 직원이 함께 점심 식사를 하며 대화를 나누는 기회가 있었다. 이 회사뿐만 아니라 몇몇 회사들에서 대표 또는 이사진들이 직원들의 고충을 이해하고 실제 매니지먼트가 잘 이루어지고 있는지 판단하기 위해 일부러 실무 직원들과의 대화 자리를 만드는 경우가 있다. 유럽 법인에 있는 현지 직원들은 CEO 얼굴을 직접 볼 기회가 없어 이런 자리를 기대하는 직원도 여럿 있었다. 사실상 억지로 마련된 담화 외에 대표를 마주할 일이라곤 큰 잘못을 하거나, 실적이 엉망이라 욕을 먹어야 하는 보고 자리 밖에는 없으니 말이다.

반면 한국인의 입장에서 이런 자리가 순전히 반갑지만은 않다. "사랑하는 직원들이여! 모든 것을 솔직하게 털어 놓아라! 내가 열린 마음으로 듣고, 어려운 점이 있다면 개선에 힘써 보겠다."고 대표가 땅땅땅 외치며 억지스럽게 개방성과 수평성으로 포장된 분위기에 직원들 입이 떨어지기만을 기다리지만 이런 대표 앞에서 "아이고 대표님, 그게 말입니다…." 하며 실질적 문제점과 개선점을 꾸밈없이 읊어갈 수 있는 용기 있는 직원은 별로 없기 때문이다. 가면 둘러쓰고 익명 보장된 채 하는 별신굿 정도나 되면 모를까?

그게 어떤 말이든 말하는 이와 듣는 이, 그 곳에 없는 제 3자. 이 중 누구 하나 다치지 않게 그리고 기분 나쁘지 않게 살살 잘 돌려 이야기를 풀어 나가야 하는데 이게 생각만큼 쉽지 않다. 다시 말해 현 회사 사정에 대한 문제나 어려움을 제기한다 한들 그 문제는 특정인이나 특정 부서를 질책하는 내용이어선 안 되고, 대표의 심기를 대단히 건드리는 주제여서도 안 되며, 개선점에 대한 아이디어가 어느 정도는 준비되어 있어야 한다. 더불어 본인이 그 문제들을 극복하기 위해 해왔던 노력들도 충분히 호소가 되어야 하며 이런 문제가 있지만 나는 우리 회사를 사랑하고 대표님을 존경하며 회사의 발전을 위해 앞으로도 최선을 다할 것임을 말 중간중간에 은근히 잘 스며들게 해야 한다는 심리적 압박이 있다. 그것도 일대 일 면담이 아닌 다른 직원들과 함께하는 면담이라면 더욱이 서로가 서로의 눈치를 볼 수밖에 없다. 그러니 이래저래 대표가 아무리 솔직한 소통을 위해 노력한다 한들 불편하기 짝이 없는 담화가 되기 십상이다.

이런 담화에 나도 초대되는 날이 있었다. 중국, 일본, 미국과 유럽 각 해외 법인에서 일하는 직원 총 6명 정도가 대표와의 점심 식사에 초대 되었다. 자리 선정도 무척 중요했다. 누가 대표 맞은 편 그리고 양 옆에 앉을 것인가 궁금했지만 다행히 모두가 센스 있게 들어오는 순서대로 끝에서부터 차례대로 좌석을 채운다. 대표는 끝자락 중앙에 앉았다. "자 배고플 텐데 다들 식사부터 하지!" 하는 대표의 지시와 함께 다들 밥을 뜨기 시작한다. 그리고 몇 분 뒤 어김없이 대표의 질문이 시작되었다.

"다들 알다시피 회사라는 게 몸집이 불어나면 보고해야 하는 라인도 자꾸 늘고, 보고 내용도 거치는 사람이 늘다 보면 또 자꾸 중간에 필터링이 되니 말이야. 어느 순간에는 무엇이 진짜고 무엇이 가짜인지, 뭐가 잘되고 있고 안 되고 있는 지 참 알기가 어렵게 되거든. 그래서 내가 이렇게 실무자들을 불러 고충을 좀 가까이에서 들어보고, 직원들도 일하기 즐겁고 회사도 성장할 수 있는 고민을 같이 해보고 싶어서 이런 자리를 종종 만들고 있어. 그러니 다들 어려워하거나 눈치 보지 말고, 오늘 이 시간만큼은 내가 회사에 대해 하고 싶은 말 다 해 보겠다 하는 마음으로, 좀 일하는 데 어려움이나 아쉬운 점들을 솔직하게 얘기해 봐. 누가 먼저 시작하겠나?" 누가 먼저라…. 다들 눈치 보는 와중에 대표는 빠르게 "아 그렇지 그럼 편하게 내 옆에서부터 오른쪽으로 돌아가며 한 명씩 본인 소개하고 얘기해보도록 해."라고 제안했다.

예상은 조금 했었지만 처음 두 명의 직원은 예의 바름이 넘쳐 자신들은 회사에서 일하는 것이 너무 즐겁고 이제 입사 한 지 얼마 안 되어 많이 배우고 있고 상사들이 친절히 잘 가르쳐주고 앞으로 개선할 점이 발견되면 주저하지 않고 위로 보고하겠다고 밝고 명랑하게 본인 차례를 끝낸 후 다음 타자에게 바통을 넘겼다. 시작이 이러면 그 뒤 사람은 제대로 말하기가 더 어렵다. 그러나 어려움이나 불만 사항에 대해 상사에게 적극적으로 불평하는 문화를 지닌 독일에서 전투력 가득한 직원들과 섞여 일한 탓에 익숙해 진 탓도 있고 이미 앞에서 두 명이나 "저희는 불평이 없답니다, 호호호."라고 선수 친 마당에 또 똑같은 레퍼토리를 반복할 순 없는 노릇이니 난 그때부터 빠르게 머리를 굴리기 시작했다. 그리고 그 중 정치적으로 갈등을 야기하지 않으면서도 대표가 듣기 거북스럽지 않은 주제들을 두 가지 정도로 추렸다.

드디어 내 차례. 물론 시작은 아주 긍정적으로 했다. 같이 식사를 하게 되어 기쁘다 등으로 본격적인 이야기를 시작했다. 첫째로 해외 법인에도 본사처럼 신규 입사 직원들을 위한 입사 교육 또는 오리엔테이션 프로그램이 있으면 좋겠다는 제안 하나와 영업 보고를 지금처럼 매출 결과만 하지 않고 파이프라인까지 정기적으로 점검해야 할 필요가 있으며 그러기 위해서는 CRM시스템이 현 수준에 머물러서는 안된다고 언급했다. '으음' 하며 고개를 끄덕이고 듣던 대표가 좋은 생각이다 고맙다며 맞장구치는 바람에 '개선점이나 나아가야 할 방향에 대한 아이디어까지 언급하고, 비교적 일반적인 아이템이었으니 내 스피치는 완벽했어!'라고 스스로를 칭찬하며 점심을 마치고 나왔다.

그러나 이게 웬일…. 나의 그 건의 아닌 건의는 결국 회사 시스템에 대한 비난이 되었다. 점심 식사를 마치고 자리에 돌아간 대표는 인사 팀장에게 바로 전화를 걸어 "당장 이번 주까지 법인용 업무 매뉴얼 부서별로 다 만들어와. 여태까지 이런 것도 안하고 넌 뭐했냐!"고 매섭게 질책을 했고 IT 팀장에게 연락해 몇 억이나 들여 CRM을 만들어 놓고 왜 CRM에 제대로 된 리포팅 기능이 없냐며 당장 CRM을 개선하고 일주일에 한 번씩 CRM에서 뽑은 리포트로 영업 주간 보고 하라고 엄포를 놓았다. 결국 여기저기 다 불똥이 튀어 결국은 전 직원이 CRM을 변경하고 사용하는 데 전력을 기울여야 했다.

기분 좋게 개선점을 들었다면 그 이후 해당 업무와 관련된 관리자들을 모아 그 문제에 대해 차근차근 고민하고 실행해 나가는 것이 당연한 것이 아니었나? 내 주둥이가 뱉은 이야기가 누군가에게 또 다른 압박과 스트레스로 날아간 꼴이 되었다. '이러니 저 놈의 담화 백 번 해 봤자 회사를 그만두기 전까지 직원들이 솔직한 의견을 낼래야 낼 수가 없지….'라는 생각이 드는 것이 당연했다.

이 에피소드가 생각난 계기는 현재 근무하는 직장에서 최소 분기에 한 번씩 진행되는 그룹 대표와의 공개 면담을 보다보니 별 수 없이 이전의 사례와 비교가 되었기 때문이었다. 독일 회사 중에는 그룹 대표 또는 CXO급 임원들이 정기적으로 전 직원을 대상으로 회사 재무, 운영, 비전 관련한 소식을 직접 업데이트 해준 뒤 직원들의 질문에 대한 답변을 즉석에서 대답하는 인터뷰 형식의 대담 시간을 제공하는 회사가 많이 있다. 회의장에 참석하거나 또는 온라인으로 생중계되는 방송을 보며 채팅 창에 질문을 기재하면 인터뷰어가 질문을 읽어 준다. 그러니 바쁜 와중에도 대부분의 직원들은 이 대담에 참석한다.

질문 시간만 되면 직원들은 이때다 하는 듯 무수한 질문을 가감 없이 던져댄다. "회사 매출이 자꾸 이렇게 떨어지는데 도대체 우리 회사의 대책은 뭡니까.", "회사의 비전이 결과물을 전혀 만들고 있지 않은데 이유가 뭐라고 생각하십니까.", "왜 A 조직엔 더 이상 투자 하지 않는 겁니까.", "왜 본사에서 관리하는 트레이닝 프로그램을 없앴습니까.", "B라는 조직은 도대체 왜 신설

한 겁니까." 등등 매출, 기업 비전, 조직 운영과 직원들의 복리후생까지 주제도 다양하다.

올해 들어 처음 한 담화에서 쏟아진 질문에 웃음도 나고 '역시 거리낌 없구나' 하는 생각이 든 이유는 유난히 근무 시간과 연봉, 직원들의 사기 진작에 대한 질문이 쏟아졌기 때문이다. 한 직원은 미국에서는 일주일에 4일만 일하는 것이 점점 트렌드가 되어 간다고 하는데 우리 회사에서도 근무 유연성과 복지 향상을 위해 이런 정책을 선두적으로 시행하는 것이 어떻겠냐고 물었다. 대표는 본인이 그룹 CEO라고 해서 단독으로 이런 사항을 결정하고 시행령을 내릴 순 없지만 좋은 생각이고 충분히 고려할 수 있는 제안이라고 생각한다며 각 조직장들 본인이 책임지는 조직에 그런 정책을 적용한다면 지지하겠다고 대답했다. 일주일에 4일이라. 주 5일, 35~40시간도 참 오랜 싸움 끝에 얻어내고 자리 잡은 근무 시간인데 "4일로 더 줄여 주십시오!"라고 소리치는 직원에게 눈살 한 번 찡그리지 않고 "와이낫(왜 안돼?)"으로 대답하는 회사 문화. 물론 그런다고 해서 어느 정신 나간 조직 장이 "야, 대표가 맘대로 하래. 당장 우리부터 해보자!"고 할 사람은 없으니 그런 말을 하는 거라 생각했지만, 놀랍게도 그런 논의를 이미 시작한 조직이 있었다.

주 4일 이야기가 나오더니 이번엔 한 직원이 우리 회사는 새롭게 고용하는 외부 직원들이나 컨설턴트는 높은 연봉을 주고 데려오면서 정작 회사에 남아있는 직원들의 연봉은 자리 이동이 없는 한 높여주지 않아 남아있는 직원들의 사기를 꺾는다고 불평했다. 그래서 최근 직원들의 부서 이동률이나

타 회사로의 이직률이 높아져 장기 프로젝트들이 속도를 내지 못하고 있다고 덧붙였다. 이 말에 대표는 놀라며 회사 직원들이 월급에 불만이 있을 거라고 생각하지 못했다며 그런 이유가 있어서는 안 되니 확인 후 남아있는 직원과 새로 고용된 직원들의 월급에 불합리적인 차이가 없도록 개선하겠다고 회답했다. 월급 불평까지 나온 마당에 이 정도면 직원 식당 메뉴에 스시를 추가해 달라고까지 할 기세 같았다.

이렇듯 직원들이 회사 꼭대기에 있는 대표에게 마구잡이 질문을 던져대고 그런 질문들에 대표가 교양 있게 대답한다 한 들 당장 내일 바뀌는 것은 아무것도 없을 거라는 것을 독일인들도 다 알고 있다. 그럼에도 불구하고 이런 자리가 필요하고, 또 좋아하는 것은 어떤 질문이나 건의를 하더라도 '미친 거 아님?' 하는 눈으로 바라보는 사람이 없고, 내 질문이 주변 동료나 상사에게 독이 될 수 있지 않을까 하는 노파심 없이 의견을 발표할 수 있다는 것. 그리고 그 의견에 대표 본인이 다문 몇 십 초라도 스스로 고민해보고 대답하도록 만든다는 데 의미가 있기 때문이다. 나와 그 사람의 지위에는 비록 엄청난 차이가 있지만 다만 한 시간이라도 그 심리적 차이를 조금은 좁힐 수 있으며 물론 이 회사는 결국 그 사람을 포함한 주주들의 것이지만 조금은 내 울타리인 것처럼 느끼게 해준다는 것. 무엇보다 회사를 그만두지 않고 익명도 가면극도 없이 쓴 소리를 할 수 있다는 점도 이유가 된다. 회사에게 합리적으로 불평할 수 있는 권리, 어쩌면 그것도 직원들에게는 소중한 복리후생의 하나가 되지 않을까 생각해 본다.

### 위로 또 위로 : 승진 게임

우리나라에서 상사에게 잘 보이기 위해 다방면으로 노력하듯, 독일에서도 윗사람에게 눈에 띄기 위한 기회를 호시탐탐 노린다. 실무 직원이나 리더직이나 비슷하다. 실무 직원들은 본인이 노력한 결과물을 그룹장이나 이사진에게 보일 기회를 잡기 위해 노력하고, 팀장도 이사진이 참석하는 회의에 초대받기 위해 내부 네트워크 강화에 힘쓴다. 실무 직원들이 본인의 노력에 비해 인정받지 못한다고 불평할 때 종종 'Visibility(가시성)'가 없다고 하는데, 눈에 띌 일이 없다는 소리이다. 독일에서 '잘 보이기 위해' 하는 행동 중 한국과 다른 것은 성실함에 초점을 맞추지 않는 것이다. 오전에 일찍 출근하여 저녁 늦게까지, 집에 가서도 업무를 하는 우리나라 전통적 방식의 성실함은 독일인에게서 찾아볼 수 없다. 오히려 내가 한 일의 긍정적 결과물을 다른 사람에게 프로모션하는 데 초점을 둔다. 프로모션의 방법에는 여러 가지가 있다. 예컨대 협업하는 다른 부서에서 업무 또는 본인에 대해 좋은 평가나 피드백을 주는 경우, 해당 이메일을 상사에게 전달하며 '봐, 나 이렇게 인정받고 있다'고 알린다거나, 회사 인트라넷이나 블로그, 커뮤니티 게시판 등에 본인이 이루어 낸 성과물을 광고하기도 한다. 리더십 미팅, 부서 미팅, 워크숍 등에서 본인이 맡고 있는 아젠다가 소개될 수 있는 시간을 요청하기도 한다. 또는 업무 개선 또는 신규 프로젝트 아이디어를 가져와 프레젠테이션할 수 있는 기회를 만들 수도 있다.

우리나라 많은 기업이 급여는 호봉제에서 연봉제로 많이 바꾸었지만, 여전히 직급은 호봉 테이블을 이용한다. 상명하달식 의사전달과 실행이 중요한 조직 체계 특성상 이런 직급 체계를 포기하기는 매우 어려울 것이다. 3~5년의 일정한 근무를 통해 사원에서 대리, 대리에서 과장, 차장으로 나아가는 직급 체계는 직원들에게도 어느 정도 동기 부여가 된다. 더럽고 치사해 회사를 당장 내일이라도 때려치우고 나갈까 싶다가도 '내년까지만 참으면 대리가 될 텐데, 대리 달고 나가야지….' 하는 마음 가져보지 않은 사원은 없을 것이다. 반면 과장 이상부터는 위로 올라가는 것이 조금씩 더 까다로워진다. 근무 연수 외에 상사의 업무 평가, 태도 평가가 큰 영향을 미친다. 상사를 만족시키지 못하면 승진에서 몇 년씩 빠질 수 있단 얘기다. 사정이 이렇다 보니 승진을 위해 본인을 인정해 줄 상사를 찾아 이른바 줄서기 시작하고 각종 아부 세트를 제공하는 것도 흔히 볼 수 있다.

이러한 직급 호봉제가 없는 것이 독일 직원들에게서 아부를 찾기 어려운 가장 큰 이유가 아닐까 생각한다. 그 이외에도 투명한 업무 평가와 공정한 인사 시스템이 뒷받침된다. 순차적으로 올라가야 하는 정해진 직급 시스템이 없으니 같은 팀에 있는 동료들과 대 놓고 경쟁을 할 일도, 나를 이끌어 줄 상사에게 붙을 일도 없다. 규모가 작은 회사에서 팀은 대개 팀원과 팀장, 영업은 매니저와 제너럴 매니저, 기술직은 주니어 엔지니어와 시니어 엔지니어 및 팀장 정도로만 구분이 된다. 규모가 큰 대기업은 예산 집행과 업무 결정권을 쥔 관리자급(E-Executive 레벨, 부서장 이상)과 주어진 예산에 맞추어 업무를 실행하는 실무자급(O-Operational 레벨)이 계약서상에 구분된다. 팀

구성은 여전히 팀원과 팀장으로 나뉘고 팀원 간 직급 차이는 없다. 따라서 팀원 간에도 나이나 경력 차이가 다소 나는 일도 흔하다. 호봉제가 없다 보니 한국처럼 매년 또는 승진 시 일정량 연봉이 자동으로 오르지도 않는다. 4년을 일했지만, 업무 성과가 없으면 연봉이 오르지 않을 수도 있다.

이런 특징에 따라 대개 몇 년 이상 근무하고 나면 독일인들은 내부 채용 공고에 도전하거나 이직을 함으로써 근무 조건을 향상한다. 평균적으로 실무자 경력이 6~8년 이상이 되면 책임자급 포지션에 도전할 수 있다. 그 이상의 관리자급 포지션은 더 많은 경력 또는 가시적인 업무 성과가 뚜렷이 있어야 한다. 회사에서 공석이 생기면 먼저 인사부는 내부 직원만 대상으로 한 채용 공고를 통해 후보자를 찾는다. 해당 팀에 공석을 채울 자격이 있는 팀원이 있는 경우 부서장 재량으로 그 직원에게 승진 기회를 주는 경우가 매우 간혹 있지만 대개는 다른 팀 또는 외부에서 공석을 채우는 것을 선호한다. 예컨대 함께 일하던 팀원 중 한 명이 팀장으로 승진하는 경우 다른 팀원들과의 조화와 균형을 맞추는 것이 어렵다고 판단되는 독일 특유의 인식이 있기 때문이다. 공석을 급하게 채워야 하는 데 자격 있는 팀원이 없는 경우 그나마 가장 조건이 근접한 직원이나 계약직을 임시로 앉혀 대행하도록 한 뒤 사람을 뽑고 나서 대체한다. 내부에서 적합한 사람을 뽑지 못하면 그 이후 외부 채용 공고, 추천을 통해 인사를 진행한다.

뮌헨 법인에서는 입사 1년 차에 독일 법인장의 추천으로 승진을 했었다. 솔직히 말하면 위에서 꽂아준 그 초고속 승진의 맛은 무척 달콤했다. 그러나 독일 회사에 입사 한 뒤 그런 승진을 경험할 일은 제로에 가깝겠구나 하는 확신이 들었다. 회사 규모도 너무 컸고 부서장에게 특별히 예쁨 받는 직원도 아닌 데다 그런 식의 쉽고 간편한 추천 승진을 회사 내부적으로도 쉽사리 오케이 할 리 없기 때문이다. 그러나 내 욕구는 그대로였다. 이곳에서도 입사 1년 차에 또다시 목이 마르기 시작했고 어디를 향해 나아가야 할 것인가에 대한 고민이 뒤따랐다. 그러던 중 우연히 맡게 된 한 프로젝트를 통해 컨설팅 직무, 그 중 프로젝트 매니저로 커리어 방향을 바꾸어 보면 어떨까 하는 호기심이 생겼다. 게다가 회사에서 올해 초부터 엄청나게 밀어주는 예산 부자 '디지털 팀'에 합류하면 최적이겠구나 하는 핑크빛 확신에 젖어 내부 채용 공고가 뜨자마자 지원을 했다. 결과적으로는 실패였지만 이 기회를 통해 회사에서 내게 부족한 역량을 정확히 파악할 수 있었다. 그동안 한 번도 경험해보지 못한 무척이나 날카로운 채용 프로세스였다. 결론부터 말하면 독일 회사에서 관리자급으로 성장하기 위해 가장 필요한 역량은 두 가지이다. 첫째는 설득력, 둘째는 상업화 능력이다. 이 두 가지로 윗사람을 설득해 투자를 받아내지 못하면 인정받을 수 없다. 우습게도 이 두 가지는 나의 가장 큰 약점이었다. 내가 가진 것은 설득력보다는 공감력이었고 상업화 능력보다는 실행력이다.

채용 테스트는 오전 9시부터 오후 2시까지 워크숍처럼 진행되었다. 먼저 30분가량 해당 팀의 관리자 세 명이 참석하여 채용 포지션과 팀 업무, 팀 조직도를 상세히 설명했다. 그리고 1시간 동안 심층 면접을 거친다. 이미 심층 면접에서 기가 다 빨린 것 같았다. 대학 시절 인턴부터 해외 기업까지 수많은 면접을 거쳐왔지만 이렇게 어려운 인터뷰는 처음이었다. 병아리를 면접하는 면접관들은 얼마나 힘들었을까 싶은 생각마저 든다. 이후 약 2시간 정도 프레젠테이션 주제와 준비 시간을 준 뒤 오후 약 10분간 프레젠테이션을 진행하고 40분간 압박의 질의응답 시간을 가졌다. 이 과정이 끝난 뒤 약 30분간 휴식을 하고 채용 워크숍에 대한 서로 간 피드백을 공유했다.

평소 프레젠테이션을 밥 먹듯 해야 하는지라 사실 케이스 스터디 프레젠테이션에 대해 큰 걱정 하지 않았다. 그게 큰 착각이었다. 프레젠테이션은 잘 끝냈지만 질의응답을 완전히 망쳐버렸기 때문이다. 대답하지 못할 질문들이 쏟아져 나오니 처음엔 쪽팔려서 이 사람들을 나중에 회사에서 오다가다 또 어떻게 보나 싶다가 나중엔 '에라, 아무 말이나 던져서 40분을 빨리 보내 버려야겠다.'는 생각이 들었다. 40분이 4시간 같았다. '하하하. 질문을 이렇게 많이 받았는데 왜 대체 5분밖에 지나지 않은 거지? 시간, 너란 놈….' 이미 떨어뜨릴 것 같은데 아주 마지막 1분까지 꽉 채워 질문해댄다. 나는 숫자만 나오면 식은땀을 내는 편인데 숫자에 대한 질문이 가장 많았다. 여전히 1800 나누기 12도 암산으로 빠릿빠릿하게 해내지 못하는 내가 매출 보고를 했으니 엑셀과 계산기가 없었다면 나는 할 수 있는 게 없었겠구나 싶기도 하다. 백만 유로가 넘는 숫자를 암산으로 쏟아내는 임원진을 볼 때면 이것은 연습으로 가능한 것인가, 본래 잘하는 것인가 궁금해진다. 본래 잘하는 거라 믿고 싶다. 연습하고 싶지 않다….

프레젠테이션의 주제는 "디지털화가 어떻게 에너지 기업이 에너지 소비재 즉 가스나 전기를 더 잘 팔 수 있게 만드는가.", "매출을 더 높일 수 있게 만드는가.", "그렇다면 어떤 타깃 소비자층에 어떤 디지털 프로젝트로 그 이상을 실현할 것인가."였다. 주제 자체는 광범위하고 일반적이라 어떤 아이디어를 내놓고 설득하느냐가 관건이었지만 여기까지만 해도 어떻게든 말로 포장할 수 있을 것 같았다. 가장 큰 문제는 기업에서 프로젝트에 투자한 비용을 어떻게 회수할 것인가를 비즈니스 케이스로 설득하는 것인데 이에 대한 줄거리, 논리, 설득력이 모두 허접했다. 이는 아이디어를 실현하는 데 필요한 개발비와 운영비, 시간을 포함 후 계산한 뒤 결과물을 시장에 적용했을 때 누구에게 그 비용을 부담하고 회수할 것인가를 정리하는 것이었다. 대개 프로젝트에 투자 여부를 결정하는 이사회, 임원진에 발표를 할 때 이 비즈니스 케이스가 가장 중요한 변수가 된다. 나는 프로젝트가 얼마나 고객과 회사에 흥미로운가를 감성의 논리로 풀어내는 바람에 이 부분을 허술하게 작성했다. 결국 관련 질문인 "현 우리 기업 매출과 고객 수를 고려했을 때 예상되는 타깃 소비자층의 수", "그들의 현 연간지출", "소비자에게 부담할 수 있는 금액과 온전히 회사가 부담할 투자비", "산업 인프라 구축비를 어떻게 지원받을 것인가", "이 프로젝트로 예상되는 수익과 마진율의 향후 5년 기대치와 투자비용 회수년 계산"에 타당성 있는 답변을 하지 못했다. 대충 얼버무리고 넘어가게 해주면 좋겠지만 압박 면접인지라 원하는 답이 나올 때까지 같은 질문을 또 하고 또 해대는 바람에 바닥까지 보여주어야 했다.

친절한 독일 상사들은 긴 여정의 채용 워크숍을 마치고 30분간 피드백 시간을 가지며 장단점, 잘 한 것과 잘 하지 못한 것, 관리자가 되기 위해 개선해야 하는 점을 아주 자세히 알려 주었다. 그리고 '당신을 이 자리에 채용할 수 없습니다'라는 결론을 주면서 이런 결론에 동의하냐고 묻는다. 이 결론이 본인이 예상한 것과 같은지 아닌지, 같다면 또 아니라면 왜 그런지 묻는다. 이런 결정을 바꿔야 한다고 생각한다면 스피치를 또 하란다. 나는 아주 솔직히 "내가 당신이었어도 오늘 나를 뽑지 않았을 것입니다. 저는 무척 영리하고 빠른 실행력을 갖추고 있지만 아직 관리자가 갖추어야 할 다른 역량들을 충분히 갖추고 있지 못하다는 것을 오늘 워크숍을 통해 다시 한번 깨달았습니다. 다른 역량에 대한 자신감이 생길 때 돌아올 테니 그때 뽑아 주시면 좋겠습니다. 오늘 결과는 실망스럽지 않으며 솔직한 피드백으로 제가 발전할 기회를 주셔서 감사합니다."라고 끝까지 당당한 것처럼 대답하고 나왔다. 그렇지만 사실은 등을 돌리는 순간 그들이 내 뒤에서 '저 멍청이는 이 자리에 대체 왜 지원해서 우리 시간을 뺏은 걸까?'라고 할까 봐 서늘했다. 속으론 완전 쫄보다. 나란 사람.

이런 면접은 독일 컨설팅 회사에서 많이 진행하는 방식이다. 컨설턴트의 직업이 아이디어를 구체화하고 돈 주는 사람을 설득하는 일이므로 이런 능력을 테스트하기에 이 만큼 좋은 방법은 없다. 그러나 컨설팅 직무가 아니더라도 대기업에서 팀장급 이상으로 지원하려면 꼭 갖추고 있어야 하는 능력이 바로 설득력과 상업화 능력이다. 말도 안 되는 결론으로 설득을 하더라도 상업 플롯이 탄탄히 갖추어져 있으면 괜찮다. 독일에서 위로, 또 위로 올라가기를 희망하는 사람이라면 따라서 무슨 일이든 비즈니스 케이스를 중심에 두고 생각하는 훈련을 하길 조언한다. 에너지라고는 여태 물 아껴 쓰고 전기 안 쓸 때 코드 뽑아 놓는 것 정도만 알고 살았는데 어쩌다 에너지 기업까지 와서 숫자를 못 해 헤매고 있는지 알다가도 모를 노릇이다. 그 날 나는 뭔가 대단한 약점을 들킨 것처럼 처절함에 허기가 져서 집에 와 저녁 식사로 짜파게티와 만두 각 1인분, 캘리포니아롤 1줄, 빼빼로 한 통을 순식간에 폭식했다. 말은 이렇게 했지만 나는 스스로를 잘 안다. 분명 금세 이 쪽팔림을 잊고 내년에 또 다른 기회를 호시탐탐 노리고 도전할 것이라는 걸.

### '베를린 장벽' 허물기 같은 '여성 유리 천장' 허물기

올해 런던에서 열린 한 글로벌 경영 워크숍에 참석하였을 때 다른 어떤 것보다 내 눈에 띈 것은 많은 여성 리더였다. 특히 전 세계 기업의 간부 4명을 초청한 간담회 프로그램에서 3명이 여자라는 것이 부러웠다. 중년을 넘은 그 여성 리더들이 그간 어떤 길을 어떻게 걸어왔는지는 몰라도 그 순간에는 참으로 빛나 보였다. 생각해보니 중2병에 걸려 허우적대던 날 끄적인 다이어리에 적힌 내 꿈은 멋진 '커리어 우먼'이었다. 일하는 여성이 여전히 많지 않던 이전 날 만들어진 그 단어가 가진 함축적 의미 따위는 이해하지도 못한 채, 일하는 여성을 상상해보면 그저 경제적, 사회적으로 독립한 당당한 드라마 속 여자를 떠올리며 동경했던 것 같다. 여성 앵커, 여교수, 여 경찰…. 생각해

보면 어떤 직업군에도 그 앞에 남자라는 말은 잘 붙지 않는 걸 보니 일하는 여성은 어딘지 모르게 특별한 느낌마저 들었나보다. 서른 중반을 향해 가는 지금은 남녀 구분 없이 모두가 함께 일하는 것이 평범해졌다. 맞벌이하지 않으면 먹고 살기 참 어려운 시대가 되며 커리어 우먼의 멋짐은 흐려졌지만 애절함은 더해진 것 같다. 그러나 평범한 여성 직장인이 중 · 장년이 될 때까지 일하는 것은 여전히 어렵기만 하다. 커리어 우먼의 명이 너무 짧은 모양이다. 그나마 기업 총수 자녀들을 제외하고 나면 오랜 시간 직업을 유지하며 리더로 성장하는 일반 여성은 미혼인 경우가 많다. 유럽의 여성 리더와는 여기서 가장 큰 차이가 있다. 포럼에 참석한 여성 리더들이 부러웠던 것은 그들이 가진 자리와 명예가 아니었다. 결혼하고 아기를 낳은 뒤에도 치명적인 경력 단절 없이 다시 일할 수 있는 자유와 기회, 결혼과 출산이 자신의 커리어에 부정적 영향을 미칠 것이라는 두려움 없이 자신의 사생활과 사회생활을 원하는 방향대로 계획하고 실천할 수 있는 자신감과 믿음. 그런 모든 것을 제공하는 사회에서 살고 있단 것이 부러웠을 뿐이다.

'우리나라도 많이 바뀌었지, 유리 장벽은 옛날 이야기야!'라고 자신했던 적이 있었다. 자녀를 낳고도 직장에 다시 복귀하여서 일 잘하고 있는 친구들도 많이 있으니 바뀐 것은 맞다. 그러나 그런 친구들 대부분은 출산 후 몇 개월 안 되어 직장에 복귀해도 괜찮을 만큼 그들을 도와줄 수 있는 지원군이 든든했다. 나머지 친구들은 결혼은 했지만 경력이 단절되는 것이 우려되어 '돈 조금만 더 벌고…', '일 조금만 더하고…' 하며 아이를 나중에 낳기로 계획하거나 출산을 포기했다. 물론 대다수는 아직 결혼하지 않았다. 손에 꼽는 투자 은행에서 근무하던 친구는 임신하자마자 상사로부터 압박을 받기 시작했다. 법으로 보장받는 각종 혜택 외에 복리 후생 다 챙겨줄 테니 임신 후 복귀할 생각하지 말고 출산 휴가가 끝나면 그만두라는 이야기였다. 어차피 아이를 돌봐줄 부모님이 가까이에 살고 계시지 않아 온종일 아이를 돌봐주는 도우미 아주머니 고용을 위해 월급 전체를 갖다 바칠 작정이 아니라면 직장 복귀는 불가능했지만, 출산 휴가가 시작되기도 전에 상사에게 그런 이야기를 듣는 것은 너무나 슬펐다는 친구의 말에 가슴이 먹먹했다. 여전히 한국에 있었다면 공무원도, 전문인도 아닌 직장인인 내게도 닥칠 수 있는 과정이었다. "남녀 급여 차이 없애주세요!"라며 싸우는 것은 다음 세대로 슬쩍 넘겨야겠다 싶기도 하지만 자녀와 직장을 맞바꿈하는 것은 적어도 동시대를 사는 한국 여성들, 그리고 그 모든 경제적 짐을 짊어져야 할 남성들에게 너무 큰 희생을 요구하는 것이 아닌가?

유럽은 물론 독일에도 전체 수를 놓고 보면 남자 리더의 수가 현저히 많다. 특히 북유럽 국가보다 많이 보수적인 독일은 더욱이 그 격차가 크다. 이곳에서도 부모님 세대까지는 결혼 및 출산 후 일하는 직장 여성이 드물었다. 대개 그 경력은 결혼과 함께 끝이 났고 어머니가 가정주부로 사는 것이 가장 일반적이었다. 독일의 경제를 이끄는 제조업 분야에서 부서장급 여성은 특히 적다. 현재 종사하고 있는 에너지 기업도 총직원 수가 7만 명이 넘는데도 남녀 성비는 고작 7:3밖에 되지 않는다. 그러나 한국과 비교하여 큰 차이는 사회 적응 속도이다. 현 30~40대부터 여성 직장인이 당연한 것이 된 후 사회도, 기업도, 사람들도 빠르게 그 변화를 받아들였다. 출산율이 급격히 낮아진 것도 한몫을 했을 것이다. 별다른 논쟁 없이 남녀 모두 출산 휴가를 받을 수 있도록 법이 구축되었다. 여성에게는 출산 전 6주, 출산 후 2개월을, 남성에게는 출산 후 2개월을 급여 전액을 지급 받는 유급 휴가가 의무로 주어진다. 산모가 원하면 1년에서 최대 3년까지 복직이 보장된 휴가가 주어진다. 무척 드물지만 출산 휴가를 1~2년 가까이 쓰고 복직 후 얼마 안 돼 다시 임신하여 휴가를 쓰는 일도 있다. 연이은 임신을 마냥 진심으로 기뻐해 주지는 못해도 또 그렇다고 싫은 소리 해댈 사람도 없다. 휴가 기간 회사는 보충 인력을 제공할 것이니 일에 지장이 있는 것도 아니고 내가 또는 내 아내가 임신했을 때도 같은 보호를 기대할 테니 현실적으로 싫은 소리 해댈 이유가 없는 것이다. 모두가 함께 이용하는 시스템일 뿐이다.

우리나라 기업은 무엇이 그렇게 두려운 건지 모르겠다. 그 직원이 다만 3개월이든 2년이든 일을 쉬는 동안 감을 완전히 잃고 복직한 뒤 적응을 못 할까 우려되는 걸까? 아니면 출산 휴가 동안 임시로 고용된 직원이 일을 잘 못할까봐 걱정이 되는 걸까? 그것도 아니면 자녀가 생긴 여성은 일에 집중할 수도 없고 온전히 회사에 한 몸을 다 바쳐 헌신하지 못할 테니 그런 헌신은 남아 있는 남자 직원에게 모두 맡겨 두고 너는 가족에게 헌신하라고 생각하는 걸까? 여성들이 출산 후에도 멋진 중년의 여성 리더로 성장할 수 있도록 평등한 기회를 주는 것이 기업과 사회 모두에게 너무 큰 비용을 부담시키면서 효과는 기대할 수 없는 이른바 과잉복지라고 생각하는 걸까? 아니면 독일처럼 보장해 주는 것이 이론적으로는 맞지만 실체가 뭔지 모르는 여러 가지 이유로 한국에서 빨리 실행하기에는 현실적 어려움이 있다고 얼버무리는 걸까? 아주 많은 질문을 생각해 보지만 우리나라처럼 '빨리빨리'를 좋아하는 나라가 왜 꼭 이런 데에는 OECD 국가 중 가장 느린 축에 속하는지 알 길이 없다. 그래서인지 나는 독일보단 한국에서 더 성공하고 싶으면서도 언제쯤 돌아갈까를 고민하면 늘 자신이 없어진다. 나는 여전히 대체 가능한 인력에 불과하니 말이다.

# 03
# 독일 생존기

○ ○ ○

## 독일 내 악덕 한인업체

대개 유학생 신분이 아닌 워킹 홀리데이 또는 취업준비생으로 독일에 처음 오게 되면 부족한 외국어 때문에 한인업체에서 일을 시작하는 경우가 많다. 독일어가 유창한 구직자가 워낙 많지 않다 보니 아무래도 영어권 국가보다는 독일이 일자리를 찾는 데 훨씬 어려운 편이다. 몇 번의 고배를 마시면 불리한 조건이라도 어떻게든 일자리를 찾고자 하는 절실함이 커지게 마련이고 그럴 때 선택할 수 있는 가장 쉬운 길은 아무래도 한인업체일 것이다. 문제는 이런 절실함을 이용해 청년들의 단물만 쪽 빨아먹고 버리는 한인업체들이 있다는 것이다. 독일 노동법이나 표준 근로 환경을 잘 알지 못하는 아마추어 구직자들은 행여나 부당한 대우라고 확신이 들 때도 고용주를 고발하거나 별달리 맞서 싸울 방법을 몰라 혼자 상처받은 채 그만두거나 본국으로 돌아가는 쉬운 방법을 택한다. 이런 이유에서 간혹 부당 고용을 일삼는 업체들에 대한 문제 제기 글들이 페이스북, 베를린리포트 같은 온라인 커뮤니티에 올라와도 상황은 크게 개선되지 않는 것 같다. 멀리 갈 것 없이 내 주변에서도 이런 경험담을 많이 접했다. 이런 업체들이 소수라 한들 먼 나라까지 와서 말도 안 되는 대우를 받으며 상처받고 돌아가는 젊은이들이 더 나오지 않길 바라는 마음, 그리고 그런 업체들이 무엇이 잘못되었는지 모른 채 계속해서 같은 방법으로 비즈니스를 운영하지 않길 바라는 마음에서 경험담을 소개한다.

독일 내 한인업체는 대개 프랑크푸르트, 베를린, 뒤셀도르프, 뮌헨 같은 대도시에 많이 집중되어 있다. 대개 노동법을 잘 지키지 않는 업체는 소규모의 물류, 유통, 판매업 분야인데, 주 고객이 독일에 있는 한인 또는 한국 기업을 상대로 하는 것이라 언어 장벽이 낮다는 특징이 있다. 중견 규모 이상의 기업 법인은 대개 노동법을 잘 지키는 편이다. 현지법과 사정을 잘 알고 있는 독일인 직원을 주요 부서에 고용하는 일이 많고 또한 노동법을 어겼을 때 어떠한 귀찮은 일, 위험이 수반되는지 잘 이해하고 있기 때문이다. 물론, 기업 이미지와 사회적 책임 등도 주요 이유가 된다. 종종 이런 큰 규모 기업에서도 한국 직원이 독일인보다 조금 더 불리한 조건(평균적으로 더 낮은 임금과 야근 등)에서 일하기도 하지만 대놓고 법을 어기는 일은 소규모 업체에 비해 많지 않다.

작은 규모 업체들이 노동법을 잘 지키지 않는 이유는 여러 가지가 있다. 한국 사장님과 한국 직원 몇 명이 꾸려 나가는 소규모 업체는 사장과 직원 모두 독일 노동법을 잘 모르기도 하거니와 혹 알더라도 아직 닥치지 않은 사태에서 발생할 수 있는 손해보다는 지금의 이익을 더 중요시하여 무시하려는 경향이 크기 때문이다. 최악은 물론 두 가지를 다 알고 있으면서 직원들을 하찮게 여겨 '네가 고발해 봤자지' 하는 태도로 응하는 사장이다. 업체 입장에서는 독일로 일하러 오겠다는 젊은이들은 계속 늘어나고 그 중 독일어가 미숙하고 근무 경력이 별로 없는 아마추어 입사지원자들에게는 굳이 정당한 조건을 제시하지 않아도 일할 확률이 높다는 걸 알기 때문이다. 열정이라는 단어를 '내 돈 주고 고생을 사서라도 하겠다는 각오'쯤으로 여기는 착한 한국인들이 많아서인지도 모른다. 게다가 우리나라 사람들은 대부분 부당한 대우를 당해도 본인보다 강하다 여기는 고용주를 대상으로 싸움을 시작하기 워낙 싫어해 '똥 밟았다 또는 좋은 경험했다'라는 마음으로 자기 선에서 끝을 내 버리니 고용주 입장에서 이래저래 걱정할 일은 별로 없는 모양이다.

나도 운 좋게 뮌헨에 오기 전 스쳐 간 프랑크푸르트에서 악덕 사장을 만난 적이 있다. 용돈이라도 벌자고 임시로 들어간 곳이지만 2개월만에 그만두면서 온갖 생각을 다했다. 그 업체는 풀타임 직원이 4명, 파트타임 직원이 15명 정도 되는 규모의 물류 업체였다. S사 주재원으로 7년을 넘게 독일에서 일하다 배송 및 구매 대행이라는 서비스업의 잠재력을 발견한 뒤 동료 1명과 함께 S사를 나와 회사를 설립했단다. 성공적 사업 운영으로 설립 몇 년 만에 손익분기점 돌파, 총 연 매출 70억까지 이끌어 낸 대단한 사업가라는 것은 인정할 수밖에 없다. 베를린리포트에 공고가 한 달에 한 번꼴로 나오는, 독일에 거주 중인 한인들 사이에서는 꽤 이름이 알려진 곳이다. 여기서 팁을 주자면, 베를린리포트 같은 한인 커뮤니티에 채용 공고가 자주 올라오는 것은 그만큼 그만두는 직원이 많다는 의미, 따라서 이상한 곳일 확률이 높다.

이 업체의 가장 기본적인 잘못은 근로계약서를 작성하지 않는다는 것이다. 지속해서 요청했으나 나중에 나중에를 일삼다 결국은 받지 못했다. 근로계약서가 없으니 근무 시작 전 합의했던 업무 시간과 조건이 잘 지켜졌을 리 만무하다. 아침 근무 시작은 8시, 그날 오전 세팅 담당이면 7시 30분이다. 명시된 퇴근 시간은 풀타임 기준 저녁 6시. 이미 이것만으로도 정규 근무 시간 8시간을 초과하지만 실제로는 물론 더 많다. S사에서 배운 버릇인지 퇴근이 6시인데 자꾸 6시에 마케팅 회의를 하자고 했다. 게다가 회사 온라인 샵 홈페이지 게시판 관리를 주 7일, 24시간 해야 한다는 이유로 직원들을 돌아가면서 주말에 일하게 했다. 점심시간은 오전 포장이 끝난 뒤인데 이 시간이 물량에 따라 뒤죽박죽인 데다 오후 포장도 마감 시간이 정해져 있어 바쁠 땐 제대로 먹지도 못하고 먹으면서도 눈치를 보아야 했다. 그 사장은 "먹는 시간이 세상에서 제일 아깝다. 배가 고프지 않도록 조절하는 알약이 나오면 제일 좋겠다. 일의 효율성이 훨씬 올라갈 것이니."라고 하는 양반이니 말 다 했다. 가장 최악은 화장실 가는 것도 눈치를 보아야 한다는 것이다. 유치원생도 아닌데 화장실을 눈치 보면서 가야 한다는 것은 우습기 짝이 없었다. 바쁜 오전 시간에는 물을 되도록 마시지 말고 생리 현상을 스스로 제어하라는 말에 저런 말은 농담이라도 해선 안 된다는 생각이 들었다. 같이 일하던 여직원 중 생리가 터져 중간에 화장실을 갔다가 '박스 포장 마무리 안 하고 중간에 화장실을 왜 가냐'며 욕을 먹는 것을 보고 미치는 줄 알았다. 사실 이런 건 그냥 재미있는 이야기에 불과할 뿐이다. 일하다 직원들에게 막말하는 것은 기본, 포장이 자기 맘대로 안 되면 박스나 가위를 던져대며 욕을 해대니 저런 사장을 내 근처에 두고 일하면 내 몸과 마음 모두 만신창이가 되겠구나 싶어 미련 없이 이별했다.

그곳에서 일하는 직원은 그렇다 보니 늘 2개월 주기로 바뀌었단다. 2개월이면 본인이 나처럼 못 견뎌 그만두거나 사장이 맘에 안 든다고 잘라 버렸다. 새로운 직원을 뽑을 때마다 본인이 S사 출신인지라 마치 대기업 직원을 뽑는 양 스펙을 엄청 봐댔다. 채용 공고에는 마케팅, 서비스 전략 기획 등 온갖 수식어를 갖다 붙여 지원자들을 유혹하고는 채용하고 나면 온종일 박스 포장 및 운반, 게시판 관리만 시켰다. 하는 업무를 생각하면 굳이 직원을 오래 둘 필요도, 봉급을 많이 줄 필요도 없어 직원들이 자주 그만둬도 크게 신경 쓰지 않는 모양이었다.

프랑크푸르트에 있는 슈퍼마켓도 꽤나 악명이 높다. 이곳도 직원이 3개월마다 바뀌기로 유명한데 구인 공고부터 이미 '우리는 노동법을 준수할 의지가 없습니다'라는 식의 광고를 한다. 그 공고에는 '풀타임 근무, 휴일 별도 없음, 일요일을 제외한 독일 내 빨간 공휴일을 휴무일로 지정함.'이라고 적혀 있다. 풀타임 근무자에게 휴일이 별도 없다는 것은 노동법에 완전히 어긋난다. 그 공고를 본 뒤 하도 어이가 없어 공고 밑에 기재된 담당자 이메일로 직접 항의 메일을 보냈다. 회신은 없었지만 다음날 확인해보니 공고에 휴일 관련 문장만 쏙 빠져 있는 것을 확인했다. 이곳은 숙식을 제공해준다는 이점 때문에 많은 워킹 홀리데이 참여자들이 지원한다. 그러나 숙식이란 그냥 24시간 맘 편히 공과 사 구분 없이 직원을 부려 먹겠다는 소리이다. 이곳에서 일한 동생의 경험담에 따르면 물론 풀타임도 근로 계약서는 없으며 숙식 제공을 이유로 최저 시급을 주지 않고, 진열된 물건에 하자가 생기면 진열대 관리 미숙을 핑계로 직원 월급에서 그 물건값을 빼는 경우도 있단다. 일요일은 실제 가게 문은 닫지만, 그다음 일주일 장사 준비를 위해 여러 가지 업무를 한다. 근무 시간은 7시 30분부터, 퇴근 시간은 별도 정해진 것이 없이 매장 문 닫은 뒤 마지막 정리가 끝난 후를 일컫는다. 알바비를 모아 독일 문화도 체험하고, 어학 공부도 하고 여행도 하며 경험을 쌓겠다는 워킹 홀리데이 소지자들의 핑크빛 계획은 빈 박스들과 함께 쓰레기통에 버려지는 꿈의 직장이 따로 없다.

뮌헨에서 우연히 사귄 후배는 가장 혹독한 경험을 했다. 그 친구는 서울 시내 최고의 여대를 졸업 후 프랑스에서 MBA까지 마친, 3개 국어가 통역 가능한 수준으로 유창한 똑순이었다. 약혼자가 독일인이라 프랑스를 뒤로하고 독일에서 구직 활동을 해야 했단다. 우리나라 기준으로는 훌륭한 취준생이었지만 독일에선 비자도 없고, 독일어와 근무 경력이 부족해 계속 취업에 낙방했다. 그러다 눈을 돌려 취업한 곳이 뮌헨 근처 소도시에 위치한 한인 업체였다. 이 업체 사장은 허세가 하늘을 찔러 구인 공고에 'IPTV 팬유럽 시장조사, 마케팅 전략 기획 및 실행'으로 업무를 묘사하고 지원자 자격란에 마케팅 또는 비즈니스 석사 우대라고 써 놓으며 고학력 인재만 찾아댔다. 실제로 하는 일은 물론 '알 수 없음' 혹은 잡일이었다.

기껏해야 노동 시간이나 근로 규정을 지키지 않는 다른 업체들에 비하면 이 업체가 저지르는 불법은 비즈니스 자체가 불법에 큰 규모의 탈세까지 죄질이 무거웠다. 네트워크를 훔쳐 쓰는 형태의 비즈니스가 독일에서는 2015년 이후 이미 불법으로 규정되어 영업을 동유럽 국가를 상대로 하거나 독일 내 이민자들이 운영하는 통신사를 대상으로 은밀하게 진행했다. 소득은 모두 동유럽으로 등록되고 독일 사무실은 창고로 신고가 되어 있어 독일에서는 소득세를 100% 내지 않는 엄청난 탈세를 저지르는 곳이었다. 독일에서 탈세는 처벌이 가장 엄격한 범죄 중 하나이다. 이 사장은 불법을 잘 알고 빠져나갈 구멍을 잘 마련해 놓는 엄청난 내공을 발휘했다. 본인의 재산은 동유럽 곳곳에 분산하여 박아 놓았기 때문에 독일에서 문제가 생기면 지역과 업체 이름 바꾸어 사업을 다시 재개하면 된다고 했고, 한국에도 이미 빌딩을 몇 채나 사 놓았기 때문에 유럽에서 망해도 나는 갈 데가 있다는 자신감을 직원들에게 구두로 자주 어필했다. 근로 계약서는 당연히 없고 취업 비자 발급해준다고 해 놓고 발급에 필요한 서류는 계속 주지 않는다. 직원을 채용하면 세금을 내야 하니 당연한 꼼수다. 월급은 채용 시 합의된 월급의 60%는 독일 계좌로 지급, 나머지는 3개월 치를 한꺼번에 모아 놨다가 동유럽에서 별도 계좌로 붙여 준단다. 너무나 비상식적이라 듣는 내내 헛웃음이 날 지경이었다. 직원 중에는 헝가리 같은 동유럽에서 온 직원들이 있었고 물론 직원으로 등록하지 않은 채 일을 하며 동유럽 계좌로 월급을 받았다. 그 후배는 취업 비자 지원을 받지 못한 채 불법으로 근무를 하다, 적발되어 혹시 독일에서 추방될 경우 결혼까지 망칠 수 있다는 생각에 7개월 만에 그만두었다. 상황이 이러니 그 사장이 회식이랍시고 직원들을 데려가 감자튀김을 세 개 시켜 놓고 먹는 얘기 따위는 코미디 빅리그에나 보낼 만한 에피소드에 불과한 것이다.

요즘은 신종 번역 사기도 온라인상에서 많이 일어나고 있다. 이 사기는 조그마한 용돈이라도 벌어 보고자 노력하는 가난한 유학생들을 상대로 하는 짓이라 더 괘씸하다. 방법은 매우 간단하다. 페이스북과 같은 소셜미디어에 활성화되어 있는 독일 유학생 네트워크 페이지에 번역 아르바이트 구인 공고를 올려 신청자 접수를 받는다. 이후에는 두 가지 경로가 있는데 첫 번째는 번역 능력을 검증하기 위한 테스트로 약 A4 1장 정도 분량의 테스트 번역을 요청하는데, 이를 신청자 여러 명에게 각기 다른 페이지를 테스트 번역 명분으로 요청하여 필요한 번역을 모두 완성한 뒤 실 번역 요청 없이 잠수타는 것이다. 두 번째는 실 번역을 요청하여 완성본을 받은 뒤 잠수 타는 방법이다. 대개 이런 경우 한국에서 구인 광고를 내거나 독일에서 내더라도 이메일, 카톡과 같이 대면 면접 없이 일을 처리하기 때문에 잠수를 타면 유학생들이 고소하기가 쉽지 않다. 거래 시 사용된 이메일이나 카톡 계정을 닫아버리면 특히 추적이 어렵고 작은 보수의 일회성 아르바이트라 맘먹고 고소하기도 쉽지 않다. 그래서 많은 경우 재수 없는 경험 했다 치고 넘어가는 일이 많아 사기를 범한 업체나 사람으로서는 아주 쉽게 같은 방법으로 다른 유학생들을 등쳐먹을 수 있다는 것이 분하고 안타까울 뿐이다.

남의 돈 벌어먹고 일한다는 게 쉽지 않다는 것 모르는 바 아니다. 취업의 어려움은 젊은이들도 다 경험을 통해 알고 있다. 하지만 공짜 밥 먹겠다는 것도 아니고 당신 회사를 위해 내 노동력을 제공하겠다는 그 젊은이들에게 정당한 대가를 지불하는 게 어려운 일이 되어서는 안 된다. 익숙하지도 않은 낯선 나라에서 생활하는 게 얼마나 힘들고 외로운지 본인들도 잘 알면서 자식 같은 청년들 부려먹고 배 불리는 해외의 한인 업체들은 한국에 있는 악덕 업체들보다 그래서 더 나쁘다. 동시에 먼 땅에 여러 가지 목표와 꿈을 안고 온 청년들도 본인이 불리하다는 생각에 참고 견디려고만 하지 말고 뒷사람들을 위해서라도 근로 환경이 개선될 수 있도록 목소리를 낼 수 있기를 희망한다. 노동부나 독일 세무청에 익명으로 신고하거나 잘 모르는 경우 각종 무료 노동 상담 센터 및 변호사를 통해 자문을 구할 수 있으니 꼭 용기 내어 행동을 취해 봤으면 좋겠다. 물론 가장 중요한 것은 절실하다는 핑계로 그런 곳에서 일을 지속하며 본인의 소중한 시간을 낭비하지 않는 것이다.

## 독일에도 인종차별이 심한가?

올 초 베를린에서 또 한 번 외국인이 주도한 테러가 일어나고 나니 독일 내 외국인에 대한 반감정이 다시 들끓기 시작했다. 반외국인 정서가 눈에 띄게 늘어난 것은 시리아와 동유럽 난민이 급격하게 불기 시작한 2014년부터였다. 모든 난민을 수용하겠다던 메르켈 총리의 엄청난 선포는 유럽연합 중 독일을 가장 책임감 있는 유럽의 지도자로 돋보이게 했지만 반면 독일 내 지지율이 급격히 하락하며 정치적으로 가장 큰 위기를 맞게 한 이유가 되었다. 그러다 뮌헨 및 쾰른에서 발생한 외국인 주도 범죄가 여러 차례 발생하며 중도 성향의 독일 사람들이 점차 우파 성향으로 옮겨가는 경향이 뚜렷해졌다. 그래서인지 최근에야 지난 4년간 독일에서 한 번도 경험하지 못한 외국인을 향한 직접적 비난과 조롱을 지하철역에서 목격할 수 있었다. 특히 보수 성향이 강하긴 했어도 교양을 중요하게 생각하는 뮌헨에서 주민들이 단체로 '난민촌 설립 반대' 같은 운동을 대놓고 하는 것은 놀랄 만한 변화이다.

그런데도 나는 여태껏 다른 나라에 비하면 독일 내 인종차별이 심하지 않은 편이라고 주장해왔다. 독일보다 훨씬 다양한 민족이 함께 사는 미국에서 "너희 나라로 돌아가."를 일주일에 한 번씩 들어왔기 때문인지, 아니면 스페인에 사는 동안 "너 입양된 중국인이니?"를 1년 내내 들어 면역이 생겨 '독일은 아직 괜찮은 수준이야'라고 생각하는 것인지 모른다. 독일에서 아시아 사람이 겪는 인종차별이라면 기껏해야 젊은 양아치나 취객들이 니하오, 칭챙총 링랭롱과 같이 되지도 않는 중국어 드립으로 모든 아시아 사람을 중국인으로 싸잡아 놀려대는 것 정도, 또는 스타벅스에서 이름 대신 찢어진 눈을 컵에 그려 놓고 이것이 놀림인지 아닌지 헷갈리게 하는 정도랄까? (이것마저도 사실 스타벅스에서 일괄적으로 이름 대신 영수증 번호를 부르도록 바로 조치를 취하는 바람에 최근에는 볼 수 없는 일이 되었지만) 독일어를 잘 못 해서 무시를 당하는 일도 있지만, 일반적으로 다른 곳에서도 흔히 겪을 수 있는 놀림이나 불친절한 정도일 뿐, 심각한 인종차별로 느낄 만한 경험담은 나에게도 또 지인들에게도 없었다.

독일 사람들이 반감을 많이 표시하는 대상은 무슬림 이민자나 동유럽 난민이다. 독일 내 제1 이민자가 터키 사람들이고 그중 대부분이 여전히 이슬람교를 믿고 있으니 모르긴 몰라도 아시아 사람보다 터키 사람들이 피부로 느끼는 차별이 더 크리라 예상할 수 있다. 독일 내 터키 이민자에 대한 다큐멘터리도 무척 많은데, 그중 대다수가 그 이민자들이 독일에 넘어온 이후에도 독일 문화나 사회에 완벽히 흡수되려 하지 않고 본인들의 커뮤니티를 만들어 확장하며 살아가는 것에 대한 부정적 뉘앙스가 강하다. 특히 베를린같이 터키 이민자 수가 가장 많은 지역에서 사용되는 터키식 독일어가 독일어의 품격을 떨어뜨린다며 희화하는 이야기도 미디어에서 종종 볼 수 있다. 예컨대 터키 사람들이 '나 너희 집 어디 있는지 안다'라고 표현하지 않고 '나 너희 집이 어디 사는지 안다.'라고 표현한다는 것이다.

동유럽 난민에 대한 공포와 혐오는 조금 다른 형태를 지닌다. 이는 특히 난민 수가 가장 많이 유입된 바이에른주에서 나타난다. 혐오를 옹호할 수는 없지만 이해할 수는 있다. 메르켈 총리가 난민을 수용하겠다고 용감히 발표할 때만 해도 누구도 이렇게 많은 수가 유입될 거라고는 예상하지 못했을 것이다. 2015년 가을부터 뮌헨 중앙역으로 쏟아져 나오는 난민 수는 내가 보기에도 입이 벌어질 정도로 어마어마했는데 통계에 따르면 당시 하루 1만 명이 들어왔다고 한다. 그 난민들을 수용할 시설이나 체계가 제대로 구축되지 않은 상태라 당연히 이것저것 문제가 터지기 시작했다. 많은 수의 경찰 인력이 중앙역 및 역사 근처에 24시간 배치되었고 추가 공무원들은 그 난민들을 수용 시설에 인도, 배치하기 위해 정신이 없었으며 그 외에 난민들의 신원을 확인하고 거주 허가증을 발급할 수 있도록 외국인 관청의 업무가 포화 상태에 이른 것은 애교에 불과했다. 그러던 중 뮌헨 북쪽에 위치한 지역에서 난민 2명이 캠프에서 나와 독일 여성을 성폭행 한 일, 2016년 2월 쾰른에서 68명의 난민이 독일 여성을 상대로 집단 성폭행을 한 일 등의 혐오 범죄가 생겨나며 난민에 대한 반감이 엄청나게 증가할 수밖에 없었다. 일반적으로 독일 사람이 저지르는 범죄가 난민이 저지르는 범죄에 비교할 수 없을 정도로 많지만 외국인이 내 땅, 내 국가에 와서 저지르는 범죄에 훨씬 적대심이 생기는 것은 어쩔 수 없는 일이다. 특히 이는 난민이 저지르는 범죄는 처벌이 까다롭고 어려우며 행여나 법을 억지로 적용해 구치소에 간다고 한들 그들이 구치소에서 먹고 자는 데 내 세금을 납부하고 싶지 않다고 소리치는 시민들의 불만도 이해가 안 되는 것은 아니다. 그렇다 보니 뉘른베르크 같은 보수 지역에서는 지금도 여전히 길거리에 '앙겔라 메르켈 추방', '난민 추방'을 주장하는 문구와 그라피티를 볼 수 있다. 2017년에 열린 총선에서 극우파 정당이 역사상 처음으로 제3당이 되었다는 것은 독일 내 관용(톨레랑스)도 한계에 다다르고 있다는 느낌을 준다.

우리나라도 마찬가지지만 인종차별을 대놓고 하는 사람 중에는 사회에 불만이 많은 약자인 경우가 많다. 저소득 또는 저교육 계층을 말한다. 평균 이상 소득이 있는 직장인, 대학생, 부잣집 사람들이 대놓고 인종차별을 표현하는 일은 드물다. 독일인들은 교양 없는 것을 무척이나 싫어하기 때문이다. 속으로 멸시하고 우파 성향 당을 지지하는 일은 많지만 말이다. 직접적이지는 않지만 '이게 인종 차별인가?' 하고 곱씹어 생각하게 만드는 매우 미묘한 일들은 일상에서 종종 일어난다. 특히 이런 것들은 왠지 내 부족한 독일어 때문에 묻고 따지기도, 또 괜히 내가 오해한 것이 아닐까 의심이 들기도 해서 기분을 나쁘게 한다.

프랑크푸르트 마인강 축제를 돌아다닐 때였다. 어떤 중년의 남자 두 명이 다섯 발치 근처에서 얼굴에 구멍이 날 정도로 나를 뚫어지게 쳐다보길래 남자 친구한테 "저 사람들 나 쳐다보는 거 맞지?"하고 물었더니 본인이 가서 물어보겠단다. 남자 친구가 근처로 가니 그 남자 중 한 명이 다짜고짜 "네 여자 친구 아시아 사람이야?"를 묻는다. 그렇다고 하니 "오 내 여자 친구도 캄보디아 사람인데, 네 여자 친구랑 내 여자 친구랑 친하게 지내도록 소개해 주면 좋겠다."고 했다. 너무나 어이없는 전개에 웃음이 터지려다가도 기분이 묘하게 나빠 "너랑 네 친구에게 소개해 줄 아시아 사람은 여기 없으니 태국을 가든지 카탈로그에서 찾던지 너 알아서 해라."라고 뱉어버리곤 남자 친구를 끌고 돌아섰다. 돌아서고 나니 대체 '내가 이걸 왜 기분이 나빠야 하지, 오버하는 건가?', '이게 인종차별인가?', '내가 내심 동남아시아와 중국을 무시해서 기분이 지레 나쁜 건가, 그럼 결국 내가 나쁜 사람인 건가? 내가 인종차별주의자인가?' 하는 온갖 생각이 다 드는 것이었다.

또 한 번의 에피소드는 뮌헨에서 집을 구하던 중 일어난 일이었다. 집을 보러 오라고 초대를 받아 간 집에서 나를 보더니 집주인이 당황한 내색을 했다. 그러더니 하는 말은 내가 한국 사람인지 몰랐단다. 내가 아시아 사람인 줄 알았으면 초대하지 않았을 텐데 불러놓고 거절해서 미안하지만 아시아 사람은 세입자로 들이지 않는단다. 왜냐고 묻는 내 질문에 그 아줌마는 아시아 사람들은 바닥에 침 뱉고, 화장실도 더럽게 쓰고, 물도 전기도 많이 쓰고 실내에서 담배 피우고 냄새 나는 등 주변에서 안 좋은 소리를 워낙 많이 들어서 그렇단다. "아 그래, 그런 소문이라면 겁이 날 만도 하겠다." 하며 알았다고 쿨하게 돌아섰지만, 왠지 그 사람이 묘사한 최악의 사람들과 동급 취급을 당한 것 같아 언짢은 감정을 버릴 수가 없었다. 솔직히 말하면 나 역시 미국에 있을 때 함께 살던 중국인 룸메이트가 너무나 공동 공간을 더럽게 쓰는 것을 경험하고 다시는 중국인과 함께 살지 않겠다고 모든 중국인을 일반화하며 싫어했던 적이 있는지라 그 집주인 심정을 이해는 했다. 그래도 보통 이런 경우 다른 이유를 둘러대며 거절 의사를 밝히는데 이렇게 면전에 대고 아시아인이라 싫다니 놀라웠다.

요즘은 누가 내게 "독일에서 아시아인에 대한 인종 차별이 심한가요?"라 물으면 "다른 국가보다 특별히 더 심하지는 않지만 기분 나쁘고 속상한 일은 종종 있을 수 있다." 정도로만 답변하곤 한다.

어디선가 인종차별이란 것은 성추행이나 성희롱처럼 피해자 당사자만이 그 정도의 심각성을 알 수 있다고 한 문구를 읽었던 것이 기억에 남기 때문이다. '피해자가 인종차별이라고 느꼈다면 그런 거고 아니면 아니다. 제삼자가 "뭐 그 정도로 인종차별이냐"라고 피해자를 나무라는 건 또 다른 2차 폭력과 같을 수 있다'라고 한 것도 조금은 공감이 되었다. 사람마다 같은 상황에서 느끼는 감정이 다르니 인종차별이 심하다 심하지 않다 말하는 것도 지극히 그 사람의 주관에 달려있을 수밖에 없지 않은가. 어떤 독일인들이 날 보고 니하오를 외치며 웃어대면 '무식한 새끼들…. 독일 밖 세상은 알지도 못하는 불쌍한 놈들.'이라며 지나가고 돌아서면 잊히는 일에 불과하다면, 또 다른 친구들에게 이런 조롱은 몇 날 며칠 이가 갈릴 정도로 자존심 상하고 기분 나쁜 일이 되기도 하니 말이다. 그럼에도 독일에 오는 사람들이 지레 인종차별에 대해 앞서 걱정하거나 겁먹지는 않았으면 좋겠다. 외국인으로서 겪어야 하는 기분 나쁜 일이 있을지언정 사람 사는 곳은 한국이나 독일이나 다 마찬가지, 더러운 똥 같은 사람도 있고 가슴 따뜻하게 친절한 사람도 있으니 그저 우리는 두터운 자존감과 그들을 불쌍히 여기는 튼튼한 정신으로 무장하여 극복해 낼 수밖에 없다.

## 취업 전쟁 같은 방 구하기

독일이 다른 나라보다 방 구하기가 어려운 것처럼 느껴지는 데는 여러 이유가 있다. 그중 가장 큰 요인으로는 우리에게 정서적으로 친숙한 나라가 아니기 때문에 처음 독일에 도착했을 때 마주하는 심리적 부담, 불안감이 들기 때문이 아닐까 생각한다. 최근까지는 독일이 그리 한국인에게 인기 있던 국가가 아니었으므로 독일에 대한 정보도 많지 않다는 것이 늘 내가 결정하는 사안들에 대해 불안감을 일으켰다. 이게 맞는 걸까? 어떻게 처리해야 하는 거지? 아무리 검색을 해도 답이 나오지 않으면 모든 것을 온전히 스스로 또는 타인에게 의지해야 했다. 심리적 거리감에 이어 까다로운 집 구하는 경로, 임차 계약서, 집주인 또는 룸메이트와의 소통 문제, 거주지 등록의 까다로움, 집세와 집 상태, 전기 및 인터넷 계약, 전기와 난방비에 대한 두려움 등…. 자질구레한 문제들이 많다. 독일에 오기 전까지 한 번도 독립해 살아 본 적이 없는 사람에게는 이런 자질구레한 일들이 거대한 스트레스 장벽으로 다가올 것이다.

작은 도시의 경우는 작은 평수의 스튜디오 아파트나 셰어하우스가 많지 않아서, 반대로 대도시는 수요보다 공급이 너무 적거나 가격 차이가 크다는 점이 어려움을 가중시킨다. 뮌헨이나 프랑크푸르트 같은 대도시는 매년 월세가 올라 최근에는 방 하나를 월 600유로(약 80~90만 원)를 주고 구하는 것도 어려운 일이 되었다고 하니 독일도 돈 없으면 살기가 녹록지 못하다는 것이 피부로 느껴진다. 베를린은 월세가 낮은 편이지만 공급이 현저히 적어 집 구하기 가장 어려운 곳으로 악명이 높다. 마음에 들고 안 들고를 떠나 우선 동사무소에 신고할 수 있는 주거지를 구하는 것이 일차적 목표가 될 수밖에 없다.

2013년 처음 독일에 떨어진 뒤 무려 6번이나 이사를 했다. 집 구하는 데 2개월 이상 소요된 적도 없었고 사기를 당한 적도 없으니 집을 못 구해 에어비앤비나 하숙을 전전하는 사람들에 비하면 크게 불평할 일은 없다. 그러나 표면적으로 그렇게 보일 뿐이다. 집을 구하는 것에서부터 살면서 마주하는 갖가지 어려움에 스트레스를 받아 몸과 마음이 성치 않았던 날도 많았다. 너무나 다행히 문제가 있을 때마다 도움을 요청할 수 있는 친구들과 동료들, 남자 친구가 있었다. 그들이 없었다면 진작에 얼마나 혼자 낑낑대고 눈물을 쏟았을지 상상만으로도 등골이 오싹하다. 그러고 보면 나는 말로만 독립적 여성이라 소리치는 나약한 존재에 불과한가 보다.

프랑크푸르트에서 1개월 조금 넘게 거주한 첫 집은 한국에서 에어비앤비를 통해 미리 구하고 온 단기 숙소였다. 프랑크푸르트는커녕 독일 자체를 잘 몰랐으니 그 집이 어떤 동네에 있는지 사전 조사를 잘 했을 리 만무하다. 그 동네는 주변에 아무것도 없는 암흑에 한참을 걸어가면 무섭게 생긴 외국인이 가득 몰려 있는 버거킹 레스토랑이 하나 덜렁 있는 거지같은 집이었다. 집에 들어가자마자 풍기는 담배 냄새에 먼지, 자면서도 찝찝한 매트리스까지 모든 것이 세트로 날 공격하는 통에 독일에 대한 첫 이미지를 완전히 망쳐버리는 주범이기도 했다. 다행히 집주인은 친절했고 적극적으로 문제 해결에 도움을 주었다. 2개월을 예약했지만 도저히 더 견딜 수 없다는 생각에 남은 몇 주를 취소하고 일찍 이사를 나가도 괜찮은지 양해를 구했을 때도 별

문제 삼지 않고 일 처리를 해준 것이 무척 고마웠다. 그 짧은 기간에 다른 집을 구하기 위해 분주히 발품 팔았다. 셰어하우스를 찾는 대표적 웹사이트들을 뒤져 방 광고를 보고 하루에 평균 20통의 이메일을 보냈다. 그렇게 1개월을 보낸 뒤 집을 보러 오라고 초대를 받은 것은 딱 두 번. 다행히 그 중 한 집에서 오케이를 받아 이사했다. 또다시 2개월이 채 되지 않아 뮌헨으로 이사해야 했기에 이래저래 집주인과 룸메이트들 모두에게 귀찮은 존재로 민폐만 끼치고 나왔지만 그 때 만난 집주인도 무척 좋은 분이라 계약서상 명시된 최소 거주기간 조항을 문제 삼지 않고 내가 편안히 이사 나갈 수 있도록 도와주었다. 거주기간을 지키지 않았으니 보증금 못 주겠다 해도 그만인 상황에 그런 집주인을 만난 것은 아직 독일에 실망하기는 이르니 조금 더 살아보라는 희망의 메시지같이 느껴지기까지 했다.

뮌헨은 프랑크푸르트보다 더욱 절망적이었다. 월세의 평균가가 프랑크푸르트의 2배에 가까웠고 사람들도 훨씬 더 보수적이었기 때문이다. 내 경제사정은 프랑크푸르트에 비해 크게 나아진 것이 없었지만 월세만 더 내려니 부담이 많이 되었다. 프랑크푸르트에서 집을 보러 뮌헨에 자주 가는 것이 불가능했기에 다시 불가피하게 3개월짜리 단기 월세를 에어비앤비를 통해 구했다. 그 3개월 동안 내 뮌헨 생활의 나머지를 함께 한 셰어하우스를 구할 수 있었다. 이 3개월 동안 풀타임으로 일을 하며 집을 구하는 것은 쉽지 않았다. 이메일과 전화를 하루에도 몇 번씩 시도했지만, 집 보러 오라는 초대가 하나도 없는 마당에 3개월 이후 연장도 불가하다는 집주인 말은 공포였다. 내 집이 없다는 게 이런 느낌이구나…. 서러웠다. 한국에 있는 내 방, 따뜻하고 아늑한 내가 좋아하는 장식품과 사진이 가득 있는 집이 가장 그리워지는 순간이었다. 이렇게 가장 약한 순간에 사람들은 사기에 당하기 쉽다. 이 사기는 날이 갈수록 진화해서 '설마 누가 그런 멍청한 사기에 당하겠어?' 하고 의심하지만 참 많이도 당한다. 대개 이런 사기는 과정이야 각기 다르다고 쳐도 마지막에 꼭 "내가 외국에 있어 직접 만날 수 없으니 집세를 미리 보내면 열쇠와 집 계약서를 우편으로 보내주겠다"고 한다. 독일에서 직접 누군가를 만나지 않고 계약을 하는 건 200% 사기라고 봐도 무방하다. 하다가 안 되면 막판에 결국 또 다른 에어비앤비를 구할 수밖에 없겠구나 하며 마음을 비웠을 때 세 군데서 인터뷰 초대를 받았고 그중 한 곳에서 살 수 있게 되었다.

독일인들이 얼마나 계약을 중시하는지는 두 번 말하면 입 아픈 이야기이다. 집 구하기도 마찬가지다. 임차/임대 계약서에 명시된 내용을 홈페이지 회원 가입하듯 읽지도 않고 사인을 하면 큰코다치기 일쑤다. 집을 구하는 것만큼이나 나갈 때도 조심해야 할 것이 많기 때문이다. 계약서에는 대개 집으로 이사할 때 지켜야 할 내용, 월세, 보증금과 기타 수반 금액, 사는 동안에 지켜야 하는 규칙, 집을 나갈 때 확인하는 것과 의무 사항이 카테고리별로 매우 상세하게 명시되어 있다. 이사를 나갈 때 페인트칠을 새로 해야 하는지 아닌지, 월세는 가스와 난방이 포함된 건지 아닌지가 이에 다 포함된다. 명시되어 있지 않다면 꼭 요구해야 다음에 꼬투리 잡힐 일이 없다. 처음 이사할 때도 집의 상태가 어떤지 꼼꼼히 확인하고 사진을 찍어 증거를 남겨야 이사

나갈 때 보증금을 받지 못하거나 까이는 사태를 방지 할 수 있다. 또한 예상할 수 없는 실수나 사고로 집에 흠이 생길 때를 고려하여 보험을 들어 놓는 것도 중요하다. 보험은 1년에 50유로도 안 될 정도로 매우 저렴하지만 화장실 타일이 깨지거나 욕조에 금이 가는 등 작은 흠집도 수리하려고 치면 500유로를 쉽게 넘나들기에 대부분의 독일인은 모두 하나쯤 가입한다.

임대 계약 시 집주인이 가장 자주 요구하는 것은 내 신분과 재정상태를 증명할 수 있는 공식 문서들이다. 이런 절차와 문서를 잘 준비하지 못하거나 통상적인 계약 내용을 잘 지키지 않고 본국으로 출국해 버릴 위험이 있거나 집에 문제가 생겼을 때 현지인처럼 문제 해결이 어려운 외국인을 꺼리는 건 어찌 보면 너무 당연하다. 독일인들에 따르면 미국이나 다른 유럽 국가보다 문서나 계약을 보다 까다롭게 처리하는 이유 중 하나가 독일 법이 임대인보다 임차인에게 더 유리하기 때문이란다. 불법의 행위가 있지 않은 이상 임대인이 임차인을 집에서 일방적으로 내쫓을 수가 없으니 집주인도 모르는 사람을 집에 들일 때는 위험 부담이 충분히 있는 것이다.

계약은 어쨌든 마지막 관문이다. 계약까지 어떻게 가느냐가 관건이다. 셰어하우스라면 함께 사는 룸메이트들의 마음에 들어야 집주인이라는 최종 관문까지 갈 수 있다. 따라서 룸메이트들과의 인터뷰가 가장 중요한 변수가 된다. 그래서인지 독일에서 셰어하우스를 구하는 과정은 마치 〈이력서 제출〉 → 〈1차 실무 면접〉 → 〈2차 임원 면접〉 → 〈계약〉을 거치는 취업의 과정과 똑 닮았다는 생각이 든다. 인터뷰의 중점은 얼마나 룸메이트들이 원하는 요구 조건을 내가 잘 만족시킬 수 있는지 그리고 그들과 얼마나 조화롭게 잘 지낼 수 있는지를 증명하는 것이다. 독일의 방 광고에서는 자주 '우리는 20대 후반의 활발하고 개방적인 여자 직장인이며 우리가 찾는 룸메이트도 직장인에 우리와 함께 종종 시간을 보내고 어울릴 수 있는 여자이기를 원합니다. 우리는 Purpose WG(개인적 교류는 전혀 없이 월세 분담만을 목적으로 셰어하우스를 이용하는 것)은 원하지 않습니다.'라는 문구를 볼 수 있다. 즉, 독일에서 셰어하우스는 집만 공유하는 것이 아니라 삶을 공유하는 것과 같다. 그래서 광고 자체에도 집에서 사는 룸메이트들의 나이, 직업, 생활 방식, 성격, 취미, 하는 일 등이 자세히 묘사되어 있고 입주를 원하는 후보자들도 지원 시 그만큼 자세한 정보를 공유하기를 기대한다. 월세 납부 능력이야 근로계약서 따위로 간단히 증명하기 때문에 1차 인터뷰는 개인적, 사회적 성향에 초점이 맞추어져 있다. 따라서 처음 연락할 때 본인을 증명할 수 있는 소셜 네트워크(페이스북이나 링크드인) 계정도 함께 주면 도움이 된다.

내가 살았던 다른 나라의 경우 하우스메이트를 구할 때 친구가 될 수 있는 사람을 주요 조건으로 생각하는 경우는 많지 않았다. 이 사람이 정해진 날짜까지 렌트비를 꼬박꼬박 잘 낼 수 있는가가 가장 중요한 조건이었다. 친구가 된다면 플러스 요인이 될 수도 있지만 필요한 것은 아니란 얘기다. 사실 함께 집에 살면서 서로에 대한 불만이 쌓이거나 집에 문제가 생겼을 때 친구 같은 룸메이트와 터놓고 얘기하기가 더 어려울 수 있다. 친구 사이에 금이 가는 것을 불편해하기 때문이다. 더불어 셰어하우스는 몇 년이고 계속 사는 공간이 아니라 대부분의 사람이 애인이 생기거나 경제적 상황이 나아지면 혼자 살 집을 찾아 나가 버리니 거쳐 가는 임시 주거지라는 인식이 강해 굳이 룸메이트와의 관계 형성과 유지에 에너지를 쏟을 필요가 없다는 합리적 이유도 있다. 도시 규모가 훨씬 큰 미국이나 한국은 모두가 자신의 삶으로 충분히 바쁘기 때문에 집에 가서는 혼자만의 시간을 누리고 싶어 하는 사람이 많아 더 그런지도 모른다. 룸메이트와 친해지면 좋고 아니면 말고란 식이다. 다른 어떤 나라보다 독일 사람들이 룸메이트와의 조화를 중요시하는 이유는 아마 집에서 보내는 시간이 너무 많고, 집에 대해 더 많은 의미를 부여하기 때문이 아닐까 싶다.

뮌헨에서 기막힌 인터뷰를 한 적이 있다. 총 8명이 사는 매우 큰 평수의 아파트였는데 초대한 날짜에 인터뷰를 갔더니 마치 비벌리힐스 하우스파티처럼 매우 많은 사람이 샴페인 잔을 들고 돌아다니며 있는 것이었다. 집을 잘못 찾아왔나 두리번거리는 순간 날 초대한 사람이 와서 본인 소개를 하고 집 안으로 인도했다. 그리고는 내게 설명했다. 그들은 총 8명이고 현재 9번째 룸메이트를 찾고 있으며 가장 중요하게 생각하는 것이 룸메이트의 사회성이라고 했다. 그리고는 8명이 모두 집에 있는 시간을 여러 차례 찾기 어려워 후보자 20명을 한꺼번에 초대하기로 했으며 그 20명이 자유롭게 집을 구경하고 음료를 마시는 동안 다른 사람들과 어떻게 소통하고 섞이는지 확인함으로써 최종 룸메이트를 결정하겠단 얘기를 덧붙였다. 순간 황당하기도 하고 이게 무슨 상황극도 아닌 것이 대기업에서 실시하는 단체 합숙 면접도 아닌데 방

하나 구하려고 별지랄 다 해야 한다는 생각에 짜증이 났다. 그 8명이 식탁에 둘러앉아 20명의 후보자가 어색하게 이야기하는 모습을 지켜보며 점수를 매기고 있는 걸 보자니 우습다는 생각이 들었지만 지기 싫어하는 성격상 어쨌든 경쟁자들과 되지도 않는 얘길 나누다가 나왔다. 더 웃긴 것은 그로부터 1주일 뒤 그 8명의 대표자로부터 "우리는 너를 정말 좋아했지만 안타깝게 스페인 남자애가 평가에서 1등을 차지해 그 아이를 룸메이트로 결정했다. 너도 좋은 집을 구하길 바란다."라는 이메일을 받은 것이다. 이걸 친절하다고 해야 할지 꼴값이라 해야 할지 구분이 안 될 판이었다. 이 집에서 떨어진 덕에 더 좋은 조건의 집, 지금까지 가장 친하게 지내는 독일 여자 친구를 만난 셰어하우스를 구할 수 있었으니 지금 생각하면 참 다행이다.

### 시멘트만 남긴 채 이사 가는 독한 독일인

에센에 와서 난생처음 룸메이트나 하우스메이트나 가족 없이 완벽히 혼자 살게 되었다. 처음 에센에서 거쳐 간 집은 감옥과 병원, 고시원을 합쳐놓은 듯한 기괴한 구조의 기숙사형 원룸이었다. 그곳에서 악몽 같은 6개월을 보낸 뒤 드디어 집다운 집으로 이사를 했고 그 결과 에센 생활의 만족도는 만 배 증가했다. 상황에 따라 사람 성격이 변한다더니 아마 그 상황에 집이 차지하는 비율이 모르면 몰라도 반 이상은 되지 않나 싶다. 기숙사형 원룸에서 하루걸러 하루 우울증에 빠져 허우적댔고, 그 우울감에 면역력도 바닥을 치며 온몸에 두드러기가 생겼었다. 벽 사이 방음은커녕 텅 빈 복도에서 작은 소리마저 울려 모든 소리가 다 들리는 탓에 옆집에 사는 아저씨의 일상을 24시간 라이브로 공유 당해야 했고 현관문을 나서면 이상한 눈으로 나를 쳐다보는 외국인 이민자들이 우르르 몰려 있었다. 그러니 날이 어두워지면 집에 들어가서 꼼짝없이 처박혀 있어야 했다. 그곳에 사는 동안 내 성격과 표정도 독일 겨울날처럼 한껏 어두워지는 것 같았고 그렇게 굳어 버릴까 늘 걱정했다. 내 본연의 씩씩함과 긍정 따위는 집 시멘트벽에 다 묻어둔 것처럼 밖으로 나올 생각을 안 했다. 여담이지만 확실히 나이가 들면 겁이 많아지나 보다. 예전 같았으면 누가 날 쳐다보는지도 무감각해서 모른 채 밤 12시고 새벽 2시고 발랄하게 돌아다녔을 텐데, 서른이 넘고 나니 왠지 작은 것에도 움찔하고 겁이 난다. 사람에 대한 신뢰보다 공포가 더 늘었다. 아무것도 모른 채 이사했던 그 동네는 에센에서 범죄율과 이민자 및 난민 밀집률이 가장 높기로 소문난 알텐도르프라는 것을 최근에서야 알게 되었다.

에센은 다른 대도시보다 집값이 저렴한 편이어서 이사할 집을 구하기 수월할 거라 예상했는데 착각이었다. 치안과 주거 환경을 고려할 때 살만한 동네는 남쪽의 작은 동네로 한정되어 있었고, 작은 평수의 아파트가 많지 않은 것이 문제였다. 혼자 사는 주제에 30평대 이상 아파트에서 사치 놀이를 할 수는 없었기 때문에 셰어하우스를 다시 구할 작정이었지만 내 나이가 걸림돌이 되었다. 대개 셰어하우스를 이용하는 연령층은 학생 또는 20대 직장인이고 서른이 넘으면 자취를 한다. 어느덧 서른을 훌쩍 넘긴 탓에 내가 인터뷰에 초청될 확률은 전보다도 훨씬 적어졌다. 이래저래 샌드위치 신세다. 함께 살 연인도 근처에 없으니 버겁더라도 혼자 살아야지 별수 있겠나. 그래서 마지막 방편으로 부동산 업자를 통해 집을 알아보기 시작했다. 엄살 조금 보태어 불행 중 다행이라면 이직한 회사가 인지도가 높아 부동산 업자나 집주인이 내게 갖는 선호도와 신뢰도가 매우 높아졌다는 것이었다. '듣보잡의 한국 여자애라도 저 회사에 근무할 정도면 월세 밀릴 일은 없겠구먼.' 하고 생각했을 것이다. 그 과정에서 전에는 고려하지 못했던 장벽들을 마주하게 되었다.

독일인들은 부엌까지 모두 가져간다. 가장 불만을 품고 있던 부분이다. 도대체 누가 이사할 때 부엌까지 몽땅 떼어간단 말인가? 효율을 강조하는 독일인이 이렇게 비효율적으로 이사를 한다니 알다가도 모를 노릇이었다. 그러나 집에서 요리하고, 손님 초대하여 함께 식사하는 것을 무척 좋아하는 독일인들에게 부엌이 얼마나 큰 의미를 지니는지 이해가 간다. 우리나라를 포함한 대부분의 다른 나라들은 보통 아파트를 지을 때 부엌을 포함한 필수 가구들이 몇 가지 디폴트(기본)로 제공된다. 따라서 이사 갈 때 그런 것들을 두고 간다. 이사 오는 사람이 굳이 새로운 부엌, 싱크대를 갖고 싶다면 변경할 수 있지만 그렇지 않으면 그냥 제공된 것을 쓰면 된다. 독일은 부엌 전체를 다 뜯어 간다. 부엌 싱크대 벽에 붙인 타일까지 몽땅 말이다. 뒤에 들어오는 세입자와 거래를 하여 팔아넘기지 않는 이상 집을 아무것도 없는 상태로 비워주는 것이 원칙이다. 그래서 부동산 웹사이트에 집 내부 사진을 볼 때 회색 벽에 아무것도 없이 텅 빈 부엌, 심지어 벽지와 타일이 구질구질 떼어지고 전선만 시멘트 한가운데 덜렁 덜렁대는 것을 흔하게 볼 수 있다. 셰어하우스의 경우 이런 것들이 집주인에 의해 보존, 관리되고 임차인만 바뀌는 것이니 무척 편한 것이었다.

바닥재(타일 또는 장판)도 떼어 간다. 부엌을 떼어 가는 것과 일맥상통한다. 집을 텅 비운 채로 인수인계받는 것이 원칙이기 때문이다. 그렇지만 굳이 바닥 장판이나 타일까지 떼어갈 필요가 있나 혀를 찰 수밖에 없었다. 어차피 떼어가 보았자 이사 가는 집에 사이즈가 안 맞아 쓰기 어려우므로 버려야 할 텐데, 게다가 그 큰 것들을 버리는 것도 귀찮을 텐데 말이다. 이 역시 이후에 들어오는 세입자와 거래를 하여 돈을 받고 그대로 두고 갈 수는 있다. 하지만 공짜로 장판과 타일을 주고 가는 사람은 많지 않다. 바닥재 작업을 위해 인부를 부르면 우리나라에서 상상할 수 없는 금액을 부르므로 결국 내가 이사 간 집의 바닥은 온전히 남자 친구의 일이 되었다. 도와준답시고 서성대던 나는 톱질 하나, 칼질 하나 제대로 하지 못해 스스로의 쓸모없음에 한탄하며 그를 지켜볼 수밖에 없었다. 그나마 거실과 복도에 설치된 강화마루 장판이 이미 세상을 떠난 오래전 세입자의 것이라 거래가 필요 없이 물려받을 수 있어 다행이었다. 그마저도 내가 설치했으면 그동안 독일에서 모아 놓은 몇 푼 안 되는 저축을 다 남의 집 바닥에 쏟아부어야 했을 테니 말이다. 부엌도 집주인 할머니로부터 공짜로 물려받아 쓰고 있다. 집주인 할머니는 얼마 전 돌아가셨는데, 왠지 부엌을 볼 때마다 가슴 저릿한 감사함이 든다.

페인트칠은 나가는 사람이 한다. 보통 임대 계약서에 페인트에 관한 부분이 명시되어 있다. 특별히 명시되어 있는 경우에도 이사 나가는 사람이 모든 벽을 흰색으로 칠해 놓는 것이 암묵적 상식으로 간주된다. 거주 기간이 2년, 3년 등 페인트칠을 해야 하는 기간이 지정되어 있을 때도 있다. 페인트칠 전에 벽에 낸 구멍이나, 못질 한 흔적이나 흠집은 당연히 메워야 한다. 페인트칠이 워낙 귀찮은 일이다 보니 집을 비워주는 전 세입자가 새로운 세입자에게 양해를 구하거나 거래를 함으로써 페인트칠 의무를 넘겨주기도 한다. 현재 사는 집의 전 세입자도 내게 거래를 제안했다. 본인이 이사 나갈 때 페인트칠을 하지 않고 넘겨주는 대신 본인의 가구 몇 개를 공짜로 주겠다는 것이었다. 대신 집주인에게 페인트칠을 내가 양도받았다는 사인만 해주면 된단다. 그래서 어떤 가구를 주려나 하고 미팅을 갔더니, 세상에 완전 도둑놈 심보였다. 고작 준다는 것들은 조명등, 커튼, 쿠션 몇 개 같은 가구가 아닌 액세서리에 불과했기 때문이다. 페인트칠이 얼마나 힘든지 몰랐으면 조명등에 혹했을지 모르지만 안타깝게도 나는 고작 1년 전 지옥의 페인트칠을 경험했다. 뮌헨에서 내 방을 분홍색으로 페인트칠할 때였다. 허파에 무슨 바람이 불었는지 어느 날 잠에서 깼는데 흰색 방이 싫증이 나는 것이었다. '페인트칠이 힘들어 봤자'라는 마음에 시작한 일인데 2시간 만에 '이 페인트칠 내가 평생 또 하면 사람이 아니다.'라는 마음이 들 정도로 녹초가 되었다. 코너 및 모서리 테이핑 처리와 바닥 비닐 깔기부터 혼자 하기엔 너무 벅찼다. 그렇다고 독일에서 페인트칠할 인부를 부르자니 그것도 시간당 100유로는 쉽게 깨질 노릇이다. 따라서 페인트칠에 자신 있는 사람이 아닌 다음에야 페인트칠 거래는 하지 않는 것이 좋다.

전기는 스스로 계약한다. 한국은 전력이 여전히 공영화된 서비스이고 주거 형태와 관계없이 대개 중앙 전력 시스템으로 운영되므로 이사 후 매달 청구되는 전기세만 잘 납부하면 된다. 반대로 독일은 전기 공급이 모두 민영화되어, 세입자가 이사 후 본인이 원하는 전력 공급 회사를 직접 선택 후 계약을 한다. 최소 2년 계약이 일반적이지만 최근에는 전력 회사끼리 경쟁이 높아져 3개월 단위로 전기 공급 계약을 해지할 수 있는 계약 옵션도 제공한다. 따라서 이사 나갈 때 계약 조항에 따라 반드시 최소 명시된 기간 전에 계약 해지를 확실히 처리해야 한다. 독일 아파트나 빌라는 전기 박스가 대개 건물 지하에 설치되어 있으며 그 전기 박스의 일련번호만 알면 전화나 인터넷상으로 쉽게 전기 신청을 할 수 있다.

부동산 중개비는 집주인이 낸다. 사실 2015년, 법이 바뀌기 전까지는 집주인이 중개비를 세입자에게 부담시킬 수 있었다. 법 개정 이후 중개 수수료는 부동산 서비스를 신청한 집주인이 부담하도록 바뀌었다. 집주인이 인터넷 부동산 사이트나 광고, 지인 찬스로 직접 세입자를 구하는 경우는 중개 수수료가 없단 이야기다. 세입자를 구해 집을 보여주고 계약 및 집 인수인계하는 일련의 과정이 꽤나 귀찮은 일이라 간단히 부동산 서비스를 이용하는 독일인이 늘고 있다. 세입자가 직접 중개비를 부담하지 않는 대신 집주인이 그 비용만큼 월세를 상향 조정하는 일도 있지만 다행히 법에 따라 집주인이 올릴 수 있는 월세의 최대한도가 제한되어 있다. 예컨대 대도시에서 집주인이 매년 올릴 수 있는 월세는 해당 도시 평균 월세 10% 이상을 넘길 수 없다.

4개월 가까이 계속 집 구하기에 실패하다 운 좋게 회사 동료가 아는 부동산 업자를 통해 원하던 동네에 집을 구할 수 있었다. 처음으로 방과 거실, 화장실, 부엌이 분리된 정상적인 집, 친구들이나 가족들이 편히 머물다 갈 수 있는 온전한 내 공간이 생겼다. 이것만으로도 이렇게 뿌듯한데 내 집 장만하는 신혼부부들의 느낌은 어떤 것일까, 얼마나 뿌듯하고 행복할까 상상하니 결혼하고 싶다는 생각도 조금 들었다. 올여름 내가 독일에 온 뒤 처음으로 엄마가 놀러 와 머물고 갔을 때 기분이 너무 이상해 오랫동안 잠을 자지 못했었다. 내가 사는 집에 엄마가 손님으로 오는 것, 독일에 온 뒤에도 '우리 집'은 늘 부모님이 계신 집의 내 방이라고 생각했는데 엄마가 '네 집 예쁘고 깨끗하게 잘 해 놨구나, 사는 집을 보니 마음이 놓인다. 엄마 짐은 거실에 놓을 게. 내일 시내 나가서 집에 놓을 화분이랑 장식품 보러 가자. 엄마가 네 집에 놓을 선물 몇 개 사줘야지.'라고 했을 때 처음 이 집이 내 집이구나 하는 느낌이 처음으로 들었던 것 같다. 이제야 나를 사람답게, 편안히 혼자 살게 해주는 좋은 집이지만 여전히 사람 냄새와 추억, 맛있는 냄새와 아늑함이 없는 이 집이 내 집이라 생각하니 왠지 한국의 내 집과 더 멀어지는 기분이 들어 눈물이 났다. 집이란 건 참…, 그렇다.

## 끝도 없이 밀려드는 외로움과의 사투

2016년 10월 13일 일기

참 이상하다. 한국에 있을 때는 그렇게 누가 만나자고 해도 혼자 놀고 싶더니….

독일에 발을 붙이자마자 밀려드는 외로움이 주체가 되지 않아, 길을 걷다 잠깐 눈을 마주친 사람을 붙잡고 카페에 앉아 이야기를 나누고 싶다.

참 이기적이다. 만날 사람이 많을 때는 이리 빼고 저리 빼고, 핑계를 대면서 결국은 집 마룻바닥에 등을 붙인 채 텔레비전이나 쳐다볼 때는 언제고. 이제 와서 마음이 통하는 친구가 없어 외롭다고 징징댄다.

참 미련하다. 결국은 제 뜻대로 독일에 다시 발을 붙여 놓고선 그날부터 아무리 먹어도 허기가 가시지 않는다. 먹고 돌아서서 또 먹고. 1주일을 먹으려고 사놓은 과자와 초콜릿을 1시간 안에 끝장을 내놓고 배부른지 모르는 이 느낌은 아무래도 가슴이 허전함을 견디지 못해 위장에 고통을 가져가 달라고 조르는 것 같다. 마음인지 위장인지 출처를 알 수 없는 허전함을 자꾸 먹을 것으로 달래보려 먹고 또 먹는다.

무섭다. 외로움을 핑계로 별 것 아닌 사람에게 기대고 싶어질까 봐. 겁쟁이가 된다. 힘들게 발견한 좋은 사람이 금방 곁을 떠날까 봐. 덥석 물었다가 도망가려고 발버둥 치는 낚싯밥에 엮인 물고기처럼 나는 매일 나와, 사람과, 그리고 그사이의 지독한 외로움과 싸운다.

외로움을 잘 타는 성격은 정말 아니었다. 오히려 틈만 나면 잠수를 타 친한 친구들을 섭섭하게 만들어 곧잘 친구를 잃었다. 낯을 가리지 않아 사람을 빨리 사귀지만, 내가 원하는 것보다 더 많이 내게 다가오면 딱 그만큼 더 멀어짐으로써 내 공간과 시간을 확보하는 스타일이랄까. 그래서 사실은 위기의 상황에 부를 수 있을 만한 가족 같은 친구는 몇 명 없다. 그런 친구들은 게다가 온통 뿔뿔이 흩어져 있으니 한국에서도 사실 혼자 놀기의 얼리어답터이자 마스터였다. 이런 내가 난생처음 독일에서 고독과의 전쟁을 치렀다. 그전에 거쳐 간 어느 나라에서도 이 정도의 혹독한 감정은 겪어 보지 못했는데 내가 약해진 것일까 싶어 당황스러웠다. 독일이란 나라는 한국과 똑같은 조건에서도 무언가 사람을 10배는 더 외롭게 만드는 기이한 기운을 가지고 있는 것 같았다. 대개 사람들은 늘 어둡고 우중충한 날씨 탓을 하지만, 나라 전반에 '생동감'이 없어서 그런 건 아닐까 싶다. 독일은 모든 게 정지된 것 같다. 길을 걷는 사람들도 일하는 사람들도 다들 움직이고는 있지만 역동감이 없다는 건 너무 역설적일까? 그래서인지 한국에서처럼 어떻게든 밖에 나가 무언가를 찾고, 경험하며 스스로 생기를 불어넣으려 하지만 충전소가 없으니 혼자 방전되는 것으로 끝이 났다. 그래서 나는 친구들과 남자 친구를 곁에 두고 외롭다고 훌쩍대는 일이 잦아졌다.

저녁이 있는 삶이 처음엔 무척 달콤했다. 정시에 퇴근해도 집에 돌아오면 7시도 넘지를 않으니 하루에 한두 시간밖에 없던 내 시간이 거의 반나절 가까이 늘어 난 것에 감탄할 만했다. 그러나 딱 그 시간만큼 고독이 늘었다. 너무 바빠 고민이란 것을 별로 할 수 없던 한국의 삶과는 달리 독일에서는 나 혼자 생각할 시간이 너무 많았다. 독일에 왜 철학자나 사이코, 정신 전문의가 많은지 자연스럽게 이해가 갔다. 도대체 주어진 시간을 어떻게 써야 잘 쓰는 것이란 말인가? 일하고 돌아와 밥 먹고 TV보다, 독일어책을 조금 깨작거려 보다 그것도 지루하면 글도 쓰고 산책도 하지만 어둡고 선득한 밤이 길다 보니 나 혼자 이 모든 시간의 무게를 감당해야 하는 느낌마저 든다. 도대체 이 시간에 한국에 있는 사람들은 무엇을 하면서 있을까…? 내가 지금 한국에서 이만큼의 시간을 보낸다면 어디를 가고, 누굴 만나고, 무엇을 하며 즐거워하고 있을까? 이만큼의 시간 동안 내 조카는 무럭무럭 자라고 있을 것이다. 친구들은 그만큼의 에피소드와 감정을 공유하고 있다. 나는 어쩌면 얻는 것 보다 잃는 것이 많지 않은가. 이 소중한 시간을 의미 없는 것에 소비하면서 독일의 삶을 정당화하고 있는 것은 아닌가? 이렇게 질문이 꼬리에 꼬리를 물다 보면 이러다 괴테 뺨 때리는 철학가가 되겠다는 자신감마저 든다. 독일의 에너지 없는 삶에 지쳐 유학을 중도포기 하고 가는 유학생 수가 엄청나게 많다는 것이 조금은 위로가 된다.

### 베를린리포트가 준 교훈

뭐든지 욕심이 과하면 탈이 난다더니 딱 그 꼴이 난 적이 있다. 6명이 북적대는 뮌헨의 셰어하우스에서 생활하다 퇴사 후 3개월을 한국 집에서 행복하게 보낸 뒤 돌아온 에센. 아는 사람이라곤 한 명도 없는 이곳에서 또 처음부터 시작하는 것이 설레고 신나기보다 또 어느 세월에 새로운 도시와 회사에 적응하고 삶을 공유할 친구들을 만들까 싶어 한숨부터 나왔다. 겉으로는 성공한 취업 이민자였지만 현실은 쓸쓸한 외노자(외국인노동자)였다. 좋든 싫든 집에 발을 디디면 늘 처음으로 들렸던 하우스메이트들의 대화와 음악 소리, 귀찮은데 자꾸만 비빔밥을 해달라고 졸라대던 그 친구들, 오늘은 진짜 피곤해서 집에 가고 싶은데 굳이 밥 먹고 가자는 뮌헨 직장 동료들이 이제 와서 아쉬워 죽겠으니 에센에서도 하루 빨리 친구를 사귀어야겠다는 욕심이 앞섰다. 착하고 다정한 독일인 동료들이지만 예전처럼 회사에서 한국말을 쓸 일이 더 이상 없으니, 직장 밖에서 만날 수 있는 한국인 친구를 하나만 만들어야지 하는 욕심이 생겼다. 그래서 생각해 낸 것이 많은 한국인이 이용하는 베를린리포트라는 커뮤니티 사이트였다. 이 글 하나로 평생 잊히지 않을 에피소드와 친구든, 외로움이든 그저 순리대로 흘러가도록 기다리면 해결될 것인데 억지로 적극적인 무언가를 하려 하면 큰코다친다는 교훈을 다시 한 번 깨닫는 계기를 얻었다.

베를린리포트는 페이스북 같은 소셜 네트워크가 인기를 끌기 훨씬 오래전에 생긴 독일에 거주하는 한인을 위한 커뮤니티 사이트이다. 마지막으로 접속한 것은 2013년, 괜찮은 집이나 직장이 있나 둘러보던 때였다. 이제 와서 그런 사이트에 비어가르텐이라는 친목다짐 페이지에 '에센 직장인 여성 30대, 함께 커피 마시며 수다 떨 친구 구해요!'라는 글을 올리자니 민망하기가 짝이 없었다. 조금 서러운 기분마저 들었다. 친구 사귀자고 이렇게까지 해야 하나, 천하의 전나래가? (뭘 또 천하까지…. 이 와중에 자존심은 상하나 보다.) 이런 생각이 떠나지 않았지만 그래도 그 페이지에 올라온 다른 글들을 클릭해 보자니 나랑 비슷한 심정과 목적으로 글을 쓴 사람들이 생각보다 많구나, 다들 나처럼 사는구나 싶어 한편 안심도 되었다.

친목을 외치는 그 글에 카톡 아이디를 남겼더니 생각보다 많은 사람에게 연락이 왔다. 직장인은 없고 대개는 10살 가까이 차이 나는 어린 유학생들이었다. 그 중에 에센에 사는 사람은 딱 한 명 있었다. 직접 만나보니 에센에서 박사 과정을 밟고 있는 귀엽고 천진난만한 여자 후배였다. 성공적인 만남에 수다도 너무 재미있었지만, 이후에 시간이 잘 맞지 않아 두 번째 만남까지 이어지지 않은 것이 아쉬웠다. 이상한 카톡도 참 많았다. "에센에 가면 재워 주실거예요?"라고 다짜고짜 묻는 남자가 있지 않나, 통성명도 하기 전에 대뜸 문자로 "에센이면 암스테르담 가깝나요? 가까우면 저랑 차 렌트해서 암스테르담 여행 가실래요? 가고 싶었는데 렌트비도 아낄 겸 같이 가면 좋을 것 같아서요."라고 본인 할 말만 다 해놓곤 사라져 버리는 남자도 있었다. 카톡이라면 익명은 아닌데도 불구하고 얼굴 안 본다고 쉽게 말하고 쉽게 끝내는 사람이 태반이구나 싶어 역시 온라인 커뮤니티 따위로 친구를 사귀려는 욕심은 버려야겠다고 생각했다.

그러다 한 남자에게 연락이 왔다. 카톡으로 아주 짧게 대화를 나누었지만 이상한 점은 발견하지 못했다. 도르트문트에 사는 유학생으로 나이도 비슷하고 도시도 가까운 데다 맥주와 맛있는 음식을 먹는 것을 좋아한다며 만나서 수다를 떨자길래 너무 반가웠다. 금방 약속 장소와 시간을 정했다. 유학 생활을 8년이나 하다 보니 한국 후배나 친구들이 모두 귀국을 하는 바람에, 한국말로 수다 떨 친구가 그리워 연락했다는 말에 안심했던 것 같다. 약속한 날짜에 중앙역에서 만나 식당으로 걸어가며 음식을 주문할 때까지 낯가림이 일도 없이 말을 많이 하길래 어색하지 않아 다행이라고 생각했다. 한 살 차이임을 알고는 금방 말도 놓았다. 가장 쉬운 주제로 독일에 산 지 몇 년이 되었는데 아직 독일어가 미숙하다, 왜 안 되는지 모르겠다는 불평을 있는 대로 늘어놓으며 대화를 풀어 갔다.

그런데 음식을 받고 나니 본색이 드러나기 시작했다. 감자튀김을 입에 넣으려는 찰나, 갑자기 "이거 밥 다 먹고 너희 집에 갈 거지?"라고 묻는 거였다. 농담치곤 참 이상하네 했지만 웃어넘기며 답했다. "밥 다 먹고 나는 우리 집 가고, 본인은 도르트문트 집에 가야지. 나는 또 내일 아침 일찍 출근해야 해서 오늘은 저녁 먹고 바로 일어나야 할 것 같아." 이 말을 한 이후 온 말들은 고작 10분밖에 안 되는 대화였음에도 마치 10시간의 대화처럼 어색하고 당황스럽고, 수치스럽고 기분이 나빴다. 형용할 수 없는 끔찍한 대화였다.

- 그놈: 우리 집에 가라고? 내가 에센까지 왔는데?
- 나: (대화 주제를 돌리려고 억지로) 에센 와보니까 별로라서 실망했지? 갈 데도 없고 예쁘지도 않고….
- 그놈: 여기까지 오는데 1시간이나 걸린다. 시발 괜히 왔네.

- 나: (시발이란 소리에 놀람) 진심? 저녁 먹자고 하고 온 건데 왜 에센까지 왔냐니 무슨…….
- 그놈: 장난하냐? 너 진짜 베를린리포트에 친구 구한다고 올린 게 '친구'를 구한다는 소리였냐?
-나 : (이미 시발부터 시작해 '냐'로 끝나는 공격적인 화법에 더 당황함) 아니 그럼 넌 뭐로 알아들은 건데? 내가 자세히 썼잖아, 커피 마시고 수다 떨고 할 친구 구한다고. 그럼 너 저녁 먹고 맥주 마시면서 얘기하려고 에센 온 거 아니었어? 다른 목적이 있어서 온 거야?
- 그놈: 야 나이 서른 살 처먹고 베를린리포트에 친구 구한다고 글 올리면서 진짜 친구를 구하는 병신도 있냐? 당연히 다 섹스 파트너 구한다고 생각하지 무슨 애도 아니고. 너 카톡 아이디 올린 것도 다 그런 거 아니야? 아니면 아예 여자 친구만 찾는다고 하던지.

  너 내 얼굴에 왜 이렇게 여드름 많은 줄 아냐? 나 원래 이런 거 없었는데 독일 와서 욕구 해소를 못하니까 얼굴에 독 오른 거야.
- 나: (할 말을 잃음. 병신이라는 소리에 순간 놀래 눈물이 날 뻔함. 이대로 나가야지 생각하면서 지금 닥친 상황이 납득이 되지 않고 수치스러워 의자에서 몸이 일어서지지 않음. 정말 아차 싶었음. 이런 건 생각해 보지 못했구나, 내가 정말 병신이구나 하며 모든 화살을 자신에게 던지기 시작. 조금 전까지 독일을 얘기하던 그 착한 유학생 오빠는 어디 갔지, 왜 갑자기 이렇게 된 거지, 어디서부터 꼬인 거지, 그

런 생각을 하면 할수록 수치스러워 몇 초간의 정적을 유지함)
말조심해. 병신이라니? 난 분명히 친구 구한다 했고 오늘 만나는 것도 같이 맥주나 마시자고 한 거고. 오해할 소지가 전혀 없었다고 생각하는데 내가 오해를 일으켰다면 미안하게 됐네. 밥 값 각자 내고 나가자. (웨이터에게 계산서 요청함)

- 그놈: 장난하나, 내가 독일에 8년을 살았는데 친구가 왜 필요해, 도르트문트에서 이 저녁에 에센까지 내가 내 돈 주고 밥만 먹으러 왜 오냐고. 순진한 척을 하는 거야 순진한 거야? 너 솔직히 베를린리포트 글 보고 너한테 연락한 애들 99% 남자지? 걔들이 미쳤다고 친구 하러 나올 것 같냐? 100% 다 섹스 파트너 생각하고 나오는 거야. 나 어차피 지금 이 시간에 기차 없어. 기다려 주던지 너희 집으로 가든지.
- 나: 기차 없으면 택시 타세요. 제가 나이 서른 넘게 처먹고 억지로 친구 사귄다고 베를린리포트 같은 데 글 올린 게 진짜 죽을죄를 진 거네요. 죄송합니다. 당장 글 지울게요. 먼 길 오셨는데 남기지 말고 천천히 다 드시고 가세요. 저는 먼저 갈 테니까.

그리고 남자가 따라 나왔고 나는 빠른 걸음으로 중앙역에서 지하철역으로 향했다. 계속 쫓아 오면서 "야 지금 가면 기차 없다고!"를 외쳐댔다. 솔직히 지하철 타는 곳까지 쫓아오면 어떡하나 무서웠다. 그러나 다행히 뒤통수에 욕만 들릴 뿐 쫓아오지는 않고 그렇게 우리의 강렬한 만남은 끝이 났다. 그 이후도 물론 가관이었다. 지하철에 타자마자 카톡이 오는 것이다. '차단해야지' 하는 생각이 미처 들기도 전이었다.

- 그놈(카톡): 야 너 행여나 베를린리포트에 내 실명이랑 학교 대면서 헛소리하기만 해. 나도 너 얼굴 못 들고 다니게 소문낼 거니까. 각자 성인이고 한인 커뮤니티 작은 거 아니까 피해 안 보게 처신 잘해라.

답장은 하기도 더럽다는 생각에 그냥 차단해 버렸다. 그리고 집에 와서 병신같이 울었다. 내 나이 서른이 넘어 이런 경험을 하자니 스스로가 너무 바보 같다는 생각에 분통이 터졌다. 그런 병신 따위에게 욕 한 번 시원하게 못 해주고 도망 나온 것도 분했다. 원나잇 따위가 부끄러운 게 아니다. 섹스가 부끄러운 게 아니란 말이다. 그런 거 하고 싶은 사람이 있으면 할 수도 있다고 생각한다. 울음이 나온 이유는 그게 아니었다. 정말 함께 대화하고 같이 밥 먹고, 마음이 잘 맞아서 산책도 다닐 수 있는 그런 '친구'. 그게 하루가 되었든 여러 번이 되었든 수다 동무가 필요했던 건데 내가 상상하지 못한 방향으로 이야기가 갑작스럽게 전개된 점. '친구'를 원한다고 글을 올린 내가 병신 소리를 들어야 한 것. 성희롱을 포함한 거친 말들. 그리고 이 한 번의 경험 때문에 다시는 베를린리포트고 뭐고 커뮤니티 공간을 통해 누구를 만나는 건 절대 못 할 것이라는 점. 이 이상한 새끼 때문에 앞으로 독일에 있는 한국 남자는 다 이상하게 보일 것만 같은 두려움.

집에 오자마자 물론 그 글은 지워버렸다. 그 다음 날도 기분이 계속 좋지 않았다. 내 글을 보고 카톡 아이디를 등록하고 미처 말은 걸지 않았던 그 많은 사람 중 저 남자와 비슷하게 내 의도를 오해했던 사람이 몇 명이나 될까? "에센에 가면 재워주실 건가요."라고 물어본 남자도 같은 생각을 한 걸까? 내가 이 글을 올린다고 했을 때 웃으면서 조심하라고 했던 후배의 말이 생각났다. 베를린리포트에서 활동하는 사람들은 99%가 정상이 아니라던 전 직장 동료 언니의 말도 기억났다. 너무 늦게 기억이 난 게 탓이지만. 그리고 역시 친구라는 건 억지로 사귈 수 없는 거구나, 다 때가 있는 건데 하며 나 자신을 돌아보게 됐다. 직장 생활 열심히 하고 남는 시간에 독일어 공부도 하고 운동도 하다 보면 주변에 자연스럽게 사람들이 생기는 건데 내가 이사 오고 나서 마음이 너무 조급했구나, 그런 조급함이 일을 그르친 거라며 정말 많이 반성했다. 억지로 사귀는 건 친구가 아니다.

독일 친구를 빨리 사귀는 건 쉽지 않다. 사람마다 다 다르다는 것은 무시하고 평균화, 일반화를 해 보면 독일 사람들은 처음에 쉽사리 마음을 잘 내주지 않는다. 혼자 카페에 가면 주변에 있는 사람과 한 번씩은 대화하게 된다는 미국, 버스 정류장에 가만히 앉아 있으면 옆에서 같이 버스를 기다리던 아주머니의 인생사를 다 듣게 되는 멕시코처럼 낯선 사람과 작은 대화가 일상적인 다른 나라와 달리 독일인은 낯선 사람에게 폐쇄적이다. 독일인이 친절하지 않다고 느끼는 것도 비슷한 선상에 있다. 따라서 독일인들은 오래 사귄 사람과 어려서부터 함께 지낸 친구와의 우정을 무척 가치 있게, 소중하게 여긴다. 그렇다 보니 독일에 처음 와 외국인이 아닌 독일 현지인 친구를 만드는 것이 쉽지 않다고 느끼는 경우가 많다. 우리나라도 마찬가지지만 어렸을 때보다 나이가 들면 들수록 친구를 사귀는 데 넘어야 할 벽은 점점 더 높아진다.

가장 자연스럽고 빠르게 친구를 사귀는 방법은 셰어하우스에 살면서 하우스메이트와 친해지는 방법이다. 일상적인 공간에서 자꾸 마주치는 사람들과의 친분을 쌓는 것이 아무래도 벽을 낮추는 가장 쉬운 방법이기 때문이다. 나의 가장 친한 친구들도 모두 함께 사는 셰어하우스를 통해 만났다. 그중 두 명의 여자 친구는 뮌헨에서 잠깐 머무른 처음 집의 하우스메이트, 그리고 2년 넘게 같이 산 두 번째 집의 하우스메이트이다. 뮌헨을 떠나고 나서는 연락이 흐지부지 끊길 줄 알았던 내 예상과는 달리 끊임없이 내 안부를 묻고, 함께 여행 약속을 잡으며 우정을 유지하고 있다. 두 친구 모두 처음에는 바로 친해지지 않았다. 함께 사는 동안 함께 요리하고 식사하고, 영화를 보는 등 처음에 지속적으로 친해질 계기를 만드는 노력이 필요했다. 쉽사리 사적인 얘기를 꺼내지 않는 통에 내 얘기를 먼저 많이 해주고 내 활동에 적극적으로 초대하는 것이 벽을 허물어 가는 과정이었다. 독일인의 아주 큰 장점이라면 한 번 벽을 허문 친구는 어떤 일이 닥치지 않는 한 오래도록 우정을 지속한다는 것이다. 독일인의 우정이 오랜 시간 푹 고아야 하는 설렁탕 같다던 누군가의 말이 진리로 다가오는 순간이다.

직장인의 경우 회사에서 친구들을 만드는 것이 가장 자연스럽다. 에센에 와서는 혼자 사는 통에 직장 동료들을 공략할 수밖에 없었다. 입사 후 처음 11월 11일 빼빼로데이를 맞아 독일 빼빼로를 하나씩 나누어 주며 대화의 문을 열었다. 한국의 상술 가득한 빼빼로데이 따위가 내 우정 쌓기에 도움이 되는 일이 있다니…. 다들 자기 삶의 터전이 있고 친구들이 가득 있으니 더 노력해야 하는 사람은 나라는 걸 알고 있었다. 그래서 이사를 한 뒤에는 집들이를 핑계로 나잇대가 비슷한 동료들을 집으로 불러 한국 음식을 대접하고, 생일 파티도 미리 계획해 초대하며 함께 할 수 있는 시간을 적극적으로 만들어 나갔다. 누군가 먼저 내게 다가와 주기를, 나를 초대해 주기를 기대하면 안 된다. 독일에선 굴러들어온 돌, 내가 약자라는 걸 알고 내가 먼저 적극적으로 다가가야만 한다.

### 자잘한 문제 해결의 어려움

독일에서 제일 싫은 것은 관공서 업무이다. 비자 발급받고 갱신하기, 주거지 등록하기, 은행 계좌 개설하거나 닫으러 가기는 아무리 해도 익숙해지지 않는다. 필요한 것을 몇 번씩 확인하고 챙겼는데도 자꾸만 불안해지는 것은 업무 처리가 까다롭고 느린 탓에 이 일을 오늘 처리하지 않으면 또 언제 예약을 잡을지 모른다는 불안함 때문일 것이다. 동사무소 운영 시간에 언제든지 가서 번호표를 받고, 필요한 서류를 제출하면 적어도 30분 내에 모든 일 처리가 끝나는 한국과는 달리 독일에서는 길게는 세 달 전에 방문 예약을 잡고 가거나 새벽같이 집을 떠나 관청 문 앞에서 오픈 전부터 오전 내 줄을 서

기다린 뒤 문이 열리자마자 좀비처럼 번호표를 받으러 달려가야 가능하다. 이마저도 허락하지 않는 관청이 무척 많다. 동사무소 업무야 프로토콜대로 처리한다 쳐도 외국인 관청의 업무는 담당 공무원 재량에 의존해야 하는 경우가 무척 많아 행여나 공무원 맘에 안 들까, 괜히 꼬투리 잡혀서 이번에 또 처리가 안 될까 싶어 간절한 외노자의 자세로 마지막까지 임해야 한다. 비자 하나 처리하는 데 2개월이 넘게 걸리는 일도 허다하니 우리나라의 엄청나게 빠른 일 처리에 익숙한 사람이라면 스트레스를 이만저만 받는 게 아니지만, 몇 년 살다 보면 마음을 비우는 법을 자연스레 배울 수 있다.

병원에서 진료받는 것도 참 쉽지가 않다. 나는 감기는 잘 안 걸리는 편이지만 소화기가 약해 위염이 잘 걸리고 알레르기, 두드러기 같은 피부 질환을 매우 자주 앓는 편이다. 특히 두드러기는 병원에 가지 않고 참으면 점점 심해지는 편이라 발병 시 즉시 병원에 가는 것이 좋다. 한국에서야 병원도 워낙 주위에 많고 진료 및 처방이 빨라 증상이 보이는 즉시 근처 병원을 찾아 문제 해결을 할 수 있지만 독일은 관문이 많다. 초진의 경우는 종합 병원이 아닌 의원을 찾아가야 하는데 대부분 진료 예약 없이 환자를 받지 않는다. 진료 예약은 거의 1~2개월 단위로 항상 꽉 차 있어 가장 빠른 진료 일을 잡아 달라고 하면 얼토당토않은 날짜를 받기에 십상이다. 따라서 급한 경우는 근처 병원 리스트를 뽑아 직접 전화를 해 예약 없이 응급 진료 방문이 가능한 병원을 추린 뒤 방문 가능 날짜와 시간을 확인한다. 예약 없이 진료 가능한 병원은 대개 오픈 시간 훨씬 전에 가서 문이 열리기 전부터 줄을 서 기다려야 한다. 대부분 병원이 오전 8시나 7시 30분에 첫 진료를 시작하니 7시 15분 정도에는 가야 하는데, 놀랍게도 그 시간에 가면 먼저 온 대기자들이 항상 있다는 것이다. 이런 진료는 세월아 네월아 기다려야 하는데, 얼마를 기다리든 진료를 해 주는 것만으로 감사한 마음마저 든다. 더구나 간호사들은 왜 이렇게 불친절한지 병원을 방문하는 것이 마치 관공서를 방문하는 것 같은 느낌이 든다. 독일은 처방이 필요 없는 약의 기준도 우리나라보다 훨씬 까다로워 약국에서 구매할 수 있는 약이 무척 제한적이다. 심지어 피임약도 반드시 의사 처방이 필요하며, 아무 피임약이나 주는 것이 아니라 개개인의 특성에 맞는 약을 까다롭게 검사한 뒤 처방전을 써준다. 처방 약마저도 웬만하면 약한 것, 항생제가 없는 것, 화학 성분보다 자연 성분이 많은 것을 주는 바람에 한국에서 받은 피부 연고로 한 방에 빡 낫던 두드러기가 독일에서 처방받은 약을 1달 가까이 써도 잘 듣지 않았던 적이 있다. 결국은 의사에게 다시 가서 너무 괴로워서 참을 수 없으니 스테로이드 성분이 조금 더 센 걸 달라고 사정을 했다. 스테로이드 성분이 워낙 피부에 좋지 않아, 의사가 많이 꺼리다 증상이 조금이라도 호전되면 약한 연고로 바꾸겠다고 확신을 주고서야 원하는 처방을 받았다.

일상생활에서 사소한 문제나 어려움이 있을 때도 당황한 적이 많다. 한국에 있었다면 어디에 도움을 요청할지, 어디에서 문제 해결을 할 수 있는지 정확히 모르더라도 여기저기 정보를 얻어낼 곳이 많으므로 별로 걱정할 일이 없었다. 그런데 독일에서는 왠지 아주 작은 문제라도 발생하면 겁부터 덜

컥 난다. 절차도 복잡하고 어디 가서 어떻게 해결해야 할지 몰라 답답한데 괜히 독일 지인들에게 신세 지는 것도 싫어 혼자 끙끙 앓는 일이 여럿 있다. 보일러가 고장 났을 때, 소매치기를 당했을 때, 교통사고가 났을 때 어디 가서 뭐부터 해야 한단 말인가? 퇴근하고 집에 왔는데 집 조명등이 다 나가버려 다음날까지 어둠에서 지내야 할 때는 괜히 두 배로 서러워진다. 독일에서 몇 년 만 살면 센 여자 티가 확 난다더니…. 사소한 어려움을 몇 번씩 겪고 나니 확실히 내공이 쌓이는 것 같긴 하다.

에센에 이사 온 뒤 거주지 이전 신고를 하지 못해 뮌헨까지 비자를 변경하러 갈 때였다. 뮌헨 외국인 관청도 방문 예약이 석 달 뒤에나 가능하다는 말에 별수 없이 오픈 시간 7시 30분에 맞춰 뮌헨을 가야 했다. 고작 관청을 가자고 하루 전에 뮌헨에 가서 호텔에서 자기는 너무 시건방 럭셔리란 생각에 독일에 와 처음으로 야간 버스를 타보기로 했다. 에센에서 밤 11시에 출발해 뮌헨에 오전 6시에 도착하는 일정이었다. 혼자 타는 심야 버스라 조금 긴장이 되었지만, 그까짓 거 꾸역꾸역 한숨 자고 나면 도착해 있을 테니 뭐 별일 있겠나 싶어 후드 점퍼, 겨울 야상, 목도리 세트까지 총 무장을 한 뒤 버스를 타러 나갔다. 버스가 도착해 올라타는 순간 흠칫했다. 아, 이건 뭐랄까…. 총체적 난국이란 말이 딱 어울리는 광경이었다. 오전이나 오후 버스와는 탑승객 유형이 눈에 띄게 달랐다. 편견을 가지지 말자고 다짐해 보지만 별수 없이 편견을 갖게 만드는 유색 이민자와 난민이 가득했다. 아주 보따리들이 전쟁터 나가는 것 같이 바리바리 한 짐에, 올라탔을 때 코를 찌르는 그 냄새까지. 그들이 보기엔 나도 물론 그 장면에 참 잘 어울리는 외국인 중 한 명이니 탓할 것은 없었지만 신발 벗고 양발을 앞 좌석에 올린 채 두 자리 쫙 차지해 자는 부랑자 행태의 남자들과 아이 셋을 끌어안고 짐은 통로에 쫙 깔아 놓은 채 앉아있는 매서운 눈의 아주머니를 보자니 한숨이 절로 났다. 창가 쪽 빈 자리에 앉아 그냥 잠들어 버리기로 했다. 모자를 뒤집어쓰고 입고 있던 야상을 벗어 다리를 따뜻하게 덮어 놓은 채 이어폰을 꽂고 잠이 들었다. 한두 시간을 달렸을까, 갑자기 허벅지 쪽이 너무 더운 느낌이 들어 눈을 떴다. 옆자리에 어느덧 아저씨 하나가 앉아서 자고 있었다. 야상이 너무 답답했나 보다 싶어 들어 올린 순간 얼음. 아, 그 순간의 느낌이란 진짜 너무나 소름 끼쳤다. 옆에서 자는 아저씨의 손이 아무렇지 않게 내 허벅지를 감싸 잡고 있는 것이 아닌가? 꽉 잡고 있는 것이 아니라 자연스럽게 허벅지 전체에 살포시 올려 감싸고 있었다. 너무 놀라 손을 집어 던져 버린 뒤 'What the fuck'으로 시작해 그 미친놈에게 소리를 질렀다. 버스에서 자고 있던 사람들이 그 바람에 모두 깼다. 너무 당황하니 이건 뭐 독일어는 둘째 치고 부들부들 떨리는 목소리에 영어로 시불시불 난리를 쳐댔다. 그 아저씨는 독일인이 아니었다. 알아듣지 못할 말을 웅얼대더니 마지막에 영어로 자기는 그냥 잠만 자고 있었단다. 내가 무슨 말을 하는지 당최 모르겠다는 얼굴로 짐을 챙기더니 다른 자리로 이동한다. 긴 야상으로 다리 전체를 덮고 있었던 것이라 야상을 의도적으로 들어 손을 넣지 않은 이상 잠결에 손이 거기 갈 일은 없었다. 너무나 분해 버스 기사에게 달려가 상황을 얘기했더니 자기는 할 수 있는 게 없고 지금 고속도로를 달리고 있으니 정류장 도착하면 경찰서에 가 신고를 하란다. 지금은 고속도로 위라 자리에 돌아가 우선 안전벨트를 하고 앉아야 한단다. 그 변태 자식은 옮긴 자리에서 자는 척하는 건지. 자는 건지 눈을 감고 모든 상황에서 자신을 분리시키고 있었다. 자리에 돌아가는 길에 변태에게 들러 너 신고할 거라고 얘기하고 자리로 돌아와 마음을 가라앉히려고 노력했다. 더 황당한 것은 고작 뮌헨에서 30분 떨어진 정거장에 도착하자마자 그 자식이 번개처럼 내려 사라진 것이었다. 그 순간엔 아무것도 못 했다. 그 컴컴한 새벽에 그 자식을 따라 내려 어딘지도 모르는 경찰서를 찾아 끌고 갈 용기는 없었으니 얼음처럼 굳은 상태로 혼자 시발시발 대며 그 꼴을 보고 있는 수밖에. 아무것도 해주지 않는 버스 기사 아저씨에 대한 원망만 커졌다. 이럴 땐 사실 어떻게 해야 하는 건지 잘 모르겠다. 심야 버스는 내 평생 다신 타지 않겠다고 다짐했다. 관청 업무를 마치고 돌아올 땐 결국 비행기를 탔다. 베를린에서부터 심야버스까지 나는 변태를 부르는 자석 따위가 있는 건가? 괜히 내 탓을 하게 됐다. 한국처럼 주변에 항상 사람이 많은 것도, 밝은 것도 아니다 보니 이런 일이 있고 나서는 괜히 작은 일에도 혼자 큰 상상을 해대며 겁을 먹고 피하게 된다. 역시 돈을 더 빡세게 모아 차를 사야겠다고 생각해보지만, 행여나 차 사고를 내면 그 일은 또 어떻게 처리할 것인가 생각하니 그냥 집에 처박혀 있는 게 제일이라고 마음을 정리한다.

# TIP 2
# 독일 이력서 및 커버 레터 작성법 그리고 면접 대비

○ ○ ○

소개하는 이력서와 자기소개서는 모범 답안은 결코 아니다. 그저 많은 시행착오와 현지 지인들을 통해 수정과 수정을 거듭한 결과물이므로 어디서 어떻게 시작해야 할지 모르는 초보자에게 주는 작은 도움 정도로 생각해주면 좋겠다. 인터넷 입사 지원이 일반화되기 전 우리나라 문구점에서 팔던 단순하고 명쾌했던 이력서를 기억해 보면 요즘은 이력서를 잘 쓰는 것조차 참 많은 시간을 할애해야 하는 것 같다. 우리나라 대기업들은 친절히 자사 양식의 지원서를 제공하여 지원자가 똑같은 내용도 원하는 양식에 맞춰 다 다시 써야 하는 번거로움도 선물한다. 그에 비해 독일은 일반적인 양식도, 회사에서 요구하는 특정 양식도 없다. 그저 누가 봐도 편하게 파악할 수 있도록 개인

정보, 학력, 경력, 기타 자격을 구분하여 깔끔히 기재하면 된다.

개인정보라고 해 보았자 이름, 생년월일, 현 거주지와 대표 연락처만 적어 놓으면 된다. 이외의 것은 모두 불필요한, 심지어 부정적인 영향을 미칠 수 있는 사족에 불과하다. 우리나라 기업들은 가족 구성원의 프로필도 모자라 그들의 학력과 연봉을 묻고 지원자의 신체 조건 하나하나에도 관심을 기울이는 오지랖을 발휘한다. 개선되었다고는 하지만 작년에 지원했던 곳에서도 현재 사는 집이 자가인지 전세인지 묻는 항목이 있어 아직도 멀었다고 생각했다. 도대체 회사에서 일하는 데 우리 집이 누구 것인지가 왜 중요하단 말인가? 집이 내 소유가 되도록 연봉을 후하게 주겠다는 이유라면 모를까 지원자 입장에선 한없이 기분이 나쁜 질문이다.

여담으로 뮌헨 법인에서 근무할 때 한국인 직원을 두 명 더 뽑으려고 공고를 냈던 적이 있는데 인사 담당자인 동료가 내게 와 한국인 지원자들은 너무 이상한 사람이 많다며 말을 꺼낸 적이 있다. "왜 지원자들이 자꾸 지원서에 키랑 몸무게를 쓰는 거야?"라는 질문으로 시작된 그 불평은 내게는 무척 재미있는 발견이었다. 그 직원이 몰래 보여준 지원서 중에는 한국에서 흔히 쓰는 지원서 양식을 그대로 복사해 텍스트만 영어로 바꾼 순수한 지원서들도 많았다. 인사 담당자에게는 최악의 이력서처럼 보였을 테다. 대학교의 학점 정도는 애교다. 독일인 중 아는 사람이 반도 안 된다는 혈액형에 번역조차 어려운 본적지 주소, 호주 성명, 부모의 생년월일 등 이해할 수 없는 수많은 정보가 담겨 있으니 말이다. 이에 비하면 키와 몸무게는 별거 아니다. 아,

물론 이런 이력서는 모두 휴지통으로 옮겨갈 확률이 높다.

독일도 지원서에 사진을 첨부한다. 한국처럼 포토샵 잔뜩 넣어 예쁘게 찍을 필요는 없지만 정장을 입고 무배경에서 찍는 것이 예의다. 독일서 입사지원 시 사진이 차지하는 중요도가 얼마나 되냐는 질문에는 아주 작다고 얘기할 자신 있다. 인상이 완전 누가 봐도 암울할 정도로 문제가 있어 보인다면 다른 이야기지만 멋있고 날씬함이 얄팍한 지원자의 스펙을 커버하는 일은 없다고 단정한다. 따라서 주변에 사진 잘 찍는 친구에게 벽 배경으로 사진 몇 장 찍어 달라고 부탁하여 직접 편집해도 관계없다.

학력과 경력은 최근부터 오래된 순서로 기재한다. 경력이 있는 경우 담당 업무와 주요 프로젝트를 서술형이 아닌 나열형으로 포인트 있게 기술하면 된다. 한국처럼 경력 기술서를 따로 작성할 필요가 없다는 건 매우 큰 장점이지만 이력서에 기재한 경력 내용을 면접 시에 아주 자세하게 묻고 또 묻는다는 것을 잊어선 안 된다. 더불어 기타 자격란에는 구사하는 언어와 컴퓨터 자격증, 업무 관련된 다른 자격증, 활동하는 협회나 사회단체 등을 자유롭게 나열할 수 있다. 우리나라 사람들은 참으로 겸손하여 이력서 작성 시 정말 자신 있는 것이 아니면 적지 않거나 있는 그대로 기재하는 경우가 있는데 조금 더 자신 있게 써도 괜찮다. 코딩이나 엑셀 활용 수준이 그저 평균적이라 해도 잘 한다고 쓰라는 얘기다.

독일은 지원서가 길어도 A4용지로 2장을 넘지 않는다. 커버 레터라 하는 자기소개서를 포함하여 3장이면 충분하다. 경력이 몇 년 안 된다면 물론 2장을 넘기지 않는 것이 좋다. 자기소개서는 이력서보다 미치는 영향은 적지만 오타나 지원하는 회사 이름을 잘못 기재하는 등의 단순 실수는 당연히 치명적이다. 우리나라 자기소개서로 생각하고 A4 한 장 빼곡히 소설을 구구절절 쓰는 것도 좋지 않다. 독일 인사 담당자들을 '헉' 하게 만들 것이다. 그저 A4의 반 페이지 정도 간결히 본인의 지원 동기를 어필 한다는 생각으로 쓰면 좋다. 경력은 이미 이력서에 다 기재되어 있으니 '왜 이 회사와 포지션에 관심을 갖게 되었는지', '그곳에서 무엇을 하고 싶은지', '마지막 인사' 순으로 전체 내용을 약 3~4개 문단에 걸쳐 간략히 소개하면 된다.

면접의 가장 기본적인 것은 세계 어딜 가나 복장과 태도이다. 기본적으로 독일에서도 정장이 가장 흔한 복장이다. 반드시 검정색 한 벌 정장일 필요는 없다. 본인에게 잘 어울리는 색상의 단정한 정장이면 충분하다. 여성의 경우 깔끔한 원피스도 당연히 괜찮다. 화장은 필수는 아니지만 머리와 마찬가지로 그저 상대에게 되도록 긍정적인 인상을 줄 수 있는 최선의 노력을 하는 것은 언제나 환영이다. 태도라고 했지만 거창할 것 없다. 되도록 긴장하지 않고 자연스럽게 그리고 자신 있게 대화하는 태도이다. 우리나라처럼 면접관 여러 명이 네가 얼마나 잘 하나 보자고 째려보며 대답하는 순간순간 종이에 막 무엇을 기재하지는 않는다. 거래처와 아니면 다른 팀 사람들과 업무 회의하듯 편하게 이야기할 수 있는 분위기를 마련해 주니 그에 어울리는 자연스러운 태도로 미소 지어가며 이야기를 풀어내면 된다. 쉽지 않다는 것은 모두 알고 있다. 그렇다고 해도 "아, 제가 너무 떨려서…. 다시 처음부터 답변하겠습니다." 하는 아마추어 코스프레는 하지 말자. 면접 시간에 너무 일찍 갈 필요 없다. 혹시 일찍 도착했더라도 본인의 시간을 중요하게 생각하는 독일인들을 배려하여 근처나 로비에 머물러 있다가 5~10분 전에 도착을 알리고 대기하면 된다.

면접 질문은 물론 직무마다 직책마다 엄청나게 차이가 있지만 비슷한 상황의 지원자들에게 조금이나마 도움이 될까 싶어 리스트를 적어 보았다. 내가 직접 받았던 질문은 물론이고 친구들에게 물어 수집한 질문들도 함께 있다.

1. 현재 회사의 규모는? 직원 수와 연 매출, 산업 랭킹 등을 모두 종합하여 어느 정도인가?
2. 소속한 팀의 규모와 중심 업무는?
3. 직원들은 어떻게 구성되어 있나, 직원들이 매우 다국적인 것 같은데 협업 시 어려움은 무엇이고 어떻게 극복했는가?
4. 현 직장의 경쟁사는 누구인가? 경쟁사와의 차별적 영업 전략은 무엇인가?
5. 본인이 담당했던 지역의 연 매출 규모는 어느 정도 되고, 주요 고객과 주요 제품군은 무엇이었는가?
6. 본인이 담당했던 지역 매출이 증가하지 않았다면 그 이유는 무엇인가? 외적 요인과 내적 요인을 다 포함해서 이야기해 달라.
7. 본인 회사에서 쓰는 영업 시스템은 무엇이 있는가? CRM은 어떤 시스템 기반인가, 해당 시스템상 영업 프로세스는 어떻게 구축되어 있나?

8. CRM이 필요한 이유는 무엇인가? CRM에 구축된 빅데이터를 관리, 이용하는 방법은 무엇인가?
9. 해당 CRM 시스템 개발이 얼마의 비용이 투자되었고 효과는 무엇인가?
10. 영업인들은 다 CRM을 쓰기 싫어하는데 어떻게 사용을 장려할 수 있나? 영업인에게 CRM은 어떤 이점을 가져다줄 수 있나? 양질의 정보를 구축하기 위해 어떤 방법을 사용하는가?
11. 현 직장의 영업 관련 리포팅에는 무엇이 있고, 어디서 데이터를 가져오고 어떻게 취합하는가?
12. 우리 회사 영업 관련 리포트는 매우 복잡하다. 한 제품을 판매하여 매출이 한 번에 일어나는 것이 아니라 10년, 20년에 걸쳐 발생하는 것이 흔하다. 게다가 발전소를 설립하면 투자 시설의 감가상각도 중요하게 고려해야 한다. 이런 복잡한 내용을 어떻게 효과적으로 리포팅 할 수 있을까?
13. 현 직장의 영업 단계가 6단계라면 단계별 전환 비율과 전환 소요 시간은 어느 정도 되나? 전환 비율이 높지 않은 큰 이유에는 무엇이 있나? 그를 개선하기 위해서 어떤 전략들을 쓰고 있나?
14. 현 직장에서 다음 해 매출 목표 산정은 어떻게 하고 있나?
15. 에너지 솔루션 판매 증진을 위해 영업 기획팀으로써 제공할 수 있는 것들은 무엇이 있을까?
16. 현 직장에서 매출 기여에 가장 크게 기여한 사례를 이야기해 달라.
17. 우리 회사와 지원한 팀에 아는 것을 다 얘기해 보아라.

18. 유럽 내 에너지 산업 정책은 어떻게 변화하고 있고 그것이 우리 회사에 어떤 영향을 미칠 것 같은가?
19. 동유럽의 에너지 정책, 에너지 트렌드는 독일과 비교해서 무엇이 다른가?
20. 에너지 솔루션은 도대체 무엇인가?
21. 팀에 입사 후 1개월, 3개월, 6개월 동안 각각 어떻게 실무를 할 것인지 계획을 알려 달라.
22. 영업 기획은 관련 부서와 많은 협업이 필요하다. 단독으로 할 수 있는 업무가 별로 없다. 원하는 협조를 협업 부서로부터 얻기 어려울 땐 어떻게 하는가?
23. 현 직장에서 가장 힘들었던 것은 무엇인가?
24. 본인이 퇴사한다고 하면 동료와 상사가 어떻게 반응할 것 같은가? 직장 내 너의 평가는 어떤 편인가?
25. 현 직장이 훨씬 인정받기 쉬운데 왜 이직을 하려고 하는가?
26. 직장에서 업무가 너무 많을 때 모든 업무의 마감일을 맞추기 위해 어떤 노력을 하는가?
27. 직장에서 받는 가장 큰 스트레스는 대개 어떤 것인가?
28. 이직을 자주 한 것 같은데, 하고 싶은 일이 자주 바뀌어서 그런 건가? 참을성이 없어서 그런가?
29. 우리에게 하고 싶은 질문은?

## 이력서 예시(독일어)

Picture

**Gil-dong Hong**

- Anschrift: Hügelstraße 220, 60431 Frankfurt am Main
- Tel: 0000/00 00 00 00
- E-mail: xxxxx@xmail.com
- Geburtsdatum: dd.mm.yyyy

**Ausbildung**

| | |
|---|---|
| **2016-12** | Bestehen der Ersten Juristischen Prüfung mit xxx Punkten |
| **2015-01** | Bestehen der staatlichen Pflichtfachprüfung mit xxx Punkten |
| **2009-10 bis 2016-12** | Studium Rechtswissenschaft, Goethe-Universität Frankfurt am Main |

**Zivildienst**

| | |
|---|---|
| **2009-01 bis 2009-09** | Integrativer Kindergarten Cantate Domino, Frankfurt am Main |

**Nebentätigkeiten**

| | |
|---|---|
| **2016-09 bis 2016-11**<br>**2016-05 bis 2016-07** | Korrekturassistenz am Lehrstuhl für Bürgerliches Recht und Unternehmensrecht, Technischen Universität Darmstadt |
| **2012-03 bis 2016-09** | Studienkreis, Nachhilfeschule, Frankfurt am Main |
| **2011-10 bis 2012-02** | Chaplins Bar & Lounge, Frankfurt am Main |
| **2007-12 bis 2011-09** | Alex, Gastronomiebetrieb, Mitchells & Butlers Germany GmbH, Frankfurt am Main |

**Zusatzqualifikationen**

| | |
|---|---|
| **Sprachen** | Englisch (fließend), Frazösisch (Grundkenntnisse) |
| **MS Office Kenntnisse** | Word, Excel, PowerPoint (fortgeschritten) |

## 이력서 예시(영어)

Picture

**Gildong. Hong - Globalized & Proactive**

- Email: xxxx2@gmail.com
- Phone: +00 (0)00 00 00 00
- Address: AAA strasse 82, 12345 Muenchen

---

**EDUCATION**

**ABCD UNIVERSITY** **MM/YY – MM/YY**
Communication (Bachelor)

**EXPERIENCE**

**ABCD GmbH,** *Digital project manager* **MM/YY – MM/YY**
- B2B Sales Digital Initiatives project lead
- B2B Solution CRM development and operation
- Sales process and bid management coordination
- Best practice sharing
- Customer insights
- Support regional unit as a primary contact from ECT

**ABCD GmbH,** *Sales Executive assistant* **MM/YY – MM/YY**
- Comprehensive support of Vice President
- Interface between VP and other units and offices
- Coordination and control of projects across business committee
- Organization, preparation and follow up of meetings
- Design and control corporate events
  (e.g. 2016 Light and Building exhibition & Global sales summit)
- Comprehensive reporting and data analysis to VP

**ABCD GmbH,** *Inside Sales Assistant Manager* **MM/YY – MM/YY**
- Responsible for Central and South Europe region
- Total order processing and after service management
- Develop and operate data management in the corporate system
- Sales report (ex: regular reporting for numbers / forecast)
- Coordination of MTP setup
- Coordination of projects across business units and customers

중간 생략

**QUALIFICATION**

Fluent in both spoken and written English / Korean / Spanish ,
German intermediate
Proficient in corporate ERP system – SAP and CRM
Proficient in web development software – Dreamweaver and Wordpress
Proficient in online marketing – Google analytics and search engine optimization

## 커버레터 예시(영어)

01.01.2018

Gildong Hong

abcstrasse 66, 45131 Essen, Germany

+49 (0)000 00 00 00 00

**To whom it may concern:**

Please accept my sincere application for the position of the team lead of project management team at ABC(company). I am strongly intrigued to apply for this position because I believe that my education and career background will make myself a great fit.

As you indicated that digital team is looking for someone with several years of experiences with digital projects and tool as well as strong stakeholder management skill across different regions and business units, I can satisfy these requirements in confidence.

중간 커버레터는 약 2~3개 간단한 문단으로 구성.

2번째 문단: 현재 채용하는 업무와 관련하여 그간 경력 내용 중

성공적인 사례를 예시로 들어 본인의 역량 강조

(예컨대, 글로벌 기업에서 CRM 통합 프로젝트를 성공적으로 마친 경험 - 성공적으로 마치는 데 본인이 기여한 주요 포인트)

3번째 문단: 채용하는 업무에서 어떻게 기여하고 싶은지 마일스톤 또는 비전 제시

(예컨대, 디지털 프로젝트에서 내부 시스템 개선에 집중, 프로세스 효율화를 몇 년 안에 몇 프로 이상 향상 시킨다는 등)

네 번째 문단: 다른 사람과 자신의 차별점

(IT기술 경력과 파이낸스 경력이 동시에 있어 프로젝트 실행력과 상업화 능력 두 가지 모두 강함)

Attached is a copy of my resume, which has more details about my qualification.

I sincerely wish to have a chance to have an interview with you regarding this open position.

Please contact me at your convenience.

Best regard,

Ich arbeite
in
Deutschland

Chapter 3

# 화성에서 온 독일인 금성에서 온 한국인

# 01
## 레알 독일?!

○ ○ ○

**Before VS After**

이제 와 떠올려보면 나는 정말 독일에 대해 무지하다 못해 무식했다. 학창 시절에 독일어를 배워 본 적도 없고 독일에 관심을 가질 만한 이유는 하나도 없었다. 기껏해야 한국에서 자라는 동안 책이나 미디어에서 보고 들은 아주 얄팍한 상식, 허접스러운 정보 그리고 우스꽝스러운 편견만 있었다. 한국이 독일과 특별히 지리적, 문화적으로 가까운 것도 아니라서 접하는 정보의 양도 초라할 정도로 적었다. 한국에 대해 아는 것이라곤 북한과 분단국가 정도밖에 없는 외국인들의 무식함을 비판하다가 나는 5년 넘게 산 독일에 대해 무엇을 알고 있을까 떠올려보면 나도 모르게 반성, 자숙의 시간을 갖게 된다.

요 며칠 전 TV의 한 프로그램에서 고작 1주일 한국을 여행하면서 한국어와 한국 역사를 공부하던 독일인들을 보며 '역시 난 멀었어….'라고 한탄할 수밖에 없었다. 그래서 누군가 내게 독일에 오고 나서 이전에 가졌던 독일에 대한 생각이 어떻게 변화했는지 또는 독일 문화에 실망하거나 문화적 충격을 경험하지는 않았는지 물으면 조금은 막막해진다. 흥미로운 것은 독일 문화를 알아갈수록 한국 문화에 대해서도 다시 짚어 보게 된다는 것. 독일에 대해 엄청난 애정을 품고 있진 않지만 문화를 알면 알수록 정이 쌓이는 점이다.

독일인과 독일의 문화에 대한 내 생각을 정리하려고만 들면 눈에 쌍심지를 켜고 "모든 독일 사람들을 너의 짧은 경험 따위로 일반화시키지 마"라며 달려드는 사람이 있다. 나는 내 무식함만큼이나 이 주장도 싫다. 내가 아는 것과 다른 어떤 새로운 집단과 관습을 이해하고 공유할 때 가장 쉬운 방법이 일반화시켜 뭉뚱그린 특색이 아닌가? 이게 우리가 다른 문화를 이해하고 배우는 가장 기본적 방법이다. 모든 상황과 사람에게 차이가 있기 때문에 아무것도 일반화시킬 수 없다면, 그리고 그래서는 안 된다면 문화라고 규정지을 수 있는 가능성조차 배제해 버리는 것이나 마찬가지라 생각한다. 그래서 나는 별수 없이 지극히 주관적인 경험과 판단을 바탕으로 다소 위험한 일반화를 감수하면서까지 독일에 대한 편견과 현실을 풀어 놓을 작정이다.

## 1. 독일은 소시지와 맥주의 왕국. (100% 팩트)

그래. 이것이야말로 내가 알고 있던 독일의 전부였다. "독일 하면 뭐가 떠오르시나요?" 하고 세계인들에게 질문하면 가장 많은 사람이 대답하는 항목이 아닐까 싶다. 한국 하면 김치가 떠오르는 것과 마찬가지다. 그래도 어느 정도 과장된 정보가 아닐까 싶었지만 이는 사실이었다. 한국 사람이 매 끼니 김치를 먹는 것처럼 독일 사람들이 소시지를 매일 먹는 것은 아니지만 국민 간식으로 불릴 정도로 아주 자주 먹는다. 맥주도 참 많이도 마신다. 독일에 오기 전 나는 소시지는 비엔나소시지, 맥주는 하이트밖에 몰랐다. 그래서 독일이 아무리 그것들로 유명하다 한들 이렇게 엄청나게 많은 종류의 소시지와 맥주가 있을 거라곤 상상하지 못했다. 지역별로 맛과 제조 방법, 재료에 차이가 있어 가는 곳마다 꼭 그 지역의 맥주와 소시지를 먹어보라고 하는 것이 정말 신기했다. 예컨대 뮌헨에서는 조식으로 먹는 하얀 소시지가, 뉘른베르크에서는 손가락만한 작은 사이즈의 허브 향이 나는 소시지가 유명하다. 또 어떤 지방에선 돼지 간을 넣은 리버 소시지를 꼭 먹어보라고 말한다. 소시지를 조리하는 방법, 먹는 방법도 가지가지지만 내가 가장 좋아하는 것은 커리 소시지다. 한국인에게 치맥이 있다면 독일인에겐 소맥이 있다. 이 커리 소시지는 사실 별거 없이 케첩에 카레 가루를 섞어 만든 것 같은 달짝지근한 소스에 구운 소시지를 잘게 잘라 버무려 먹는 것이 전부인데, 감자튀김이나 독일 빵을 곁들여 먹으면 매일 먹어도 질리지 않을 엄청난 감칠맛을 자랑한다. 뮌헨에 일할 때 이 커리 소시지를 거의 2주간 매일 먹고 몸무게가 딱 그만큼 늘었던 적이 있다. 베를린에는 커리 소시지 박물관도 있으니 독일인의 소시지 사랑은 편견이 아니라 팩트인 것이 확실하다. 많은 이들이 사랑하는 미국 개그맨 코난의 코미디 쇼에서 독일 맥주 공장에 가서 직접 소시지 만들기 체험을 한 영상을 보고 있노라면 내가 이딴 잡고기를 먹으며 감탄해야 한다니 하고 숙연해지다가도, 미국식 핫도그에 들어있는 맥 빠지는 얇은 소시지를 먹으면 독일 장인의 손을 거친 굵은 소시지가 금세 그리워진다.

맥주는 두말하면 잔소리. 옥토버페스트라는 맥주 축제가 열리는 뮌헨이 맥주로 가장 많이 알려졌지만 지역마다 맥주 공장이 있어 여행하며 하나씩 맛보고 차이를 알아가는 것도 큰 재미이다. 서른이 넘도록 맥주 맛을 모르고 살았던 나도 이제야 왜 사람들이 독일 맥주를 칭송하는지 알 것 같다. 물론 그래 봤자 사실 나는 맥주에 레모네이드를 섞은 라들러(레몬 맥주)를 제일 많이 마시는 애송이에 불과하지만.

### 2. 독일인은 축구에 미쳤다. (70% 팩트)

우습지만 처음 온 해에는 축구를 좋아하도록 강요받는 것 같았다. 맥주 마시러 가면 축구 얘기를 하는 사람도 너~무 많았고 새로운 동료들을 만날 때마다 어떤 축구팀을 좋아하는지 물어보았기 때문이다. 경기가 있는 날이면 그 시간에는 거리마저 한산했다. 다들 맥줏집이나 친구 집에 모여 경기를 보는 것 같았다. 아마 국가적 스포츠라곤 축구가 전부이고, 또 그만큼 잘하기 때문이 아닐까? 축구를 잘 모른다 하면 한국이 축구를 못해서 그러는 것 아니냐, 2002년 사기 치고 4강에 가더니 그 뒤로 망해서 그러는 것 아니냐며 놀려대는 놈들이 괘씸했다. 한국은 뭘 잘하냐고 물을 때 야구라 대답하면 도대체 야구처럼 지루하기 짝이 없는 스포츠를 왜 하냐고 또 한 번 놀려댄다. 그만큼 독일 사람들은 평균적으로 축구에 대한 사랑이 크다. 하우스메이트와 거실에 둘러앉아 분데스리가 경기를 보다 독일에 과연 축구 경기가 없는 날이 며칠이나 될까 얘기를 한 적이 있었다. 유러피언컵, 월드컵, 분데스리가 같은 큰 경기 외에 작은 리그 경기와 친선 경기까지 합치면 1년에 경기가 없는 날이 고작해야 1~2주 밖에 안 되지 않을까 하는 계산이 나왔다. 그러니 매일 TV를 켜면 어디 채널에선가는 축구 경기를 볼 수 있다. 물론 나처럼 아예 관심이 없거나 크게 신경 쓰지 않는 사람들도 많이 있지만 적어도 그 사람들조차 본인 출신 지역이나 응원하는 지역팀의 성적이 어떠한지, 감독이나 주요 선수는 누군지 정도는 알고 있다.

### 3. 독일인들은 시간을 칼 같이 지킨다. (30% 팩트)

누가 독일인을 대표하는 특성이 시간 엄수(punctuality)라 했던가…. 축구, 맥주, 소시지를 제외하고 독일 문화로 잘 알려진 것은 특이하게도 시간 엄수이다. 도대체 언제부터 어떤 이유로 독일 사람들이 시간을 잘 지킨다는 것이 세계인들에게 알려진 건지 궁금할 정도다. 아마 과거에는 그랬나 보다. 독일인이 시간을 철저히 지키는 게 있다면 아마 일을 마감하는 시간, 상점이 문을 닫는 시간(얄짤 없이 문을 닫아 버리는 철저함) 정도가 아닐까 하고 어깃

장을 놓고 싶을 정도로 독일에 온 뒤 예상과 다른 현실에 실망했다. 직장에서야 다 비슷하니 논외로 친다 해도 일반 생활이나 서비스를 생각하면 이야기는 달라진다. DB라 불리는 'Deutsch Bahn(독일 열차)'이 하도 매일 지연되어 독일인들 사이에서조차 DB가 'Deutsch Bahn(독일 열차)'이 아니라 'Delayed Bahn(지연 열차)'을 뜻하는 것 아니냐는 조롱이 나도는 것은 애교다. 5분, 10분이 늦어져도 고객 불만이 하늘을 찌르는 한국에 비교하면 독일 열차는 틈만 나면 30분, 1시간이 늦는다. 심지어 기상 조건이 좋지 않은 날에는 전광판에 120분 지연이라고 쓰여 있으니, 그 모니터를 보고 있노라면 그저 헛웃음만 나온다. 세계적으로 우수한 엔지니어와 제조 기술을 가지고 있는 독일인데 도대체 왜 이렇게 교통 시스템이 엉망이냐, 게다가 세금을 그렇게 뜯어 가면서 세금으로 열차 인프라 개선 안 하고 뭐 한단 말이냐고 불평을 쏟아부으면 독일 친구들은 이미 본인들은 진작에 포기했다고 자백한다. 보일러 수리공이 내일 오후 2시쯤 가겠다고 하면 그 시간 앞뒤로 2시간 중 언제 올지 모른다는 얘기다. 그 시간쯤 갈 수 있도록 최선을 다하겠다는 의미 정도로 받아들이면 된다. 인터넷 설치를 한 번 하려면 설치 기사 방문 예약 잡는 데만 최소 3주가 걸리는데 도대체 오는 시간도 '세월아 네월아'다. 그래서 직장인들은 집에 뭐가 고장 나서 수리를 받아야 한다고 하면 우리나라처럼 잠깐 그 시간에 집에 들르는 것이 아니라 재택근무나 연차를 쓰고 온종일 집에서 기다린다. 집을 짓는 일은 이 모든 것을 집합하는 가장 좋은 예이다. 3개월 안에 공사를 마친다는 계약서를 처음에 쓰긴 하지만 그 시간에 공사를 마칠 확률은 제로에 가깝다. 바람이 불어서, 날씨가 안 좋아서, 도로 공사 때문에 늦어서 등 지연 사유가 너무나도 많다. 어차피 일당으로 받으니 빨리 마감 기간 안에 끝낼 필요도 별로 없다. 그렇다고 3개월 안에 공사 못 끝냈으니 더 이상 돈 못 준다 할 수도 없는 노릇이고 맘에 안 든다고 다른 공사 업체를 찾는 것은 공사를 멈추고 2-3개월을 더 기다린다는 소리니 현실적으론 참고 견디는 수밖에 없다. 나는 회사에서도 여태 단 한 번도 프로젝트가 정해진 기간 내에 지연 없이 마무리 되는 것을 보지 못했다. 심지어 우리는 얼마나 많은 곳의 공사 현장이 계획된 기간 안에 공사를 마치지 못해 불편을 야기시키는지에 관한 뉴스 기사를 쉽게 접할 수 있다. 아마 독일인이 시간을 잘 지킨다는 것은 적어도 공공 분야에서는 완벽히 과거의 일이 아닐까 싶다.

**4. 독일인들은 차갑고 무뚝뚝하다. (50% 팩트)**

표정이 풍부하지 않고 무뚝뚝한 것은 부정할 수 없다. 그러나 차갑다는 것은 논쟁의 여지가 있다. 표정이 없기에 첫눈에 차갑다고 생각될 뿐 사실은 말을 하고 보면 무척이나 따뜻하게 느껴지기 때문이다. 뭐랄까 우리나라로 치면 시골에 있는 투박한 사람들, 무서운 표정으로 밭일을 하고 있지만 막상 말을 걸면 따뜻하고 정 넘치는 그들처럼, 독일 사람들도 대화하고 사람을 사귀어 보면 완전히 다르다는 느낌을 받는다. 투박하고 순수하다. 오히려 역사 계단에서 낑낑대며 캐리어를 들고 걸어가면 도움을 요청하기도 전에 도와주겠다는 사람들이 한국보다 훨씬 많다. 길거리에서 두리번대고 있을 때 길 찾느냐고 다가와 주는 사람도 많다. 엘리베이터를 내리거나 탈 때, 공원을 걷고 있을 때 눈이 마주치면 꼭 Hallo!(안녕하세요), Tschues!(안녕히 가세요) 하고 인사해 주는 것만 봐도 속이 차가운 사람들은 아니지 않나 하며 방어하고 싶어진다.

독일인들이 표정이 많지 않다고 느끼는 이유 중 하나는 과장된 표정이나 감정 표현을 잘 하지 않기 때문이다. 예컨대 일본인이 "스고이!!"라 하거나, 미국인이 "오 마이 갓!!" 하며 감탄을 할 때 짓는 표정이나 목소리, 몸짓 따위는 독일인에게서 찾아볼 수 없다. 그저 밋밋하게 좋네, 멋지네, 라고 말할 뿐이다. 눈앞에서 세상 좋은 것 같이 행동하는데 속으로 무슨 생각을 하고 있는지 도통 알 수 없는 일본인 같은 포커페이스는 아니다. 적어도 독일 사람들이 친절하거나, 웃고 있거나, 슬퍼한다면 대부분은 보이는 그대로 받아들여도 괜찮다. 그래서 이 사람이 날 좋아하는지, 이 시간을 정말 즐겁게 보내고 있는 건지 눈치 볼 필요가 별로 없다.

### 5. 독일인은 진지하고 재미가 없다. (90% 팩트)

가족들과 친구 중 많은 수가 작년부터 인기를 끌던 비정상회담이라는 프로그램을 시청했다. 내가 독일에 있어서인지 패널로 나오는 독일 대표 주자 다니엘에게 특히 정이 가고 그 사람을 통해 듣는 독일의 이야기가 더 흥미롭게 다가온단다. 나 역시 다니엘을 통해 듣는 독일 이야기가 무척 많이 공감되고 호감이 갔다. 그가 모든 면에서 독일을 대표하는 사람은 물론 아닐 테지만, 한국인이 가장 흔히 떠올리는 특성인 독일인은 매사 진지하고 그래서인지 재미가 없다는 것을 한눈에 보여주는 캐릭터로 등장하기 때문에 더 재미있었던 것 같다. 이 독일인의 '노잼' 캐릭터는 한국뿐 아니라 세계적으로도 명성이 자자하다. 미국의 유명 만화 프로그램인 사우스파크에서는 Funnybot(퍼니봇, 말 그대로 웃긴 로봇)이라는 캐릭터를 등장시켜 독일인의 안타깝기 짝이 없는 유머 감각을 철저하게 놀려댄다. 심지어 독일 사람들이 엔지니어에 더 투자해서 유머 로봇을 개발해야 한다는 아픈 메시지까지 던져대며 말이다. 독일인들조차 이 부분은 포기한 것 마냥 "아닌데, 우리가 얼마나 웃긴데! 너희들이 우릴 잘 모를 뿐이야."라고 반격하지 않는다.

한국인에게 특히 독일인이 재미없게 느껴지는 것은 유머 코드가 완전히 달라서이기도 하다. 영국인들의 Sarcasm(비꼬기 또는 풍자)과 독일인 특유의 상황을 희화화시키는 빈정거림 따위가 혼합된 형태의 유머 코드가 독일인 것이라면 한국은 직설적인 편이다. 유머 소재의 가장 큰 차이는 독일인들이 다른 사람의 외모를 소재로 거의 사용하지 않는다는 것이다. 외모를 소재로 사용하는 경우는 정치인이나 유명인을 희화화할 때 정도이다. 다른 사람의 말투, 그 사람의 출신 지역을 통틀어 놀리는 것은 흔하지만 여기서도 상대, 그 개인을 깎아내리지는 않는다. 예컨대 함부르크에서 온 사람들에게는 바닷가 지역에서 왔다는 이유로 Fischkopf(생선 머리)라 부르거나 슈투트가르트를 포함한 바덴뷔템부르크 주에서 온 사람들은 그 지역 특유의 사투리를 웃음거리로 삼는다. 한국 친구들이 내가 입은 옷이 구리다며 또는 이마에

난 여드름을 놀려대면 독일 친구들은 파스타를 먹을 때 젓가락을 놓으며 우리가 이렇게 한국 문화를 존중한다고 되지도 않는 농담을 해댄다. 지금보다 몸무게가 10킬로가 더 나가던 시절 찍은 여권 사진을 보고 미국 친구들이 김정은의 숨겨둔 여동생인 줄 알았다고 놀릴 때 독일 친구들은 그저 조심스럽게 '와, 너인 줄 몰랐어….'라고 얼버무린다. 그 대신 내가 전시회 기간에 매일 야근을 하다 하루 정시에 퇴근해서 돌아오면 '와 너 오늘 엄청 일찍 왔네! 연차 냈구나~? 아니면 병가~?'라며 그 상황을 비꼬는 농담을 한다. 그래서 이런 비꼬기 식 유머를 별로 좋아하지 않는 한국인에게는 독일인이 훨씬 더 재미없게 느껴지는 것이다.

그리고 무엇보다 진지하다. 매사에 진지하다. 한 가지 주제를 던져주면 끝도 없이 파고드는 그 집중력과 토론력은 그 진지함을 두 배로 가중시킨다. 뮌헨에서 나까지 5명의 하우스메이트가 같이 살 때 미국의 할로윈 파티에 관해 얘기를 나누고 있었다. 미국인들이 얼마나 할로윈 파티를 사랑하는지 내가 살았을 때 경험한 에피소드들을 들려주는 중이었다. 그날 밤 친구들은 "그래 나래가 미국에 있다 와서 향수병에 걸릴 수 있으니, 나래를 위해 올해는 우리도 할로윈 파티를 열어 보자!"고 무작정 계획을 세웠다. 이때까지만 해도 뭐 별거 있겠나, 먹을 것 좀 사고 분장 좀 하고 친구들 초대해서 술 진탕 마시거나 할로윈 파티가 있는 클럽에 가서 술 진탕 마시거나 둘 중 하나겠거니 했다. 그런데 웬일. 그날로부터 매일 저녁 식사 때마다 어떻게 파티를 할 건지, 누가 뭘 할 건지, 언제 무엇을 사러 가고 장식 테마는 어떻게 할 건지,

누구를 초대할 건지 토론을 해대는 거였다. '이게 아닌데…. 일이 너무 커지고 있어.'라는 생각에 발을 빼고 싶어진 할로윈 2주 전, 울며 겨자 먹기로 따라간 호러용품샵에서 모든 장식품을 사고 그 주말 내내 집을 장식했다. 1주 전에는 야외 장터에 가서 큰 호박을 두 개를 사와 호박 인형을 만들어 집 앞에 놓았고 인터넷으로 분장 의상을 골랐다. 심지어 TV 모니터에 켜 놓을 만한 무서운 영상을 찾아 다운로드 해 놓고 공포 영화 배경 음악을 노트북에 준비해 놓았다. 집의 모든 램프에는 빨간 셀로판지를 붙였고 화장실마다 빨간 립스틱으로 여기저기 피를 묻혀 놓았다. (이 립스틱은 우리가 저지른 실수 중 가장 최악이었다. 실리콘 사이사이에 낀 립스틱이 지워지지 않았기 때문이다.) 할로윈 음식도 가관이었다. 마녀가 토를 하는 것처럼 보이는 음식, 눈알이 들어 있는 칵테일, 뇌 같은 음식들. 준비만 한 달을 하다가 진짜 파티는 시작도 하기 전에 지칠 판이었다. 우리가 초대한 친구들의 진지함은 또 어떤가? 60명 가까이가 왔는데 어찌나 한결같이 꼼꼼히 분장했는지 그들의 테마 파티를 대하는 진지함, 사명감이랄까, 할로윈에 대한 존중이랄까. 아무튼 웃자고 얘기해 준 할로윈 파티에 죽자고 달려드는 친구들에게 놀라버렸다.

어느 날은 세 쌍의 커플 친구들, 즉 6명이 만나 저녁 식사를 하고 있었다. 어쩌다가 대화 주제가 개미가 되어 내가 어려서 개미 떼에게 습격을 당한 뒤 생긴 트라우마를 이야기하는 중이었다. 아이스크림을 다리에 흘렸는데 엄청난 개미들이 줄지어 내 다리로 올라온 일이었다. 그래서 나는 바퀴벌레나 모기보다 개미가 더 무섭다고 말했다. 그 에피소드를 이야기한 내 잘못이었을까. 그 이후로 우리는 장장 두 시간을 개미에 대해 토론했다. 하필 내 남자 친구는 개미의 광팬으로 베르나르 베르베르의 《개미》라는 책도 무척이나 재미있게 읽은 놈이었다. 그 자리에 있던 절친 물리학자는 심지어 여자 친구와 생태 학습 센터 같은 곳에서 개미집을 관찰하고 왔으며, 그 여자 친구는 초등학교 교사로 아주 자주 학생들과 개미 왕국, 개미집에 대해 가르치는 사람이었다. 우연의 일치라고 하기에도 우스울 정도로 이 여섯 명은 아주 유명한 개미 토론회 회원 같았다. 우리나라였다면 내 에피소드에서 끝났을 개미 얘기를 이렇게나 오랫동안 흥미롭게 토론하다니…. 나는 다큐멘터리로도 얻지 않을 개미 왕국의 지식을 친구들과의 저녁 식사에서 얻은 것이다! 남자, 친구, 가족, 회사, 연예인, 그리고 이를 모두 아우르는 삶 얘기가 99.9%인 한국인의 평균적 대화만 경험하다 독일식의 장르를 아우르는 대화를 하다 보면 처음엔 '와, 진짜 이 진지 터지는 재미없는 독일인들 같으니….' 하다가도 익숙해지면 그마저도 다 재미있어지는 것이 함정인 것 같다. 그래서 요즘엔 한국에 휴가를 가 친구들을 만나면 그렇게 "뭐야 왜 이렇게 혼자 진지해?"라는 소리를 듣게 되나 보다.

### 6. 독일인은 검소하다. (90% 팩트)

"오늘은 내가 쏜다!"를 최근에 아주 오랜만에 들었다. 독일에서는 거의 들어보지 못하는 말이다. 실제로도 무척이나 검소한 독일인들이라 저녁 식사를 하러 가면 식사 하나에 술 한두 잔만 시켜놓고 온종일 수다를 떨다 딱 본인이 먹고 마신 만큼 분할 계산을 하는 것이 보통이다. 회사 상사와 함께 회식을 가면 법인 카드가 주어지지 않는 이상 상사가 개인 돈으로 직원들에게 무엇을 사는 일도 평생 다섯 손가락에 꼽을 만큼 적다. 그렇기에 이런 독일인들에게 쏜다는 것은 자고로 엄청난 이벤트이다. 이 이벤트를 벌인 친구는 직장 동료로 본인이 우리 팀에 들어온 지 딱 1년이 되었다며 회사 카페에서 커피를 사서 돌렸다. 회사 카페의 커피는 직원 복리후생의 일환으로 잔당 천 원이 안 되는 엄청난 가격을 자랑하므로, 우리가 일반적으로 생각하는 스타벅스에서 커피 다섯 잔 쏘기와는 차원이 다르지만 이마저도 독일인들에게는 무척 의미가 깊다.

친구들의 생일 선물이나 크리스마스 선물도 훨씬 부담이 적다. 값어치로 계산되는 우리 선물과는 달리 독일은 여전히 그 선물이 지닌 의미에 더 무게를 둔다. 한국이었다면 직장인이 된 후 친한 친구 선물은 3~5만 원, 가족이나 친척 생일, 연인의 생일은 10만 원가량을 썼을 테지만 독일에선 남자 친구를 제외하곤 선물에 2만 원 넘게 쓴 일이 거의 없다. 평균이 그렇기 때문이다. 대개 친구 생일에 초대받은 친구들 몇 명이 돈을 만 원씩 모아 함께 선물을 산다. 직장 동료의 생일도 거의 인당 5유로 정도로 정해져 있다. 그리고 정말 그 친구가 좋아할 만한 작은 선물을 준비한다. 내가 몇 년간 동료들에게 주고받은 선물들은 화분, 꽃, 쿠폰 북, 마사지 쿠폰, 커플 영화 티켓, 이름이 새겨진 머그잔 등이 있다. 부모가 자식에게 주는 경우라면 모를까 자식이 부모에게 전자기기나 마사지 기계같이 몇 십 만원을 넘는 선물을 하지도 않는다.

사진 앨범, 꽃, 식사 초대, 이름이 새겨진 머그잔, 책같이 우리가 어려서 부모에게 선물했던 소박한 선물들을 나이가 들어서도 이어간다. 남자 친구 어머니께 기념일을 맞아 10만 원 정도 되는 명품 티 세트를 선물해 드렸는데 어쩔 줄 몰라 하셨다. 값이 너무 비싼 선물을 하면 부담스러워 할 수 있다는 친구의 조언을 새겨듣고 그다음 번 생신에는 평소 좋아하시는 거북이를 직접 그려 넣은 텀블러를 드렸더니 훨씬 더 기뻐하셨다. 독일에선 아직 물질적 값어치보다는 마음이 더 잘 통하는구나 싶은 생각에 마음이 찡했다. 한국에서였다면 아이들도 아닌 부모님의 생신에 최소 10만 원이 넘는 백화점 상품권 정도는 드려야 내 마음까지 전해지지 않을까 생각하니 조금은 씁쓸한 마음도 들었다. 참고로 독일은 특이하게 생일 당사자가 친구들이나 동료들을 위해 케이크를 구워 와 대접하는 문화를 갖고 있다. 그래서 직원 수가 많은 회사에 다니다 보면 케이크를 아주 자주 먹게 된다. 생일 케이크를 스스로 구워야 한다니 조금 어색할 수 있지만 '오늘 내 생일이니 함께 케이크를 먹으면서 축하해 주겠니?' 하는 따뜻한 의미가 담겨 있다. 누군가 내 생일을 말하지 않아도 알아서 챙겨주길, 케이크와 선물 그리고 깜짝 이벤트도 당사자가 아닌 다른 사람들이 해주길 기대하는 우리나라와는 무척 다르다.

독일인의 검소함이란 개인주의와 경제적 특성에서 기인한 합리적인 씀씀이다. 작년에 나온 다큐멘터리 중 '독일-부유한 국가, 가난한 시민'이 있었는데 딱 이 제목이 왜 독일인이 검소한가를 증명하는 것 같다. 필요한 데 안 쓰고 구질구질 사는 짠돌이와 스크루지 같은 것은 아니다. 그저 나처럼 세금과 생활비를 모두 제하고 남은 돈으로 미래도 설계하고, 휴가도 계획하려니 다른 사람을 위해 큰 지출을 할 만큼 여유가 없을 뿐이다. 비싼 선물을 주더라도 기뻐할 사람보다는 부담스러워 할 사람이 많아 얻는 것이 별로 없기 때문이기도 하다. 부유한 사람이 집, 차 사고 좋은 브랜드 욕심내는 것이야 세상 어딜 가든 비슷하지만, 제아무리 금수저라 한들 다른 사람에게 물질적으로 대우하는 게 멋진 것이라 띄워주는 사회적 분위기도 없으니 내가 더 잘산다고 쏠 필요도 없는 것이다.

### 7. 독일은 치안이 좋은 반면, 끔찍한 살인이 많다. (30% 팩트)

독일에 대해 접한 기사 중 가장 잊히지 않는 것은 아주 오래전 독일의 식인 살인 사건이었다. 독일에 사람을 먹는 범죄자가 있었고, 그 식인자가 인터넷 사이트를 통해 먹잇감을 구해 살인을 저질렀다는 기사였다. 더 놀라운 것은 희생양 모두 먹잇감이 되겠다고 자발적으로 신청한 참여자였다는 것이다. 다른 남자의 성기를 먹어 보고 싶어 그런 범죄를 저질렀다는 범인의 말이 잊히지 않아 '아 독일에도 사이코패스가 많구나.'라고 오버해서 상상했었다. 더구나 축구 경기장에서 미친 듯 술병을 집어 던지고 소리를 지르며 싸워대는 훌리건도 뉴스에서 종종 보던 독일의 모습이었기 때문에 치안에 대한 걱정이 많았다. 미디어에서 접하는 다른 나라의 소식이라는 건 대개 극단적이거나 부정적인 게 많기에 대부분 그릇된 이미지를 심어준다.

막상 와서 살아 보니 일상에서 느끼는 치안, 범죄 수준은 한국이나 독일다 비슷한 것 같다. 다른 점이라면 우리나라에서는 사회적 약자인 여성을 대상으로 한 성범죄나 살인이 증가하는 추세라면 독일에서는 사회적 약자인 이민자들을 향한 범죄가 점점 늘고 있다는 정도다. 이마저도 사실 일상에서 보고 듣는 사건은 거의 없다. 미국처럼 총기 소지가 자유롭지도 않고 공권력의 힘이 강해서인지 거리를 걸을 때 느껴지는 두려움은 거의 없다. 다만 한국처럼 새벽에 길거리를 돌아다닐 일이 없어 평소에는 잘 모르지만 한밤중에 중앙역 근처를 가거나 인적이 없는 맥도날드 같은 곳에 앉아 있으면 우리나라에서 보기 힘든 부랑자, 이민자, 약에 완전 취한 것 같은 빨간 눈빛의 사내들이 눈에 띄어 겁을 먹게 된다. 정신 나간 사람들이 마구 소리를 지르며 걸어가는 모습도 종종 볼 수 있다. 치안이 비교적 좋은 편이라고 해도 조심해야 하는 건 우리 몫! 밤에 쏘다니지 않고, 행여 별수 없이 다녀야 할 때도 친구들과 무리 지어 다니거나 택시를 타는 등 피할 수 있는 위험한 경우의 수는 최대한 피하는 게 상책이다.

### 재미없는 독일인 I – 집돌이 집순이 마스터 코스

'한국은 재미있는 지옥, 독일은 지루한 천국'이라는 말이 독일에 온 지 2년 차에 진심으로 이해됐다. 지금도 하루에 몇 번씩 지루함에 몸서리가 쳐진다. 꽤나 자주 '헬조선'이라는 말을 듣는 요즘 같은 때에 나까지 한국을 지옥으로 부르는 것이 마음이 편치 않지만, 그렇다고 독일을 천국이라고 칭하는 것도 선뜻 인정하기 어렵다. 그저 지루한 곳이라는 데에 동의할 뿐. 내가 한국의 놀이 문화에 20년 넘게 길들어서 그럴 거야, 외국인이라서 그런가, 이곳에 어린 시절을 함께 보낸 오랜 친구들이 많지 않아서 그런가 생각한 적도 있지만 심지어 독일 사람들도 자신의 놀이 문화가 재미없다는 것을 인정한다는 것이 조금 마음의 위로가 되었다. 교환 학생, 여행, 워킹 홀리데이 등의 기회를 통해 다른 국가에 거주해 본 적이 있는 독일 친구들은 독일에 복귀한 뒤 마치 나처럼, 외국인의 입장이 되어 독일이 재미없다고 불평한다.

한국에서는 언제 어디선가 무언가를 하고, 놀 거리를 찾고, 새로운 사람을 만날 기회가 풍부하다고 느꼈다. 하루하루가 어떤 이벤트나 에피소드로 가득한 느낌이랄까? 거리는 온종일 밝고, 밤은 길고 또 그 긴 밤은 갖가지 빛과 소리로 채워진다. 밤늦게 갈 수 있는 카페와 상점도 즐비하고 버스를 기다리면서 먹을 수 있는 길거리 음식마저 풍요롭다. 24시간 배고플 틈이 없이 편의점이 즐비하다. 아파트 앞 놀이터에 나가 어린아이들을 지켜보다가 아이스크림 하나 물고 같이 그네 타 보는 것조차 소소한 행복으로 다가왔던 나날들이 있었다. 이번 주말에는 어디로 등산을 가볼까, 이번엔 친구들을 어디서 만나볼까, 요즘에 핫한 곳은 어디지? 다음 달엔 이태원에 새로 생겼다는 클럽에 가 봐야지. 매주 힙플레이스, 맛집까지 업데이트가 되니 골라가는 재미가 쏠쏠하다. 할 일이 너무 많아 피곤했으면 했지 지루함이라는 것은 한국에 사는 사람들이 불평할 만한 요소는 분명 아닌 것 같다.

독일은 신나고 변화무쌍한 나라가 아니다. 오히려 변화를 싫어하고 빠르게 움직이는 모든 것을 싫어하는 것처럼 보일 정도다. 싱가포르에 10년을 거주하다 독일로 다시 돌아온 독일 여자 친구는 내게 10년을 해외에 있다 돌아왔는데도 자기가 살던 프라이부르크는 변한 게 하나도 없는 것 같다며, 독일은 멈춰있는 것 같은 느낌이 든다고 했다. 다이내믹의 대표 주자인 싱가포르에 살다 왔으니 아마 그 비교가 더 크게 다가왔을 지도 모르겠다. 여전히 보수적이고 여전히 일요일에는 모든 상점이 문을 닫고 매년 마을에서 열리는 행사는 똑같기 때문이다. 사람들의 행동도 비슷하다. 남들은 다 디지털이라고 하는 이 시대에 왠지 프라이부르크는 여전히 아날로그 시대에 남아있는 것 같단다. 어쨌든 이렇게 변화가 많지 않다 보니 독일이 내가 방문한 나라 중 가장 안정적이라는 인상은 확실히 든다. 유럽의 어느 나라보다 고요하고, 편안하고, 평화로우며 깨끗하다. 독일에서 가장 역동적이기로 손꼽히는 베를린조차 런던이나 파리에 비교하면 시골 같다.

가장 큰 차이는 밤 문화일 것이다. 독일의 밤은 어느 곳보다 길고, 어둡고 조용하다. 길고 긴 겨울이 시작되면 그만큼 어둠의 시간도 더 길어진다. 저녁 8시 이후에 할 수 있는 것이 거의 없다. 특히 보수적, 가톨릭 종교 색깔이 더 짙은 바이에른주는 더 심한데 대부분 카페는 퇴근 시간 6시에 맞춰 문을 다 닫아 버린다. 그나마도 겨울엔 4시에 닫는 곳도 흔하다. 그나마 외국인의 보금자리라 할 수 있는 프렌차이즈 카페 스타벅스 같은 곳도 8시면 문을 닫는다. 레스토랑은 10시에 문을 닫으니 편의점도 없는 이곳에서 10시 이후에 끼니를 해결하는 방법은 패스트푸드나 케밥 정도이다. 주말에는 바와 클럽에 갈 수 있다. 다만 힙플레이스를 골라 간다는 생각일랑 버려야 한다. 몇 년을 살아도 그 동네에 있는 바와 클럽은 변함없이 똑같다. 그나마 대도시는 옵션이 풍부한 편이지만 그마저도 인기 있는 장소는 향후 5년간 변하지 않을 확률이 높다. 날씨가 화창한 주말에는 광합성을 하러 모든 독일인이 다 공원과 카페로 향한다. 집에서 준비한 피크닉 도시락을 먹으며 돗자리에 누워 한껏 햇볕을 쬐거나 카페에서 케이크를 먹는 것이 화창한 날 독일인이 즐기는 국민 활동이다. 그럼 도대체 독일인은 퇴근이나 방과 후에 무얼 한단 말인가? 우리와 다르게 저녁이 있는 삶을 누리는 이 사람들은 저녁을 어떻게 즐긴다는 것인가? 이 질문에 대한 답변을 몇 년간 찾아다닌 결과 내 결론은 독일인은 집돌이 집순이 마스터라는 것이다. 집에서 무언가를 그렇게 해댄다. 본인이 아이유나 소녀시대 태연 같은 집순이라면 독일의 삶은 천국이 될 수 있다.

### 1. 집에서 요리하고 술 마시고

남녀노소 불문하고 독일 사람들은 평균적으로 요리와 집밥을 좋아한다. 무척 저렴한 식재료에 비해 외식비가 워낙 비싸 그런 이유도 있지만 일반적으로 요리하고 함께 식사하는 과정을 즐기는 것 같다. 한국에서는 집으로 누군가를 초대해서 함께 식사하는 기회가 많지 않지만, 독일에서는 외식만큼 흔하다. 우리에게는 손님을 집에 초대하고, 초대받는다는 것이 조금은 부담이 되고 다들 사는 곳이 멀리 떨어져 있는데다 밥 먹고 여기저기 번화가를 돌아다니거나 2차를 가며 시간을 보내는 것을 더 선호하기 때문일 것이다. 친구들 여럿이 함께 식료품을 사고 요리하고 오랜 시간 식사를 즐기며 술을 마시는 것이 참 자연스럽다. 새벽까지 클럽이나 바에 가서 술 마시고 놀 때도 술값이 비싸기 때문에 1차는 집에서 웬만큼 다 마시고 간다. 미국 사람들이 "우리 가는 길에 뭐 좀 먹고 집에 가서 게임하자."라고 자주 얘기한다면 독일인은 "가는 길에 맥주 사고 우리 집에 가서 저녁 만들어 먹고 축구 보자"라고 제안한다고 할까?

### 2. 집에서 텔레비전보기

요즘 젊은 층들은 공중파 프로그램은 보지 않고 주로 스카이라는 케이블 텔레비전이나 넷플릭스 같은 구독 프로그램을 많이 본다. 다만 독일 사람들은 자국 텔레비전 프로그램은 잘 보지 않는다. 독일 엔터테인먼트는 처절할 정도로 발전을 못했기 때문이다. 요즘 텔레비전을 틀면 나오는 독일 수사물 시리즈를 보면 예전 우리나라 경찰청 사람들을 보듯 화질도, 카메라 기술도 대본도 예스럽기 짝이 없다. 그래서 독일 사람들 대개 다 미드와 영드를 꿰뚫고 있지만 독일 프로는 개차반 취급을 해댄다. 독일어를 공부하겠다고 프로그램을 추천해 달라고 하면 독일 드라마 보지 말고 더빙된 미드를 보거나 독일어 자막을 틀어 미드를 보란다. 독일에서 가장 사랑받는 드라마가 왕좌의 게임이니 말 다했다.

### 3. 집에서 게임하기

컴퓨터 게임만큼 인기 있는 게임은 보드게임이다. 보드게임 종류도 어마어마하게 많다. 한국에 아주 짧은 시간 보드 게임방이란 것이 유행하던 때가 있었는데 막상 가면 복잡한 시뮬레이션 보드게임보다는 대개 간단하고 쉬운 게임을 주로 즐겼다. 우리에게 익숙한 국민 보드게임이라면 화투, 윷놀이, 바둑, 장기 정도다. 그리고 그나마 유명한 서양 보드게임은 포커 같은 카드 게임, 체스, 부르마블, 젠가 정도 된다. 그나마도 집마다 화투와 바둑판 빼고 구비하고 있는 보드게임은 많지 않다. 독일은 집집마다 보드게임을 많이 가지고 있다. 친구나 가족들이 집에 방문했을 때 아주 많이 즐겨 하는 활동 중 하나이기 때문이다. 한번 시작하면 한 판 끝날 때까지 장장 3시간이 걸리는 보드 게임도 즐겨 한다. 보드게임 클럽, 동호회도 무척 활성화되어 있다. 독일 서점에 가면 보드게임 섹션이 따로 구비 되어 있는데 선물로도 인기가 좋다. 심지어 에센에는 유럽에서 가장 유명한 보드게임 엑스포가 매년 열린다. 온 세상의 보드가 다 모여 있겠다며 엑스포를 방문했는데 의외로 가족 단위의 방문객이 엄청 많았고 몇천 개의 테이블을 꽉 채운 방문객들이 샘플 보드게임을 즐기고 있는 것을 보고 놀라웠다. 내게 보드게임은 참 멀고도 가까운 친구이다. 남자 친구 부모님 댁을 방문할 때마다 새로운 보드게임을 하는데 주사위 같은 운에만 의존하던 쉬운 게임만 해본 나인지라 규칙을 이해하는 것만도 너무 오래 걸린다. 게다가 게임이 시작되면 알 수 없는 경쟁심에 게임을 즐기기보단 스트레스를 더 받는 것 같다. 아무래도 독일 사람들에게 보드게임 말고 한국식 술 게임을 가르쳐 줘야겠다. 온 국민이 좋아하는 눈치~ 게임! 삼육구 삼육구! 토끼 토끼 토끼 토끼…….

### 4. 집에서 책 읽고 인터넷 쇼핑하기

독일 지하철을 타면 한국처럼 모두가 고개를 숙이고 스마트폰만 쳐다보고 있지 않아 놀랄 때가 있다. 네트워크가 한국처럼 잘 발달되어 있지 않아 지하철만 타면 인터넷이 잘 되지 않아서 인지도 모른다. 장시간 여행하는 버스나 기차에서는 휴대폰보다 종이책을 읽는 사람들이 더 많이 보인다. 여느 유럽 국가보다 독서율이 높다. 집에서 한겨울에 따뜻한 와인이나 차를 테이블에 두고 집에서 책을 읽는 것도 많은 사람이 좋아하는 여가 활동이다.

한편으로 독일에는 미국같이 큰 쇼핑몰이나 아울렛이 많지도 않고, 오프라인 상점이 워낙 일찍 문을 닫기 때문에 아마존, 잘란도 등 인터넷 쇼핑몰을 이용하는 수가 매년 급증하고 있다. 내 동료나 친구들만 해도 인터넷 쇼핑몰에서 물건을 사는 것이 상점에서 사는 것보다 2배 이상 많다고 얘기할 정도이다. 독일은 미국 다음으로 아마존 매출이 높은 국가이기도 할 정도이니 독일인의 인터넷 쇼핑이야말로 저녁 시간을 보내는 흔한 활동이다.

### 5. 집에서 휴가 계획하기

이것이야말로 하이라이트. 1년 휴가 30일을 계획하려면 무척 바쁘다. 그 많은 휴가 일수를 알차게 보내려면 미리 1년 휴가 계획을 정해 놓고 가고 싶은 장소와 활동을 골라, 필요하면 예약도 해 놓아야 한다. 그나마 독일에 사는 가장 큰 장점이라면 유럽 다른 국가들과 인접해 있어 3~4일의 짧은 휴가에도 방문할 만한 나라들이 많다는 점이다. 미리 기차 또는 비행기 티켓을 끊으면 서울에서 부산 가는 가격보다 싼 값에 건질 수도 있어 부지런할수록 득을 본다. 제 작년에 운 좋게 스코틀랜드 왕복 비행기 티켓을 단돈 4만 원에 건진 후 나도 여행 계획에 마스터가 되었다. 가족과 친구들이 둘러앉아 다음 휴가는 어디로 갈까 인터넷을 뒤지고 여행책을 읽는 것만으로도 즐겁고 설렌다.

### 6. 집 꾸미기

아파트도 아파트지만 주택에 사는 사람들은 특히나 집이나 정원을 가꾸고 꾸미고 관리하는 데 참으로 많은 시간과 노력을 기울인다. 집에 사람들을 초대할 때 집 구경시켜주는 것도 좋아해서 그런가 보다. 뮌헨에서 살던 집은 지하까지 4층짜리 집으로 방이 12개, 앞마당과 뒷마당, 2층 테라스까지 관리해야 할 공간이 너무 많아 힘이 들었다. 적어도 일주일에 한 번씩 5명이 모두 모여 2~3시간을 투자해야 모든 공간을 청소하고 관리할 수 있을 정도였으니 말이다. 가을에는 낙엽을 쓸고 겨울엔 집 앞의 눈을 직접 오전 9시까지 쓸어야 하는 것이 의무인지라 눈이 오는 것이 가끔은 너무 귀찮았다. 집 안팎을 계절별로 꾸미고, 화분이나 꽃을 사다 놓고 창밖 창틀에 전시해 놓는 것은 기본이고 크리스마스가 오면 한 달 전부터 꾸미기 경쟁이 일어난다. 12월에 독일 주택가 동네를 걷고 있으면 집 구경하는 것만으로도 크리스마스의 따뜻하고 로맨틱한 분위기를 한껏 느낄 수 있다.

도대체 왜 이렇게 집을 좋아할까 싶을 정도로 독일인들이 집에서 보내는 시간이 많다는 것이 처음엔 불만이었다. 저녁만 되면 외롭고 지루해서 어쩔 줄 몰랐던 나도 요즘엔 집과 많이 친해졌다. 이렇게 집을 좋아하는 문화가 사람들을 보다 가정적으로 만들어주는 것 같다. 가족이 있으면 살기 가장 편한 나라 중 하나라는 말이 맞다. 함께 집안일을 하고, 아이를 돌보고 요리하는 동안 한국에 있는 많은 우리들은 늦게까지 일을 하다 늦은 시간에 술집에 가고, 편의점에 들러 맥주를 마시고, 노래방에서 노래를 부르고 에너지가 다 방전될 때쯤 집에 가서 잠만 자고 나온다. 한국에서는 굳이 집에 가지 않아도 될, 재미 넘치는 유혹의 요소들이 밖에 너무 많다. 그 바람에 집안일도 집에서 시간을 보내는 방법이 아닌, 숙제처럼 느껴지는 것이 아닐까? 아, 자꾸 집 이야기를 하다 보니 이 빈집을 온기로 채워 줄 동반자가 있었으면 좋겠다는 바람이 커진다. 헨리 비숍의 즐거운 우리 집이라는 노래가 생각나는 저녁이다. '즐거운 곳에서는 날 오라 하여도, 내 쉴 곳은 여기 내 집뿐이리~'

### 재미없는 독일인 II - 독일인은 집 밖에선 뭘 하고 놀까?

올해 우리 부서 크리스마스 파티 준비는 얼떨결에 내가 떠맡게 되었다. 으아아악!! 일하는 것보다 파티 준비가 정신적으로 더 힘들다. 이 호응 없고 밋밋하기 짝이 없는 데다 각자 의견, 고집 강한 독일인들을 만족시킬 크리스마스 파티를 준비해야 한다니…. 철없던 시절 이벤트 매니지먼트에 관심을 잠깐 가진 적이 있는데 역시 금방 포기하길 잘했다. 위치 선정에 레스토랑 예약부터 어렵다. 우리나라 같으면 식당 예약쯤이야 식당이 차고 넘쳐 하루 이틀 전에만 해도 되니 시간 압박이 별로 없을 텐데, 독일은 11월 셋째 주부터 12월 말까지 많은 회사와 개인 모임들이 크리스마스 파티를 여는 기간이라 2~3개월 전 예약하지 않으면 원하는 날짜에 식당을 잡기도 힘들다. 가장 큰 복병은 식사 후 진행할 팀워크 활동이다. 한국 회사에서는 많이 생각할 필요 없이 늘 미친 듯 술 마시고 노래방 가기 또는 조금 고상하게 공연 보기를 선택했다. "우리 무슨 활동 할 거야 나래야~?", "미니 골프 어때?", "난 볼링!", "난 축구!". 매일 같이 이렇게 내 방을 지나가다 쉽게 의견만 던져 주고 가는 동료들을 보자니 얄밉기 그지없다. 그래서 독일 동료들이 제~일 싫어하는 활동인 노래방을 진행하려고 했는데 이조차 예약이 안 돼 망해버렸다. 이처럼 크리스마스 파티를 기획하다 보니 자연스레 독일인들이 좋아하는 야외 활동에 대해 고민하게 되었다.

독일인들이 평균적으로 좋아하는 집 밖에서 할 수 있는 활동들을 물으면 가장 흔한 대답은 집에서 맥주 마시기와 집 밖에서 맥주 마시기, 축구 보기와 축구하기, 카페 가서 커피와 케이크 먹기 정도이다. 독일 사람들은 유독 자연을 좋아해 날씨가 좋으면 죄다 광합성을 하러 공원이나 호수에 나가 돗자리를 깔고 누워 있다. 등산과 캠핑도 많은 사람이 좋아하는 활동이지만 현실적으로는 남부 지역을 제외하고 산이 많이 없어 생각만큼 자주 하지는 못한다. 추운 날에는 온천, 스파도 인기가 좋다. 독일의 스파 시설은 남녀 혼용에 완전 나체라 외국인들이 종종 문화적 충격을 받기도 한다. 생일에 스파 쿠폰을 받아 아무것도 모른 채 비키니를 챙겨 신나게 입구에 들어갔다. 입구에서 시설 이용 방법을 묻고는 적잖이 당황했다. 비키니는커녕 수건을 제외한 다른 어떤 것도 허용이 되지 않는다는 것이었다! 남자 친구와 함께였으니 망정이지 친구들이나 가족들과 왔으면 도망칠 뻔했다. 입장 후 처음 15분 정도는 적응이 안 되어 의식적으로 사람을 쳐다보지 않기 위해 부단히 노력했다. 많은 숫자의 할머니 할아버지가 수건 한 장 걸치지 않은 채 편안히 시설을 활보하며 스파 시설에 두 다리 쫙 펴고 앉아 있는 것을 보니 하아…. 이것은 유럽의 나체 해변가보다도 더 적나라한 것이었다. 적응된 이후에는 나 역시 누가 내 가슴 보고 저 아이는 초등학생인가 의심하든지 말든지 신경 쓰지 않고 신나게 돌아다녔다. 그때의 해방감이란! 모두가 자연스럽게 시설을 즐기는데 어디서 동양인 남자 셋이 입구로 토끼 눈을 뜨고 들어온다. 외모만 보면 동남아시아 국가에서 온 것 같은 그들은 입구에 발을 딛자마자 손을 모아 삼각형을 만들더니 자신들의 주요 부위를 가리기 시작한다. 그 모습을 본 할머니와 할아버지 부부가 키득대기 시작했고 사우나에서 함께 앉아있던 다른 사람들도 낄낄댄다. 역시 완전 나체 욕탕에 처음부터 당당할 수 있는 아시아인은 일본인뿐, 나머진 다 왕초보다.

우리나라처럼 여기저기 돌아다닐 곳이 근처에 많이 있지도 않다. 광화문역 지하철에서 내리면 청계천, 명동, 세종문화회관, 교보문고, 경복궁, 서촌까지 걸어 다니며 구경할 곳이 사방에 천지인 서울과 독일의 도시는 완전히 다르다. 독일에서 두 번째로 큰 뮌헨도 중심가 시내가 딱 한 곳밖에 없는데 끝에서 끝까지 걷는 데 고작 20분밖에 걸리지 않는다. 그래서 '구경하고 돌아다닌다'는 의미를 독일인들은 잘 이해하지 못한다. 다른 나라의 대도시에서 살다 독일에 오면 독일의 어느 대도시를 가든 시골 같은 느낌을 받는다. 이밖에 골프, 테니스는 우리나라보다 훨씬 저렴해서 서민들도 즐겨 할 수 있는 운동이지만, 오히려 골프는 우리나라에서 훨씬 사랑받는다. 친구들 생일 파티에 레이저텍, 페인트 볼, 볼링 같은 게임을 종종 한다. 우리나라 사람들보다 단체 게임을 훨씬 즐겨 하는 것 같긴 하다. 이렇게 친구 8명과 도대체 독일의 국민 취미는 무엇일까 떠들어대다 다들 지쳐 떨어진다. 아무리 생각해도 맥주 마시며 얘기하기로 결론을 내려야겠다. 그리고 난 글을 쓰는 이 순간까지도 크리스마스 파티 활동을 정하지 못했다. 아무래도 망한 것 같다.

## 재미없는 독일인 Ⅲ – 듣는 건 최고, 리액션은 최소!

올여름 부서장이 같은 부서에 있는 모든 팀원을 본인 집 바비큐 파티에 초대했다. 본인 수습 기간 6개월을 마친 것과 생일 파티를 합쳐 축하하기 위해 마련한 자리였다. 다들 술이 조금씩 올라(아니다, 나만 올랐을 수도 있다) 단체로 폭풍 수다를 막 떨고 있던 시점에 내가 얘기를 하다 멈추고는 소리를 질렀다. "이것 봐, 독일 사람들은 좋은 청취자이긴 한데 리액션은 최악이야!"라고. 모두를 집중시킨 상태에서 "제발 누가 얘기할 때 조금 더 리액션을 보여줄 수는 없니? 이래서 독일인들이 재미없다는 소리를 듣는 거야….”라고 호소했다. 모두 처음엔 엄청 황당해하다가 곧 웃음이 터졌다.

독일인들이 표정도 워낙 없고 무뚝뚝하다는 것은 이전에도 언급했다. 청취 리액션도 그 명성에 한몫을 한다. 표정도 밋밋하고 대화도 밋밋하고 리액션까지 밋밋하기 짝이 없다. 어려서부터 토론을 많이 하며 자란 탓에 누가 말을 한번 시작하면 끝날 때까지 참 잘 들어준다. 중간에 웬만하면 잘 끼어들지 않지만 끼어들다가도 상대방이 말을 계속 이어가면 “아 미안, 계속해” 하고 기다려주는 게 일반적이다. 업무 회의 때도 중간에 말을 잘라야 할 때 “아, 미안하지만….”, “끼어들어 죄송합니다만….”이라고 시작하지, 지위나 직책을 불문하고 상대의 말을 무작정 자르지는 않는다.

한국식 리액션에 익숙한 나는 말이 끝날 때까지 추임새 하나 없이 묵묵히 들어주는 것이 너무나 지루하기도 하고 김이 빠지기도 해서 중간에 자꾸 리액션을 살피게 된다. 웃긴 이야기가 아니라면 도무지 지금 하는 대화의 주제가 흥미로워 듣고 있는 건지 아니면 억지로 내가 말을 다 마칠 때까지 참고 있는 건지 확신이 생기지 않아 눈치를 보게 되는 것이다. 고개라도 끄덕끄덕 해줄 법 한데 두 눈 똑바로 뜨고 똘망똘망 잘 듣고 있는 사람들. 독일에서 스탠드업 코미디를 하면 피가 바짝 마를 것 같다는 생각마저 든다. 한국식 리액션이라고 했지만 사실 독일과 가까운 주변 국가 영국, 스페인, 이태리만 가도 얼마나 사람들이 리액션을 잘하는지 모른다. 게다가 북아메리카 사람은 또 어떤가? 별 것도 아닌 일에 “어메이징!!!!!”, “어우썸!!!!”을 남발하는 모습이 종종 백인 금발 머리 십 대 소녀들을 연상시키는 농담거리가 되기도 하지만, "와우! 진짜?" 정도는 친절하게 계속 던져주는 영어권 국가 사람들 정도는 되어야 그래도 얘기할 맛이 나지 않는가 싶다. 무엇이 이렇게 독일어권 나라 사람들을 건조하게 만든 건지 궁금하다.

어쨌든 내가 리액션이 최악이라며 불평을 하고 난 뒤 동료들은 내가 말을 할 때마다 "오마이갓! 진짜?"를 외쳐대기 시작했다. 그리곤 다른 사람이 얘기할 때 혼자 연신 고개를 끄덕이면서 "아~~~", "그래서?", "미친!!!", "와우"를 하는 내 모습을 보고 나래 또 리액션 오버한다고 놀려 댄다. 그러나 나는 이거야말로 대화에 활기를 불어주는 진정한 쌍방향 커뮤니케이션이라며 주장한다. 유머 로봇 개발하기 전에 공감 로봇, 리액션 로봇 개발하라고 같이 맞대응한다. 생각해보면 나는 한국 친구 중에서도 유독 리액션이 심한 편이긴 하다. 가끔 남자 친구와 전화할 때 실컷 오늘 무슨 일이 있었는지 이야기하다 갑자기 느닷없이 멈추곤 "내 얘기 듣고 있어?" 하고 되묻는다. 우리나라로 치면 "응, 응" 같은 나 잘 듣고 있다는 추임새가 없다 보니 너무 조용해서 남자 친구가 전화기를 두고 어디 간 것은 아닌가, 딴짓하고 있는 것은 아닌가 싶어서다. 그러면 그는 "응 듣고 있는데 왜 말을 하다가 멈춰?"라고 반문한다. 그럼 나는 다시 "네가 아무 소리를 안 내니까 안 듣고 있는 것 같아. 리액션 좀 해"라며 독일인 남자 친구에게는 참으로 어려운 부탁을 해댄다. 이렇게 몇 번을 반복하니 이제는 내가 말을 하다 멈추면 기계같이 바로 "와우~ 진짜? 오오오오"라며 기이한 리액션을 마구 뿜어 대며 본인이 대화를 아주 잘 듣고 있음을 강하게 어필한다. 우습기 짝이 없지만 노력이 매우 기특하다. 그나마 독일 사람들도 피에 알코올이 섞이면 조금 나은 편이니 그거 위안 삼고 청취 리액션은 조금 마음을 비우기로 했다. 가끔 한 번씩 한국 친구들과의 폭풍 수다가 그리워지는 것은 아마 이런 공감 백배 리액션이 그리워서가 아닐까 생각한다. "대~박!!" 역시 한국어가 감정 표현하는 데는 최고라며 되지도 않는 자부심을 가져 본다.

### 검소한 독일인 I - 너는 겨울 코트가 몇 개니?

대학교 1학년 때 교양 과목으로 세계 문화에 대한 수업을 들었다. 10년이 지난 지금도 생각나는 것 중 하나는 그 수업에서 독일인을 대표하는 특징을 검소함으로 꼽은 것이었다. 수업 시간에 교수님이 보여 준 한 다큐멘터리 영상에는 심지어 독일의 한 소도시에서 쓰레기처리 비용을 줄이기 위해 가정집의 정원 흙에 묻을 수 있는 음식물 쓰레기 종류를 홍보하는 장면까지 나왔다. 물론 이는 극단적 예일 뿐 평균 독일인들이 이렇게까지 하지는 않는다. 그럼에도 불구하고 확실히 독일은 한국이나 미국처럼 소비가 중심이 되거나 장려되는 문화를 가지고 있진 않다. 필요 이상의 소모품을 잘 구매하지 않고 대량 구매나 사치성 소비도 꺼린다. 독일인의 이런 특성은 패션에서 쉽게 찾아볼 수 있다.

한 프랑스 잡지에서 독일 사람들을 패션 테러리스트라고 칭한 농담 반 진담 반의 카피를 보았다. 또한 사람들은 해외에서 독일인 여행객을 구별하는 방법이 몇 십 년째 변함없는 그들의 고유 패션 - 방수되는 아웃도어 재킷, 주머니 많은 바지에 스포츠 샌들- 이라고 말한다. 이 정도로 참혹하지는 않지만 이웃 나라 프랑스, 이탈리아, 스페인이 패션으로 유명한 것에 비하면 독일 사람들은 뛰어난 패션 감각을 지니고 있지도 않고 별로 관심도 없다. 심지어는 패션에 생각보다 훨씬 보수적이다. 독일에 오기 전 별 근거도 없이 독일인의 외모와 패션에 대한 기대치가 높았던 나로서는 조금 실망스러운 부분이었다. 독일인은 검은색, 회색, 갈색 재킷에 청바지만 있으면 다 되는 줄 아는가 보다고 자조 섞인 농담도 해댄다.

예컨대 런던이나 밀라노 파리에 가면 화려하게 차려입은 남녀를 많이 본다. 한겨울에 눈바람이 세차게 불어도 파리 여자들은 코트에 하이힐을 포기하지 않는다. 게다가 런던에는 장화와 우산의 색깔, 디자인까지 고려해서 옷을 입는 멋쟁이 언니들이 가득하다. 빈티지 쇼핑의 천국이라는 런던과는 달리 밀라노에서는 명품으로 치장한 세련된 직장인들과 부자들을 볼 수 있다. 그런데 독일에 오면 도통 이런 사람들이 보이질 않는다. 눈에 띄는 색상이나 무늬, 브랜드 디자인의 옷을 입는 사람을 찾아보기도 어렵고 매장이 많지도 않다. 대도시에 이런 명품 상점이 몰려 있는 거리가 따로 있는데, 막상 가보면 독일 사람보다 외국인이 훨씬 눈에 띈다. 한국 여자 5명 중 한 명은 든다는 루이비통 백을 든 독일 여자를 본 게 언제인지도 기억나지 않는다. 독일에서 유명한 브랜드들은 구찌나 샤넬같이 그 브랜드를 대표하는 독특한 디자인 때문에 유명하기보다는 가죽 장인, 몇십 년이 지나도 망가지지 않는 튼튼함 같은 우수한 품질로 유명하다. 그런 브랜드들은 몇 년째 비슷한 디자인만 고수하고 제품 겉에 브랜드 이름을 대놓고 써놓지 않으면서도 꾸준히 사랑받는다.

이런 사치성 패션 아이템 대신 독일인이 4계절 내내 입고 다니는 것은 방수 재킷, 청바지 그리고 백팩이다. 시도 때도 없이 비바람이 부는 독일에서 이보다 더 실용적인 아이템은 없다. 독일인은 패션에서도 실용성을 무척 중요시한다. 어떤 옷이 아름다운가보다 어떤 옷이 나머지 옷과 가장 잘 어울리고 튀지 않는지, 가격 대비 튼튼한지 등을 더 많이 고려한다. 남자들은 나이 불문하고 청바지와 맨투맨 느낌의 니트나 티를 입거나 조금 차려입을 땐 티 대신 버튼 셔츠를 입는다. 여자들도 편한 청바지에 티를 가장 즐겨 입는다. 보수적인 대기업에 종사하는 직장인들은 출근 시 정장을 기본적으로 착용하지만 그런 소수의 기업 외에 대부분 직장인에게는 근무용, 사복용 옷이 차이가 없다. 남녀노소 낮은 단화, 운동화를 가장 많이 즐겨 신고, 겨울에는 가죽이나 스웨이드 소재의 낮은 부츠 또는 구두를 사랑한다.

몇 년째 같은 아이템을 입을 수 있는 이유는 유행이 없다는 것이다. 한국에서는 유행이 너무 빨리 변해 매번 옷을 새로 사야 했다. 돌고 도는 패션이 다시 돌아오기 전까지는 작년에 입었던 것을 올해 입는 것조차 편치 않을 때가 많았다. 통 큰 바지가 유행한 올해 한국에 갔을 때 스키니진만 잔뜩 있던 나는 촌스러운 독일 여자 소리를 들어야 했다. 유행을 따라가기도 싫지만 또 뒤처지기도 싫은 딜레마에 빠진 게 한두 번이 아니다. 게다가 뭐 하나가 유행하면 모든 브랜드가 비슷한 디자인의 옷만 찍어 만드니 유행을 따라가기 싫다고 버티면 선택의 폭만 좁아지는 셈이었다. 그러니 유행은 소비를 부추기는 제일 좋은 방법이었다. 독일은 이런 유행이란 게 없다. 한때 미국에서 시작해 아시아는 물론 유럽에서도 크게 유행한 레깅스 바지처럼 입기 패션도 독일에서만은 흥하지 못했다는 것이 좋은 예이다. 한 번 살 때 아예 튼튼한 걸 사면 재킷 같은 것은 한 번 사서 10년을 입을 수도 있다. 옷이 망가지거나 싫증이 났을 때, 그냥 이유 없이 옷을 사고 싶을 때만 옷을 구매하면 된다.

내 남자 친구는 처음 데이트 한 날부터 그다음 해까지 겨우내 한 코트만 입었다. 매일 같은 코트만 입으니 도대체 이 코트 드라이클리닝 할 시간이나 있나 싶어 속이 상했다. 그래서 기념일을 맞아 코트를 선물하겠다고 하니 이미 코트가 있는데 왜 코트를 사느냐고 묻는다. 다른 걸 사 달란다. 그 코트가 너무 추워 보인다고 핑계를 댔다니 자기는 춥지도 않고 그 코트가 좋단다. 이 이야기를 프랑스인 동료에게 했더니 자신의 독일인 남편도 그렇다고 같이 공감해 주었다. 심지어 본인은 새로운 옷을 사 주었는데도 여전히 방수 점퍼만 입고 출근한단다. 그날 밤 집에 돌아와 함께 사는 하우스메이트들에게 남자 친구에게 어떻게 맘 상하지 않게 겨울 점퍼를 사줄까, 맨날 같은 것만 입는다고 이야기했더니 내게 공감해 주기는커녕 내게 "나래 너는 도대체 겨울 코트가 몇 개니?"라고 되묻는다. 매번 코트와 재킷을 바꿔 입는 걸 보니 적어도 5개는 넘는 것이 아니냐며 아우터가 여러 벌인 것이 더 신기하단다. 돌이켜보니 하우스메이트들도 모두 코트 한 벌만 집 문 앞에 걸어 놓고 이너

웨어만 바꿔 입고 아우터는 늘 같은 걸 입었다. 한국에서는 옷값이 독일보다 훨씬 싼 거냐고 묻고는 그게 아니란 걸 듣고 훨씬 더 놀란다. 세어보니 작년까지 겨울 코트와 재킷이 총 8개가 있었다. 독일에 올 때는 4개만 있었는데, 독일에서 딸래미가 혼자 얼어 죽을까 싶어 걱정한 엄마가 사서 보내 준 패딩이 추가로 쌓였다. 믿기 어렵겠지만 나는 정말 한국에서 옷을 안 사기로 유명했다. 패션 감각이 좋지 않은 결정 장애자라 옷 한 벌 사려면 쌔가 빠지기도 했고 차라리 그 돈을 모아 비행기를 타는 게 낫다고 생각해서기도 하다. 그 8벌의 옷 중 독일 사람들이 즐겨 입는 색이 아닌 빨간색, 노란색, 초록색 등 밝은 색상이 많아 독일 친구들은 내가 패션에 지대한 관심이 있다고 오해할 법도 했다.

더불어 독일은 가톨릭의 영향으로 보수성도 강해 여자들이 짧은 치마나 핫팬츠를 한국처럼 잘 입지 않는다. 특히 직장인 여성은 무릎 위로 올라오는 치마를 입는 일이 거의 없다. 우리나라에서 보면 아이러니한 것이 가슴골이 훤히 드러나는 티셔츠는 아무렇지 않게 입으면서 치마가 무릎 위로만 올라오면 짧다고 흉을 보는 것이다. 왠지는 모르게 다리 속살을 드러내는 것을 무척 꺼려한다. 젊은 세대에서는 많이 바뀌고 있지만 그럼에도 불구하고 독일 여자들이 짧은 치마를 입는 것을 많이 볼 수 없을 것이다. 그러니 패션에 무지한 사람이라면 독일에서 옷 때문에 스트레스받을 일은 결코 없을 것 같다. 그냥 종류별로 하나씩만 가지고 있으면 된다.

## 검소한 독일인 II - 신용카드는 받지 않습니다

미국에서 시작된 신용 카드 사랑은 이미 오래전에 한국에 넘어와 우리 삶의 일부가 되었다. 처음 한국에서 인턴으로 입사했을 때 나를 가장 처음 반겨 준 건 신용카드회사 영업 사원이었다. 회사 건물 전체를 등허리를 반쯤 굽힌 채 돌아다니며 새로 입사한 파릇파릇한 사원들에게 카드 회원 입회를 권유하던 그 사람을 잊을 수가 없다. 가입만 하면 주는 선물도 있지만 카드를 쓰면 쓸수록 늘어나는 혜택과 제휴 서비스, 카드 사용 금액으로 구분되는 고객 등급까지. 월급이 통장을 바람처럼 스쳐 지나가게 만드는 주범이긴 하지만 다들 한두 개씩은 꼭 가지고 있는 것이었다.

이 신용카드에 너무 익숙해서일까, 나는 한국보다 또는 한국만큼 잘 사는 나라라면 신용카드 사용이 일반화되어 있으리라 예상했다. 이런 오해 때문에 처음 엄마랑 독일과 오스트리아를 여행했을 때 정말 당황스러웠다. 큰돈을 현금으로 들고 다니는 것이 걱정스러워 되도록 최소한만 환전해 가져가고 나머지는 신용 카드를 쓰자 했던 것이다. 4주간의 긴 여행이었는데 손에 쥔 현금은 300유로가 전부였으니 의도치 않게 현금에 쪼들리는 신세가 되었다. 길거리 음식은 당연하다 쳐도 식당이나 슈퍼마켓 체인은 괜찮을 줄 알았는데 오산이었다. 대부분 식당에서는 신용카드를 받지 않았고 슈퍼마켓도 독일 내 체크카드만 받는 곳이 많았다. 특히 뉘른베르크 같은 중간 규모나 소도시의 경우는 백화점이나 호텔에 있는 식당을 제외하곤 카드를 쓸 수 있는 곳이 거의 없었다. 하이델베르크의 한 식당에서는 신용카드를 받아주는 대신 수수료 명목으로 5유로를 추가하겠다고 으름장을 놓았다. 뮌헨이나 프랑크푸르트 같은 큰 도시도 크게 다르진 않다. 관광객이 많은 시내, 중앙역 근처는 다르지만 동네로 들어가면 큰 레스토랑에서도 신용카드는 잘 받지 않는다. 시내에서도 '20유로 이상 구매 시 신용카드 받음'이라는 조건이 붙을 때가 많다. 단돈 1,000원짜리도 카드를 쓰는 데 익숙한 한국사람 중에서는 이런 불편함에 대해 불평할 수밖에 없는 대목이다. 상황이 이러니 가장 먹고 싶었던 길거리 음식이나 맥주는 혹시나 현금이 부족해지는 사태를 막기 위해 마지막 날까지 견디다 먹었던 것이 너무 아쉬웠다.

상점 입장에서 카드 사용을 좋아하지 않는 건 당연하다. 카드 사용은 수수료와 세금으로 이어지기 때문이다. 바를 운영하는 친구에게 물어보니 술집의 경우 카드사에 지급하는 수수료보다 소득 신고로 납부해야 하는 세금이 더 크기 때문에 꺼려한다고 말한다. 카드 결제 내역은 빼박으로 고스란히 세금을 내야 한다. 카드사 수수료도 한국보다 훨씬 높다. 한국에서는 업종별로 차이가 있기는 해도 평균 1.5~2%라고 하는데 독일에서는 3~5%가 평균 수수료이다. 심지어 5%를 넘는 업종도 허다하다. 고객에게 수수료를 떠맡길 수 있지만 처음부터 받지 않는 것이 속 편하다. 우스운 건 상황이 이래도 카드를 받지 않는다고 불평하거나 개선해야 한다고 말하는 독일인을 본 적이 없다는 것이다. 익숙한 상황을 굳이 바꾸려 하지 않는 독일인의 특성을 다시 한번 보여준다.

왜 독일인들은 다른 어느 유럽 국가보다 현금 사용을 고수할까 궁금해졌다. 가계 부채를 줄이고 현금 유동성을 최대화하려는 정부의 의도일까? 정부가 신용 카드 사용을 장려하지 않기 때문일까? 한국에서 현금영수증을 발급받으면 세금 공제 혜택을 받는 것과 비슷한 맥락으로 현금 사용을 장려하는 의도일까 하는 추측이 가장 먼저 들었다. 은행에 종사하는 친구는 "일리는 있지만 현금보다 카드를 써야 돈이 어디서 어디로 흘러가는지 더 잘 알 수 있고 그래야 세금이 어디서 새는지도 더 파악이 쉽지 않나?"라며 반문했다. 특히 식당이나 바에서 소득 신고가 정확히 되어야 세금이 더 많이 걷히니 아무렴 세수 확보보다 가계 부채 감소 목적이 더 클까 하는 합리적 의심이긴 했다. 정부야 그렇다 치더라도 왜 일반 사람들조차 신용카드 사용을 별로 좋아하지 않는지 두 가지 정도로 압축할 수 있을 것 같다.

독일인은 빚지는 걸 정말 불편해한다. 평범한 독일인들은 자신이 가진 재산을 바탕으로 소비를 계획한다. 계좌에서 현금을 꺼내 쓰면 자주 잔액을 확인할 수 있고 그에 따라 소비를 조정하기 쉽다. 신용카드는 앞서 빚지는 개념이므로 내가 얼마나 썼는지 가늠이 어렵고 현재 소비가 다음 달 내 재정에 얼마나 영향을 미치는지도 미리 생각해야 하니 여간 귀찮은 게 아니다. 게다가 Control freak(통제광)으로 불리는 독일인들에게는 당연히 실물 화폐가 눈에 보이지 않는 신용 거래보다 훨씬 안전하고 편리하다. 독일인들 중에는 심지어 신용카드를 쓰면 카드 사용처와 거래 내역, 사용 시간 등을 통해 소비 패턴은 물론 그 사람의 생활 패턴까지 유추할 수 있는 카드 사용 기록에 남아 있는데 그런 정보가 어딘가에 유통되거나 악용되지 않을까 우려하는 사람도 많다. 상시 정보 유출에 노출되어 카드사 김미영 씨에게 매일 같이 스팸 문자를 받으면서도 개인 정보 보안에 대한 안전불감증이 높은 한국인과 대조하면 독일인들은 확실히 통제광이라는 별명이 딱 어울리는 것 같다.

신용카드 발급도 귀찮은데 주어지는 혜택도 없다. 가장 놀랍다. 도대체가 제휴 서비스도 혜택도 없다. 가장 기본적인 교통 카드시스템조차 없는데다 어디 가서 5%, 10% 할인받는 것도 아니고 한 달에 얼마 이상 쓰면 영화 쿠폰이 생기는 것도 아니니 사실상 불편함을 감수하면서 신용카드를 만들어 쓸 이유가 별로 없다. 기껏해야 해외 여행 시, 비행기나 호텔 예약할 때, 출장 다닐 때 정도일 뿐 일상생활에서는 아무짝에 쓸모가 없다. 혜택이 없는 것도 억울한데 발급 절차마저 귀찮고 한도액은 한국보다도 작다. 파트타임 간호사로 3년 넘게 일하던 룸메이트는 풀타임이 아니라서 신용카드 발급을 거절당한 적도 있으니 말이다. 외국인의 경우는 소득이 확실히 증명되어야 하는데, 확인할 만한 신용 거래 내역이 없으니 한도액은 더 작아진다.

### 실속주의 독일인 I – 손님은 왕이 아니다, 독일의 서비스

독일에 대한 많은 사람의 불만 중 하나는 독일 서비스가 친절하지 않다는 것이다. '고객이 왕이다'를 피부로 느끼고 사는 아시아 사람들은 독일의 고객 서비스에 놀라 정신적 충격까지 받는다는 소리가 있는 걸 보니 일본 사람들이 겪는 파리 신드롬처럼 독일 서비스 신드롬까지 생기겠다고 하는 생각마저 든다. "나는 누가 뭐래도 내 길을 간다!"고 말하듯 서비스마저도 주변 국가와 많이 대조된다. 불필요한 과잉의 친절은 절대 베풀지 않는다는 것이야말로 독일 서비스를 정의하는 한 줄 평가이다. 한국에서 평생을 살다 '고객은 왕이다'의 원조 격인 미국과 돈이 전부인 멕시코를 거쳐 온 나 역시 독일 서비스에 거품을 문 적이 많다. "이건 뭐지, 내가 지금 들어왔는데 인사도 안 하고 표정도 뚱하네.", "식당에 들어온 지가 몇 분째인데 왜 메뉴판도 안 가져다주는 거지?", "계산해 달랬더니 영수증을 나무 베서 만들어 오나….", "헐, 신용카드로 계산한다니까 얼굴이랑 말투 싹 바뀌네.", "아니 내가 지금 앞에 줄 서 있는데 동료 직원이랑 잡담하는 건 도대체 뭐지?" 등등 이런 생각을 한 적이 하루 이틀이 아니다. 공공 서비스는 물론 레벨이 한 수 더 높다. 독일 공무원은 그냥 저승사자라고 생각하며 사는 게 맘 편했다.

독일에 온 지 몇 년이 지나서야 이 또한 독일인의 실속주의, 합리주의에 기초한 당연한 결과물일 수 있겠다며 이해심이 생겼다. 말도 안 되는 갑을, 상하 관계의 고객 서비스로 그간 많은 사건 사고가 있었던 한국과 비교하면 서비스를 제공하는 사람과 그 서비스를 필요로 하는 고객이라는 두 축이 그 이상의 감정 소모 없이 평등한 비즈니스 관계를 지켜가는 독일이 훨씬 낫지 않은가 하며 독일을 옹호한 순간도 생겼다.

독일 친구들에게 고객 서비스 평판이 무척 나쁜데 어떻게 생각하느냐 물었을 때 돌아오는 답변이 예상 밖이었다. 우리도 동의한다, 서비스 개선되어야 한다고 내 편을 들 줄 알았는데 굳이 서비스를 개선해야 할 필요성은 느끼지 못한다고, 지금 상태에 만족한다는 것이었다. 외국 사람들이 불평한다고 서비스를 바꿀 필요는 당연히 없는 것이고 사람마다 서비스를 평가하는 기준이 천차만별인데 굳이 고객이 우선이라는 고급 서비스 기준에 맞추는 것은 여러 사람에게 불필요한 감정 노동을 강요하는 것이니 타당성이 없단다. 고객은 그저 자신이 얻고자 하는 상품이나 서비스를 제공하는 곳을 선택하면 되는 것이란다.

많은 아시아 사람들이 재화나 서비스 소비를 위해 가는 곳을 선택할 때 그 가게의 분위기나 점원의 친절함에 크게 좌지우지된다면, 독일인들은 그에 비해 보다 합리적인 오퍼, 즉 어떤 곳에서 가장 질 좋은 재화나 서비스를 가장 저렴한 가격에 구매할 수 있느냐에 더 가치를 둔다. 특별히 어떤 상점이 내게 대놓고 이유 없이 불친절하거나 필요 이상으로 무례하게 굴지 않는 이상 대부분 점원이 제공하는 감정 서비스는 거기서 거기로 크게 의미가 없다. 한 예로 미국에 살 때 자주 가는 옷 가게 점원은 나를 볼 때마다 내 옷차림이나 외모에 대해 꼭 한마디씩 칭찬을 해주었다. 칭찬을 밥 먹듯이 쉽게 던지는 미국 사람들인지라 "어머 나래 스윗 하트, 나 너의 드레스 너무 좋아! 그 드레스 정말 잘 어울린다!"라고 표정과 손짓을 섞어가며 칭찬을 해주었다. 영혼 없는 칭찬일 확률이 높지만 괜스레 그 점원이 보여주는 관심과 친절함에 마음이 움직여 다른 가게보다 그 가게를 더 많이 이용하게 되었다. 프렌차이즈 커피숍을 가더라도 조금이라도 더 따뜻한 점원이 있는 곳까지 5~10분 더 걸어가는 것도 마다하지 않았다. 독일 사람들은 이런 미국식 친절함에 익숙하지 않다. 모르는 사람끼리 흔히 말하는 스몰 토크(별 의미 없는 대화)

를 나누는 것도 좋아하지 않는다. 본인들이 찾고 있는 제품에 대해 빠르고 정확한 피드백만 얻으면 될 뿐이다.

고객 불만에 대한 대응 방법도 마찬가지다. 내 하우스메이트가 새로 산 휴대폰을 2주 만에 잃어버려 임시 폰 사용을 위해 새로운 심 카드를 주문하던 때다. 최대 2주 안에는 온다던 심 카드가 3주가 지나도록 오지 않아 가게에 가서 해당 직원에게 항의했더니 돌아오는 답변이 할 말을 잃게 했다. "배송이 늦나 보지. 기다리는 거 외에 지금 여기서 나나 네가 할 수 있는 건 없잖아. 휴대폰 잃어버린 건 넌데 왜 나한테 불평을 하는 거니?"였다. 나 역시 비슷하게 독일 보험회사에서 건강 보험에 가입했을 때 며칠이 지나도록 카드가 오지 않아 두 번의 이메일로 도대체 카드 언제 오느냐고 물었다. 처음 물었을 때는 "곧 갈 거야"라는 대답이 왔는데 두 번째 이메일에는 "곧 갈 거라고 대답 했는데 왜 똑 같은 질문을 또 하니. 이런 반복적 질문에 대응하느라 다른 일 처리가 지연되니 똑같은 문의는 자제해 줘"라며 해당 직원에게 혼이 났다. 혼나고 보니 참 그 직원 말도 맞는 말이었다. 내가 기다리는 것에 익숙하지 못한 고객이었을 뿐. 한국에서는 보통 이런 고객 불만이 접수되면 가장 먼저 "고객님 죄송합니다."인데 독일에서는 본인의 직접적 잘못이 확실히 있지 않은 이상 고객에게 죄송하다고 사과하는 일은 없다. 일이 이렇게 되어 나도 참 유감스럽다 정도 들으면 큰 사과를 받은 것이라 간주하면 된다.

하루는 플릭스부스라는 독일에서 유명한 시외버스를 기다리고 있었다. 프랑크푸르트에서 뮌헨으로 돌아가는 버스를 예약하고 예정된 시간 15분 전부터 정류장에 앉아 기다리는데 이상하게 탑승 시간 30분이 지나도, 심지어 1시간이 넘었는데 버스가 오질 않는 것이었다. 버스 지연 안내 문자도 없어 고객 센터에 전화했다. 함께 버스를 기다리던 모든 사람의 이목이 내게 집중되었다. 고객 센터에서는 버스에 사정이 있는지 확인해보고 다시 전화를 주겠단다. 1시간 20분 정도 지나자 버스가 왔다. 탑승객들이 내리자마자 기다리다 지친 사람들이 질서 없이 마구잡이로 올라타기 시작했다. 그런데 이게 무슨 일인지 좌석이 모두 만석이 되었는데 아직도 탑승해야 하는 승객이 열 명은 되어 보였다. 상황이 이렇게 되자 기사 아저씨는 표를 일일이 다시 확인하고 나서야 이 버스는 우리가 기다리던 6시 버스가 아니라 그다음 버스이니, 6시 버스 예약한 승객은 모두 내리란다. 이쯤 되니 화가 난 사람들이 버스 기사에게 소리를 지르기 시작했다. 우리 버스가 아니더라도 먼저 기다린 순서대로 타는 게 맞지 않냐는 항의도 들렸다. 버스 기사는 회사에 전화하더니 6시 버스 기사에게 일이 생겨 버스가 취소되었으니 고객 센터에 나중에 환불 요청을 하라는 말만 남기고 출발해 버렸다. 남아 있는 나와 다른 승객들은 뚜껑이 열릴 정도로 화가 많이 났지만 할 수 있는 일은 없었다. 함께 버스를 기다려주던 남자 친구가 고객 센터에 다시 전화해 상황을 미리 고객들에게 알리지 않은 것은 회사 잘못이고, 버스 취소로 인해 더 큰 비용을 지불하여 다른 대체 교통수단을 이용해야 하니 그 금액까지 다 보상하라고 주장했다. 그리고 난 별수 없이 19유로였던 버스를 뒤로하고 무려 100유로가 넘는 기차표를 사서 뮌헨으로 돌아왔다.

당연히 회사로부터는 딱 19유로만 환불받았다. 대체로 구매한 기찻값은 받지 못했다. 예약 시 클릭해야 하는 고객 동의 사항에 이런 경우가 다 나와 있으니 본인들은 더 이상 할 수 있는 게 없다는 말에 배가 아플 지경이었다. 더 웃긴 것은 고작 19유로를 환불 받는 데 3개월에서 최대 6개월이 걸린다는 것이었다. 이런 일이 있었다는 것이 잊힐 때쯤 환불을 받았고 나중에서야 통장 내역을 확인하다 19유로를 보고 허탈했다. 그나마 최근에는 지연 등 버스 상황에 대해 문자 서비스를 제공하기 시작했지만 여전히 독일 고객 서비스의 품질은 최소한으로 맞춰져 있는 것 같다.

## 그럼 도대체 좋은 고객 서비스는 뭐지?

한국에 2년을 거주한 미국 친구가 처음 한국에 있는 은행에 방문했을 때 "사랑합니다. 고객님!"이라는 마중 인사에 깜짝 놀랐다고 했다. 문 앞에서 인사해 주는 직원 따로 있을 때도 있고, 미용실에서 머리를 말고 기다리는 동안 안마를 해주는 인턴 직원이 있질 않나, 한국의 고객 서비스는 부담스러울 정도로 기준이 높아져 있는 것 같다는 말을 덧붙였다. 그 기준이 하늘을 찌르는 시점에 대한항공의 땅콩 회항 사건과 백화점 주차장에서 벌어진 직원 따귀 사건이 미디어에서 터져 나왔다. 한국의 고객 서비스란 서비스를 제공하는 사람을 너무 보잘것없이 만드는 참으로 불공평한 서비스인 것이었다.

독일인들에게 진심이 없는 가식적 미소와 '감사합니다', '사랑합니다'와 같은 인사, XX님이라는 극존칭, 고객 뒤를 쫓아다니며 필요한 것이 있는지 없는지 실시간으로 살피는 태도는 좋은 서비스가 아니다. 누군가 미소로 응대해 주고 질문에 친절히 답변해 준다면 더할 나위 없이 좋지만 그런 게 없다는 게 문제는 아니다. 그보다 식당의 직원이 메뉴 음식들을 다 잘 파악하고 있는지, 실수 없이 내가 주문한 음료를 가져다주는지, 계산을 실수 없이 처리해 주는지가 더 중요하다. 남자 친구와 정장 셔츠를 사러 뮌헨의 한 쇼핑몰을 돌아다닐 때였다. 한 옷 가게에서 혹시 남자 친구 정장에 어울리는 타이트한 버튼 셔츠가 있는지 물었더니 점원이 "우리 가게에 이런 종류가 있긴 한데…. 내 생각에 200m 더 떨어져 있는 B라는 가게에 가면 원하는 셔츠 종류가 더 많을 것 같아"라고 대답해 주었다. 남자 친구에게 이는 완벽한 서비스였다. 자신의 것으로 만들기 위해 본인이 가진 제품을 과대 포장하여 친절하게 설명해 주는 것이 아니라, 고객이 원하는 것을 빠르게 찾을 수 있도록 다른 점포를 추천해 주는 쿨함. 서로가 서로에게 제공할 수 있는 것과 얻고자 하는 것을 가감 없이 공유하는 것 말이다. 반대로 한 수제 햄버거집에 갔을 때 아보카도 햄버거를 시켰는데, 그 버거에 들어있는 아보카도라곤 아주 작은 두 조각이었다. 친구는 서빙하는 직원에게 "이 아보카도 버거는 아보카도 맛이 전혀 나질 않는 것 같은데"라고 이야기했다. 직원이 "아보카도는 원래 별맛이 없는 건데?"라고 퉁명스럽게 응대하자 친구는 "아보카도가 무슨 맛인지는 나도 알아. 너한테 불평하는 거 아니고 바꿔 달라는 것 아니니 주방에다 다음부턴 아보카도 햄버거에 아보카도 좀 제대로 넣으라고 얘기해"라고 깔끔히 정리했다. 또 다른 예로 독일의 버스나 택시 기사들이 내가 “안녕하세요!”라며 친절히 인사할 때 아무런 대꾸도 하지 않는다고 불평했더니 남자 친구와 친구들은 기사의 책임은 안전하게 승객을 예정된 시간에 목적지까지 데려다주는 것이지 고객에게 환하게 인사해 주는 것은 아니란다. 한 방 맞았다.

### 받고 싶은 만큼 지불하기

독일에서 버거킹이나 맥도날드를 가는 이유는 싸고 빠르기 때문이다. 좋은 서비스를 기대하고 가는 곳은 아니다. 만약 좋은 서비스를 받고 싶은 것이라면 고급 레스토랑을 가야 한다. 이는 한 외국인이 독일 패스트푸드점 직원의 불친절함에 대해 온라인 커뮤니티에 쓴 글에 독일 사람이 남긴 댓글이다. 정말 명확하다. 패스트푸드 레스토랑 직원들은 대개 최저시급을 받고 일한다. 게다가 일반 레스토랑처럼 팁을 제대로 받지도 못한다. 패스트푸드 레스토랑 점주들은 자신의 고객이 저렴한 가격의 버거를 먹으러 왔다는 것을 알고 있고 거기에만 초점을 맞춘다. 패스트푸드점 여직원이 웃으며 응대하지 않았다고 불평할 독일인도 없지만, 그런 고객 불만을 접수했다고 “너 앞으로는 하루 종일 미소 짓고 있어”라고 직원을 나무랄 점주도 없다. 반면 고급 스테이크하우스에서는 문에 들어가는 순간 잘 차려입은 웨이터가 자리 안내부터 친절히 제공한다. 코트를 받아 걸어주고, 와인과 물을 때때로 따라주며 나가는 순간까지 내 눈을 바라보며 인사해 줄 수도 있다. 서비스에 만족한 만큼 나 역시 팁으로 보답할 수 있다.

나도 조금씩 독일의 합리적 서비스에 익숙해지고 있다. 물론 다람쥐 쳇바퀴 돌 듯 회사와 집만 전전하는 내게 카페 직원이 가식적으로라도 좀 환하게 웃어주고, '사랑합니다. 고객님!'이라며 떠들어주면 좋겠다 싶을 때도 있고, 거지같은 트레이닝 바지 입고 있는데도 옷 가게 직원이 칭찬 한마디 해주면 좋겠다 싶을 때가 아주 가끔 있긴 하지만 말이다. 독일인들이 지금보다 조금만 더 따뜻한 얼굴과 말투로 고객을 대해주면 하는 바람만큼 한국의 서비스 문화도 조금 더 합리적으로, 제공하는 사람이 조금 더 편안하게 일할 수 있게 변화하기를 기대해 본다.

### 실속주의 독일인 II – 병에도 보증금이 있다

독일 슈퍼에서 처음 장을 보는 날이었다. 은행 통장을 개설하지 못해 현금이 별로 없어 돈에 맞춰 간단히 물이랑 과일, 과자 정도만 살 생각이었다. 구매할 제품의 가격을 꼼꼼히 계산하며 한도를 넘지 않도록 알뜰히 챙긴 뒤 계산대로 향했다. 그런데 이상했다. 분명히 잘 계산했는데 예산보다 초과된 것이었다. 과자 하나를 빼고 계산 한 뒤 나와 영수증을 보고서야 물 가격이 밑에 무언가가 더 추가된 것을 알 수 있었다. 'Pfand'라는 명목으로 25센트가 더 붙어있는 그것의 정체는 한 번도 들어본 적 없는 '병 보증금' 이란 놈이었다. 이 병 보증금이라는 것은 페트병, 유리병, 알루미늄 캔이나 병에 한해 소비자에게 부담되는 8~25센트의 금액이다. 모든 병은 아니고 병에 보증금 마크가 붙어 있는 것만 해당한다. 소비자는 보증금이 붙은 병을 상점에 반납하고 그 돈을 돌려받는다.

그 병들을 반납하는 방법을 인터넷으로 조회하여 거의 20개가량의 페트병을 들고 슈퍼로 향했다. 입구에 설치된 자동 반납 기계가 보였다. '구멍에 그 병을 모두 차례차례 넣고 초록색 버튼을 누르면 영수증이 나온다고 했으니 한 번 해보자' 독일어를 전혀 모를 때라 인터넷으로 읽은 정보를 무한 반복하며 용기 내어 병을 쓱 구멍에 올려놓았다. 기계가 병을 도로 뱉어낸다. 다시 잘 닦아서 넣어보지만 또 뱉어낸다. 자동 반납 기계가 유리병만 회수하는 것과 페트병을 회수하는 것으로 나누어져 있다는 걸 몰랐던 것이 문제였다. 그 기계는 물론 유리병 회수 기계였지만, 그 사실을 알리 없는 나는 그저 병을 더 깊이 넣어 줘야 한다고 생각하고 팔을 쭈욱-구멍으로 집어넣었다. 그러니 기계가 페트병을 더 이상 내뱉지 않고 꿀꺽 삼킨다. '오호! 이렇게 하는 거구먼' 하고 당당히 남은 19병을 모두 넣었다. 그리고 초록 버튼을 눌렀는데 아무것도 나오지 않는다. 몇 번을 누르다 지쳐 돌아서는 데 뒤에서 순서를 기다리던 아저씨가 노노노노 하며 알아듣지 못할 말로 내가 무언가 잘못했다는 것을 한참 설명해 주신다. 그렇게 20개의 페트병 회수비는 고스란히 날려 먹었고, 다음날 친구들의 배꼽을 잡게 했다. 숨어있던 바보를 찾았다며…. 젠장!

이 특이한 병 보증금과 반납 시스템은 2003년에 처음 도입이 되었다고 한다. 도입 목적은 플라스틱병의 재활용 회수율을 높이기 위함이었다. 당시에 나온 방안 중 가장 효율적이고 실용적인 것이었다. 그리고 그 제도는 나아가 음료 제조 회사가 재활용이 가능한 페트병이나 유리병을 사용하도록 장려했다. 결과적으로 일반 소비자로부터 병 회수율을 높이고, 제조사로부터는 새 병 생산, 그로 인한 이산화탄소 배출량을 낮추어 환경을 보존한다는 계산이다. 최근에는 이 제도의 실효성에 대한 의문이 조금씩 제기되고 있다. 음료 시장을 대부분 장악하고 있는 세계적 기업들이 재활용 병을 회수하는 데 드는 물류비보다 새 병을 생산하는 비용이 더 낮다는 이유에서 일회용 병 생산 비율을 점차 늘리고 있기 때문이다.

이 보증금은 노숙자들에겐 중요한 밥줄이기도 하다. 지하철 무가지 신문이 인기를 끌 때 파지 줍기 경쟁이 열기를 띠던 우리나라처럼 독일에선 노숙자들 사이에서 보증금 마크가 붙어 있는 빈 병 찾기 경쟁이 일어난다. 종종 슈퍼에서 매우 허름한 차림에 엄청나게 많은 병을 반납하고 있는 노숙자들을 본다. 시내에 가면 때마다 쓰레기통을 뒤져 빈 병을 찾는 사람이 있다. 특히 취객이 많은 밤, 번화가에 굴러다니는 병이 많아 경쟁률도 제일 높다. 보증금이 가장 높은 25센트짜리 페트병을 들고 다니기 귀찮아 쓰레기통에 버리려고 하면 어디선가 잽싸게 튀어나와 바로 가져가 버리기도 한다. 병 네 개만 주우면 1유로, 1300원 정도 하니 적어도 빵 하나 또는 과자 한 봉지는 사 먹을 수 있다. 파지에 비하면 훨씬 돈벌이가 낫다.

## 독일인 로맨스 I – 독일인은 어디서 연애 상대를 만날까?

남자 친구를 만난 건 독일에 온 둘째 주, 크리스마스 바로 다음 날이었다. 주변에 친구가 아무리 많아도 뼈저리게 외로워진다는 유럽의 12월에 나는 독일에 왔다. 그 추위에, 에어비앤비를 통해 구한 임시 숙소에서 독일에 온 것을 후회하지 않기 위해 부단히 노력하는 중이었다. 그러나 모든 상점이 문을 닫고 거리에 개미 한 마리 안 보이는 크리스마스 시즌은 정말 지독하리만치 쓸쓸했다. 나를 구제해 준 것은 천사 같은 내 하우스메이트였다. 단 한 명의 하우스메이트와 살고 있었는데 그 친구는 게이였다. 이 친구를 생각하면 처음 내가 집에 도착한 날 집 복도와 내 방에 붙어있던 아주 커다란 남자 포스터가 생각난다. 나는 그 섹시한 몸짱 남자의 포스터를 보고 '집주인이 또 날 배려해서 이런 걸 붙여 놨나 흐흐흐'라고 잠시 착각했는데, 다음날이 되어서야 함께 사는 친구가 게이라는 것을 알고 포스터가 날 위한 것이 아니라 그의 인테리어 소품이었음을 깨달았다. 아무튼 그 친구가 크리스마스 다음 날인 26일에 돌아와 심심하면 함께 클럽에 가자고 날 초대했다. 그 클럽에 게이 파티가 있어 친구들과 함께 가는데, 클럽에 스테이지가 여러 군데 있어 게이 아닌 사람들도 놀 수 있으니 같이 가자는 것이었다. 게이 클럽이든 나체 클럽이든 그때 나는 장소를 가릴 처지가 아니었다. 어디라도 좋으니 이 우울한 크리스마스를 잊기 위해 북적대는 곳에 가고 싶었기에 군말 없이 클럽 복장으로 변신 후 따라나섰다. 그 클럽은 강남에 있는 클럽의 2배 규모는 될 정도로 무척 컸다. 연령대는 고작해야 이제 갓 고등학교를 졸업한 어린아이들만 가득한 것 같았지만, 이 역시도 내게는 문제가 안 되었다. 그냥 신나게 춤을 췄다. 몇 분 정도 지나니 함께 온 친구들이 내게 "우리는 게이 파티 잠깐 갔다 올게. 여기서 너 혼자 잠깐 놀고 있어도 괜찮지? 무슨 일 있으면 문자 보내!"라고 말하곤 이내 클럽의 밀폐된 스테이지로 사라져버렸다. 아무렇지 않은 척 혼자 춤을 더 추다 보니 어느 순간 무척 뻘쭘했다. 한 남자가 내게 다가와 혼자 왔냐고 묻는다. 아니라고 친구 화장실에 있다고 거짓말하곤 돌려보냈는데 몇 분 있다 다시 와서 "혼자 온 거 맞네~ 우리랑 같이 놀래?" 라고 들이댄다. 슬슬 짜증이 나서 바 쪽으로 자리를 옮겨 와 술을 한 잔 시켜 놓고 앉아 있었다. 이 자식들이 대체 언제 나오려나 슬슬 지루해지던 찰나 술 한 모금 안 마신 것 같은 모범생 꼴의 독일 남자가 한 명 다가와 혹시 한국인이냐고 묻는다. 속으로 '오~ 중국인이냐고 안 묻고 한국인이라고 묻는 건 네가 처음이다. 그래 너는 내가 말을 섞어 주지!'라고 생각했다. (그렇다. 내 주제에 건방지기 짝이 없게 '말을 섞어 주지'라고 적었지만 사실 깊은 속마음은 '지루한 날 구제해줘서 고마워요….'였다.) 그는 참 완벽하게도 내 스타일이 아니었지만, 누가 봐도 긴장해서 경직된 자세, 클럽에 온 사람치고는 금방 독서실에서 튀어나온 듯한 옷차림, 너 예쁘다거나 같이 춤추겠냐는 말은 한마디도 하지 않고 괜찮으면 옆에 앉아도 되느냐고 묻는 예의 바름에 감탄하여 금방 마음을 열 수 있었다. 알고 보니 내게 말을 건 이유가 그와 함께 온 하우스메이트가 독일 교포였기 때문이다. 그 교포 하우스메이트와 한국인 여자 친구가 클럽에 하나뿐인 또 다른 한국인인 나를 보고 반가워서 같이 놀면 좋겠다고 말을 걸어 보라고 했단다. 그 바람에 그 날 우리 넷은 나의 하우스메이트가 비밀 파티를 끝내고 나올 때까지 함께 놀다 헤어졌다. 이렇게 만난 남자 친구와 여전히 함께하고 있다. 처음 1주일을 제외하곤 독일에 있는 내내 참 많이도 의지한 반쪽이 되었다.

나야 이렇게 쉽게 또 어떻게 보면 진부하기 짝이 없는 클럽이라는 장소에서 남자를 만났지만 독일 친구들은 어떻게 인연을 만날까 궁금하지 않을 수 없다. 그동안 사귄 독일 친구들과 동료들은 99% 연인이 있거나 결혼을 했다. 나머지 1%에 속하는 싱글 친구는 뮌헨에서 함께 살던 베스트 프렌드로 재작년 7년을 함께 한 남자 친구와 힘든 이별을 겪었다. 그리고 또 한 친구는 마지막으로 사귄 남자가 6년 전인 뮌헨의 첫 번째 하우스메이트다. 이 두 친구는 요즘 연애를 완전히 포기했다. 작년까지 주말마다 파티를 다니고 온라인 데이트까지 가입하며 노력했지만 이제는 도대체 어디서 새로운 인연을 만나야 할지 모르겠단다. 도대체 독일 싱글 남자들은 다 어느 도시에 살고 있느냐며 괜찮은 남자는 모두 이미 결혼을 했거나 여자 친구가 있다고 서른이 넘어 싱글이 되면 역시 망한 것이라는 푸념을 늘어놓는다. 그러면서 또 동시에 이러다 결혼 못하고 노처녀로 늙어 죽겠다는 앓는 소릴 해댄다. 이런 대화를 나눌 때 또 한 번 사람 사는 거 역시 어딜 가나 다 똑같다는 것을 느낀다. 한국에서도 매일 같이 듣는 불평과 고민이니까 말이다. 한국 여자들만 노처녀가 되는 걱정 하는 게 아니구나, 독일도 직장인이 된 후 누군가를 만나고, 데이트하고 결혼까지 가는 게 숙제처럼 어렵다고 생각하니 피식 웃음이 난다.

한국에서 제일 쉬운 방법은 주변 사람 달달 볶아 소개팅하는 것이다. 여전히 내 사랑스러운 친구들도 단체 카톡방에 "나 소개팅해줄 사람~", "요즘 너무 외로워, 크리스마스 혼자 보내지 않게 누가 소개팅 자원봉사 좀 해…."

, “나래 한국 올 때 다니엘 닮은 훈남 독일인 좀 데려와.”라고 소개팅 요청을 해댄다. 소개팅이나 미팅이라는 이 한국의 독특한 만남의 장처럼 우리는 낯선 사람을 쉽게 만날 수 있는 특별한 문화가 있지만 독일은 이런 것조차 없다. 모르는 사람에게도 쉽게 ‘안녕하세요!’ 인사를 하는 독일인들인지라 언뜻 독일인들은 참 개방적이야, 사람 사귀기 쉽겠군 하며 오해할 수 있지만 생각보다 독일에선 새로운 사람을 사귀기가 무척 어렵다. 모르는 사람에게 ‘안녕하세요’ 인사 이상으로 다가가는 것에 소극적인데다 낯가림도 여느 유럽인보다 심하기 때문이다. 어렵게 사귀고 나서도 친해지기까지 시간이 오래 걸린다. 연애 상대를 만나는 것도 똑같다. 이성을 만나는 루트도 제한적이고 만나서 썸 타는 기간은 왜 이렇게 긴지, 도대체 이건 공식 연인으로 시작을 할 수나 있는 건지 궁금할 정도다. 만남에 대한 개념이랄까 진지함도 높은 편이라 평균 연애 기간도 굉장히 길다. 단편적인 예를 들자면 낯가림 없이 마구 들이대며 쉽게 불타는 연애를 시작하는 이탈리아 남자와, 친해지기까지 무척 오래 걸리지만 한 번 사귀면 오래 진지한 만남을 갖는 독일 남자는 완전 반대 연애 성향을 보인다. 독일 사람들도 남유럽과 북유럽을 나누어 곧잘 비교한다. 스웨덴, 덴마크 같은 북유럽 사람들은 독일 사람보다도 더 진지하고 부끄러움이 많다며 우리 정도면 괜찮지 않냐고 시답지 않은 말을 해대며 말이다.

독일에서 이성을 만나는 가장 흔한 경로는 친구의 친구, 아는 사람을 통해 만나는 것이다. 생일 파티나 새해 이브 파티, 하우스 파티 등 친구들을 초대할 때 우리나라 사람들처럼 친한 그룹의 멤버들만 초대하는 것이 아니라 친한 친구들을 한꺼번에 몽땅 초대하는 일이 많다. 이사 하는 날 도와주러 가거나 여러 사람이 함께해야 재미있는 페인트 볼, 레이저텍 같은 게임을 할 때에도 여러 명이 함께 모이는 자리가 만들어진다. 학교나 직장에서 만나는 것도 쉬운 방법이다. 다만 독일에서도 같은 직장에서 일하는 동료와 연애하는 데 부담을 느껴 동료의 친구, 동료의 동료 등 한 다리 건너 만나는 것을 선호한다. 이런 자연스러운 만남을 제외하면 클럽이나 바처럼 술이 어우러진 공간에서 헌팅하는 방법이 있다. 헌팅도 한국처럼 무작정 "오, 멋있으시네요, 휴대폰 번호 좀 알려 주세요.", "오, 예쁜데. 나랑 밖에 나가서 얘기할래?" 하거나 몸부터 부비부비 들이댔다간 정신 나간 사람 취급당하기 십상이다. 자연스러운 대화가 없는 헌팅은 본인이 브래드 피트나 안젤리나 졸리가 아닌 이상 독일에선 시도하지 않아야 한다. 바텐더에게 술을 주문하기 위해 기다리다 옆 사람과 얘기하거나, 맘에 드는 사람에게 다가가 인사하고 인사를 받아 주면 "이름이 뭐야~?", "여기 음악 좋아해?" 등 이어지는 질문을 하며 편안하게 서로를 알아갈 수 있도록 유도한 뒤 상대방이 싫어하는 티를 내지 않을 때 "술 한잔할래?" 하면 된다. 그런데 이 헌팅이라는 게 데이트로 넘어가는 비율은 우리의 예상보다 훨씬 적다. 원나잇 스탠드가 더 많을지도 모른다. 독일 사람들은 보통 클럽이나 바도 친구들과 무리 지어 간다. 그렇게 가서 친구들이랑 신나게 놀다 집에 귀가한다. 우리나라처럼 이성을 꼬시기 위한 목적으로 가는 사람들은 생각보다 많지 않다. 게다가 모르는 사람에게 말 거는데 클럽에서조차 소극적이다. 술이 들어가도 꿀 먹은 벙어리가 되는 모양이다. 한국 친구 중에 독일에 처음 와 클럽을 가보고 실망하는 사람이 많았다. 남자에게 눈길 하나 안 주는 여자들은 그렇다 치고 뚫어져라 쳐다보면서 도통 먼저 다가와서 말을 걸지 않는 독일 남자들은 뭐냐고 말이다. 독일 친구들도 10명에게 물으면 10명 다 맞장구친다. 심지어 여자 친구들은 더 "맞아 맞아. 독일 남자들 엄청 소극적이야. 오히려 여자들이 차라리 더 적극적이라니까."라고 말한다. 도대체 왜 말을 안 거냐고 남자 친구들에게 물으니 독일 여자들이 너무 거절을 매몰차게 해서, 거절당하는 게 창피해서, 뭐라고 말을 시켜야 하는지 몰라서 그렇다는 사람도 있고 술에 취하면 취한 사람처럼 보일까 창피하고 안 취하면 말 시키는 게 쑥스러워서 못 하겠단 사람도 있다. 이유가 다 거기서 거기다. 매몰차게 거절한다는 말에 싱글 여자 친구 중 한 명과 함께 클럽에 갔던 날 남자에게 대시를 받았던 순간이 생각났다. 멀쩡하다 못해 멀끔한 남자가 다가와 "내가 너 술 한 잔 사줘도 될까?"라며 신사적으로 묻는데 내 친구는 참으로 똑 부러지게 "아니 나 내 술은 내 돈 주고 사먹을 수 있어."라고 대답한 것이다. 민망해하며 돌아가는 남자 뒷모습을 보고 왜 그러냐고 핀잔을 주니 자신은 단순히 술을 안 사줘도 괜찮다는 의미였지 대화를 하기 싫단 의미가 아니었단다. 연애고자는 아닌 것 같은데 참으로 희한한 대응 방식이다 싶었다.

이런 루트를 제외하고 나면 이제 남은 옵션이 별로 없다. 이런 틈을 타 불과 3~4년 전부터 아주 선풍적인 인기를 끄는 데이팅 앱이 있다. 우리나라에서도 몇 년 전부터 유학생의 입 소문을 타고 퍼지기 시작했지만 국내 다른 토종 앱에 비하면 큰 인기를 끌고 있지는 않다. 독일 내에서 온라인 매칭 사이트는 종류도 많고 유료, 무료 등 서비스도 세분화 되어 있는 등 비교적 발전한 편이지만 인터넷으로 만난 사람을 신뢰하지 않는 분위기와 앞서 설명했듯 데이트를 목적으로 낯선 사람을 만나 대화를 시작하는 데 약한 독일인의 특성 때문에 보편적인 인기를 끌진 못했다. 그러다 화성같이 등장한 이 앱이 10대에서 30대까지 굉장히 빠른 속도로 퍼지기 시작하더니 요즘에는 독일인 싱글 남녀 셋 중 한 명은 앱을 쓴다고 말할 정도로 가장 많이 사용되는 데이팅 앱이 되었다. 인터넷으로 사람 만나는 걸 겁 없는 미국인이 하는 것, 비정상적인 것으로 비난하던 보수파 뮌헨 친구도 7년 사귄 남자 친구와 이별 후 몇 개월을 헤매다 결국 주변 지인들의 추천에 힘입어 앱을 사용하기 시작했고 지금은 완전히 빠져있다.

여담으로 재미 삼아 이 앱을 사용하는 사용자 타입을 구분 지어 보았다.

### 1. 표준 유저

신중하게 프로필 사진을 골라 올리고 프로필 정보도 성실하게 잘 기재한 모범적인 사용자. 앱의 특성상 가벼운 만남을 선호하는 이성이 많다는 것을 잘 이해하고 있으면서도 그래도 하다 보면 좋은 사람 만날 수 있는 확률도 있겠지 하며 살짝 기대를 걸고 꾸준히 앱을 이용하는 사람. 실제로 내 주변엔 앱으로 만나 오랜 교제 후 결혼한 커플이 셋이나 된다. (그 커플들이 다 지금까지 행복하게 잘 지내는지는 논외이지만). 나는 이 앱에 여전히 무척 회의적이지만 이 커플들을 보면서 그나마 인식이 많이 바뀌었다. 그래, 내 정신만 똑바로 박혀있으면 좋은 사람 만날 수도 있겠구나 하고 말이다. 몇 번 정도 실패해도 무너지지 않을 자신감과 자존감만 있다면 성공 확률은 클럽에서 헌팅하는 것보다 높지 않을까 예상한다.

## 2. 절망적인 유저

누구라도 만났으면 좋겠다는 마음으로 하루에도 수십 번씩 앱을 들여다보고 프로필을 점검하는 중독 유저. 앱에 엄청난 기대를 걸고 하루에도 본인의 기대치를 넘나드는 수십 명의 이성에게 하트를 날려대며 본인에게도 하트가 돌아오길 간절히 기대하는 사람. 하트가 오지 않으면 프로필의 무엇이 잘못된 것인가 곱씹으며 사진을 업데이트하고 이성 조회 반경을 넓히는 등 온갖 노력을 쏟아붓는 유형.

남자 사람 친구 중 딱 이 유형이 있었다. 여자 친구와 헤어진 후 24시간 내내 앱을 이용하는 것이었다. 몇 달을 앱에만 매달려 있다가 스스로 이용 통계까지 내기 시작했다. 일주일에 100개 정도 하트를 보내는 데 그중 10명에게 하트가 돌아와 채팅을 하고 그 10명 중 실제 만남까지 이어지는 수는 1명이라고 말이다. 통계가 이렇게 낮았던 것은 그 친구가 흑인인데다 사진이 실물보다 매력적이지 못한 것이 가장 큰 이유였고 처음 쪽지를 보낼 때 던지는 질문과 대화 주제가 너무나 재미없다는 것이 두 번째 이유였다. 그 친구의 목적은 그저 누구라도 건지자였다. 물론 그 덕에 정말 '누구라도'의 레벨에 속하는 이성들을 참 많이도 만나고 헤어졌다.

### 3. 능숙한 유저

격식 없는 만남을 연속적으로 이어가는 전문가 타입이다. 남자 친구 하우스메이트가 딱 대표자였다. 그 친구는 20대 초반인데다 매일 운동을 하며 다져진 몸으로 사진만 보면 '아이고 멀끔하네!' 하고 호감을 주는 타입이었다. 본인도 그 점을 잘 알고 있었다. 씩씩하고 말도 잘해서 만남을 가졌다 하면 여자들이 먼저 집에 초대하고, 사귀자고 할 정도로 인기가 좋았다. 오래 사귄 여자 친구랑 헤어진 뒤 진지한 만남은 싫고 가볍게 만나고 싶어 앱을 시작했다는 이 전문가 젊은이는 1년간 만난 여자의 수도 알 수 없어 다른 하우스메이트의 존경을 샀다.

작년 10월 뒤셀도르프에서 전시회 통역을 하다 만난 독일 남자도 비슷했다. 전시회에 사람이 별로 없어 멀뚱대며 리셉션을 지키고 있는데 남색 정장을 쫙 빼입은 잘 생긴 갈색 머리 남자가 다가와 핸드폰을 쥐여 주며 본인이 저 하얀 벽에 서 있을 테니 전신사진을 찍어 달라는 요청을 해왔다. 사실 다가올 땐 '짜식이 또 헌팅을 하러 오나 보군…. 귀여운 것'이라고 김칫국을 마셨다가 사진을 찍어 달라는 요청에 '역시 내 전성기는 맞아 보지도 못하고 사라진 것이야….' 하고 씁쓸해했다는 건 비밀이다. 성실히 사진을 잘도 찍어

줬건만 돌아와서 사진을 확인하더니 맘에 안 드니 다시 찍어 달란다. 다시 한번 최선을 다해 몇 장을 더 찍어 주었다. 돌아와서 또 사진을 보고 불만족스러운 표정을 짓길래 자존심이 좀 상하긴 하지만 "다시 찍어줘?"라고 물었다. 그러니 잠깐 기다리란다. 핸드폰을 한참을 만지작거리다 내게 핸드폰을 보여주었다. 데이팅 앱을 하는 것이었다! 본인이 그 앱에 프로필 사진을 바꾸려고 하는데 무슨 사진이 제일 나은 것 같냐고 묻는다. 하나를 골라주니 만족스러운 표정으로 프로필을 업데이트하곤 내게 말했다. "전시회가 이 앱 하기 제일 좋은 곳이야! 전 지역에서 온 다양한 사람들이 반경 몇 킬로에 다 몰려 있는 데다가 여기서 매칭 되면 부스에 가서 바로 만나고 별로면 그냥 가면 되거든. 네가 몰라서 그렇지 전시회가 지루해서 몰래 이거 하는 사람 진짜 많아. 꼭 해 봐!" 그러곤 홀연히 미소를 지으며 사라졌다. 굉장한 놈이었다.

#### 4. 순진한 유저

앞서 말한 3번과는 완전 반대이다. 참된 사랑, 진실한 사랑, 영원한 반쪽을 꿈꾸는 순진한 타입이랄까. 내가 프로필 사진을 올려놓지 않았어도 프로필에 적어 놓은 취미와 좋아하는 영화에 공감하여 하트를 날리는 사람이 있을 거라고 믿는다. 세상엔 원나잇보다 진실한 사랑을 꿈꾸는 사람들이 더 많다고도 믿는다. 그렇게 자신을 희망 고문한다. 이런 타입이 능숙한 3번 타입을 만나 상처만 받고 너덜너덜해지는 일도 있지만 놀랍게도 또 프로필 사진 하나 없이 상대를 만나 행복한 연애를 시작한 친구도 있다.

### 5. 스파이 유저

가장 건강하지 않은, 가장 앱을 사용하지 말아야 할 부류이다. 본인이 좋아하는 남자나 여자가 이 앱을 사용하는지 알기 위해 가입을 한다. 더 위험하게는 본인의 연인이나 배우자가 이 앱을 통해 누굴 만나는지 감시하려고 본인도 가입하는 일도 있다. 안타깝게도 이 앱은 이성을 찾아주는 거리에 제한이 있어 장거리 연애 시에는 본인이 직접 스파이 할 수 없지만 대신 주변의 친구에게 묻는 일도 있다. 이런 불상사를 피하고자 앱 가입 시 필요한 페이스북 계정을 별도로 하나 더 만들어 가짜 계정을 만드는 사람도 있다. 이 얼마나 마음이 황폐해지는 일인가….

### 6. 변태 유저

어쩔 수 없다. 모든 온라인 앱이나 웹사이트는 이런 위험을 안고 있다. 이 유저 타입이 생각보다 무척 많다. 관리자에 신고할 수 있지만 매번 다른 프로필을 만들어 가입하면 관리자도 한계가 있다. 처음 가입해서 이성의 프로필을 넘기다 보면 더럽기 짝이 없는 나체 사진이나 신체 일부 사진이 나타나 놀라는 일이 종종 있다. 정말 순수하게 본인의 성적 욕구를 채우려는 욕심 하나로 앱을 사용하는 유저들이 있기 때문이다. 남자뿐만 아니라 놀랍게도 상반신 사진을 올려놓고 이성을 유혹하는 여자들도 많다.

재미 삼아 공유한 앱 이야기지만 결론적으로 독일에서 이성을 만나고 싶은 사람에게 할 수 있는 조언은 '적극적이면 선방할 수 있다'이다. 다시 한 번 노파심에 말하지만 적극적이라는 개념은 열 번 찍어 안 넘어가는 사람 없다는 끈기, 밑도 끝도 없이 외모를 칭찬하거나 번호를 달라고 다가가는 근거 없는 용기를 의미하는 것이 아니다. '저 사람 분명 나한테 호감이 있는 것 같은데…', '저 사람이 나 계속 쳐다보는 것 같은데, 관심이 있는 걸까?' 하는 생각이 들 때 상대가 먼저 올 때까지 기다리거나 주저하지 말고 먼저 다가가 인사하고 말을 시켜보라는 의미이다. 외모가 출중한 사람이라도 실제로 본인이 실감하는 인기가 높지 않은 경우도 많다. 더불어 이참에 나도 앱을 사용해서 외국인 이성을 만나볼까 한다면 큰 기대 걸지 않고 가벼운 만남으로 다양한 사람을 만나보면 좋겠다. 그래도 혼자 모르는 사람을 만나는 건 어디든지 항상 위험이 도사리고 있으니 되도록 낮에 사람 많은 카페에서 만나길 추천한다.

### 독일인 로맨스 II – 선택보다 필수에 가까운 결혼 전 동거

지금의 남자 친구 전에는 연애 기간이 4개월을 넘어 본 적이 없었다. 다섯 손가락을 채우지도 못할 만큼 연애 횟수도 적은 편이었다. 아, 고등학교 시절 철없는 남자 친구를 제외하고는. 스스로를 연애고자라 생각할 정도로 연애를 잘할 줄 몰랐던 것이 문제였을까? 너무 쉽게 빠지고, 먼저 좋아한다고 고백하고는 있는 것 없는 것을 다 퍼주다가 남자 친구가 바람을 피워 헤어지거나 제대로 된 연애가 시작되기도 전에 내가 또 어디론가 떠나버리는 바람에 그냥 흐지부지 끝이 났다. 그런 경험을 몇 번 겪고 나선 연애에 대한 관심이 몽땅 사라져버렸다. 썸이나 타고 말아야지 하며 주야장천 놀러 다녔다. 인생의 황금기는 딱 그 공백기였던 것 같다. 그런데 독일에 오자마자 만난 남자친구와 이토록 오래 연애를 하고 있으니 주변에선 당연히 우리가 결혼하겠지, 올해 하려나 내년에 하려나 하고 예상하는 것 같다.

친오빠는 지금의 새언니를 만난 지 고작 4개월 만에 결혼했다. 대부분의 한국 사람들에게도 4개월은 짧은 연애 기간이지만 그렇다고 아주 드문 케이스도 아니다. 선본 지 반년 만에 결혼한 사람, 연애한 지 1년도 안 되어 결혼한 커플 이야기를 수도 없이 듣는다. 20살 어린 여자를 만나 2개월 만에 프러포즈했다는 연예인 뉴스에 비하면 말이다. 연애 기간을 하루로 쪼개 만난 일수까지 기념하는 우리에게, 1년의 연애 기간은 꽤 긴 편이다. 누가 서른이 넘도록 4년 넘게 연애만 하고 결혼을 안 하고 있으면 괜히 주변 사람이 더 불안해진다.

한국에서는 긴 연애 기간이 꼭 좋지 만은 않다. 한 사람을 오랫동안 만나고 사랑한다는 것이 주변 사람들에게는 긍정적인 인상은 주긴 하지만 또 한편으로는 왜 남자가 그렇게 오랜 기간 연애하면서 프러포즈는 하지 않는지, 왜 저 둘은 연애만 하고 다음 단계로 넘어가지 않는지 하는 주변 사람들의 질문과 그로 인한 압박을 받을 수 있다. 오랜 연애 기간은 결혼으로 이어지지 않을 경우 여자에게 더 불리하다는 이유에서 (아직 우리 사회에선 노총각보다 노처녀를 더 안타깝게 여기는 경향이 크므로) 남자가 여자 시간을 낭비하고 있는 것 아니냐는 비난받을 확률이 높다. 미디어에서 어렵지 않게 오래 사귄 여자를 버리고 만난 지 몇 개월 안 된 젊은 여자와 결혼한 남자, 오래 사귄 충성스러운 남자 친구를 버리고 만난 지 몇 개월 안 된 부자 남자와 결혼한 여자 이야기를 듣는 것도 비슷한 선상에 있다. 그러니 오랜 연애는 한편으론 시간 낭비라는 부정적 인상도 주는 것이다.

독일 친구들에게 이 이야길 하면 다들 놀란 토끼 눈으로 쳐다보며 '크레이지'를 반복한다. 어떻게 4개월 연애 한 사람과 결혼할 수 있냐면서, 모르는 사람과 결혼하는 것과 같다고 고개를 젓는다. 독일에서는 평균적으로 연인이 결혼하는 데 걸리는 시간이 한국보다 훨씬 길다. 주변의 커플에게 물으면 대부분 연애 2~3년은 풋풋한 연애 초기로 여겨질 정도로 오랜 기간 연애한 커플이 많다. 최소한 연애 1년 이상, 그리고 함께 사는 동거 기간이 1년 이상 되어야 결혼을 생각할 수 있다고 말한다. 물론 이는 최소 기간일 뿐 상대에 대한 확신을 하려면 그 이상의 시간이 필요하다. 연애 기간이 길면 길수록 좋다.

독일인들은 이토록 결혼에 대해 훨씬 조심스럽다. 결혼이라는 제도가 주는 의무와 책임, 그리고 그게 잘 안 풀렸을 때 힘든 이혼 과정을 쉽게 감수할 수 있을 만한 이득이 별로 없다고 생각하기 때문이다. 배우자 간 소득 차가 많이 나지 않는 이상 결혼한다고 세금 혜택이 큰 것도 아니고 아이를 낳아 기를 때 결혼한 커플에게 더 많은 복지 혜택이 주어지는 것도 아니다. 주변에서 왜 너는 사귀기만 하고 결혼하지 않느냐고, 어떻게 결혼도 안 하고 아이를 낳느냐고 나무라는 사람도 없다. 어차피 동거가 연인들의 필수 코스로 자리 잡은 이상 동거를 넘어서 결혼을 한다는 것은 본인과 배우자가 정말 결혼에 대한 믿음이 있고 함께 정상적이라 일컬어지는 가족을 만들어 가고 싶다는 확신이 생겼다는 것을 의미한다. 물론 독일에도 덜컥 애부터 생겨 결혼하는 커플들도 있다. 그러나 한국과는 달리 미혼모나 미혼부가 혼자 아이를 기를 수 있도록 복지와 사회 시스템이 굉장히 발달되어 있고 낙태가 합법적으로 허용되어 한국만큼 아이를 미끼로 한 울며 겨자 먹기 식의 결혼은 흔치 않다. 아이를 함께 기르면서 줄곧 동거만 하고 결혼은 하지 않는 커플도 많다.

독일에서 동거가 보편화 된 데에는 일찍부터 독립하는 가족 형태가 큰 몫을 한 것이다. 한국식으로 고등학교 과정을 모두 마치면 대부분 독일인은 부모에게서 독립한다. 대학생이 된 이후 부모님이 같은 동네에 살더라도 부모님 집을 나와 따로 월세를 내가며 셰어하우스나 기숙사를 이용한다. 성인이 된 이후에 부모님과 함께 산다는 것을 독립적이지 않다는 인식에 부끄럽게 여기고 본인과 부모님 모두 서로의 간섭이나 불편한 상황 없이 사생활을 꾸려 나가고 싶어 하기 때문이다. 게다가 대학생이 되면 여자 친구와 남자 친구가 생겼을 때 밥 먹듯이 집에 드나들고 자고 간다. 따라서 두 세대가 함께 사는 것은 어색한 상황을 연출하기 십상이다.

경제적으로 혼자 사는 것보다 연인과 동거를 하는 편이 훨씬 합리적이다. 전세가 없다 보니 자가 주거 형태가 아닌 이상 매달 월세를 내야 한다. 매번 데이트하고 돌아갈 바에는 함께 살며 월세를 공유하는 것이 훨씬 낫다. 결혼하고 나서도 집을 바로 구매하는 확률은 무척 낮다. 유산이 많은 부자가 아닌 이상 결혼하는 자녀에게 집을 사주는 독일 부모는 거의 없다. 돈이 충분히 있어도 본인들의 노후 자금으로 쓰거나 휴가용 별장을 구매하지 자식의 집을 공짜로 사주지는 않는다. 따라서 결혼을 함으로써 자동으로 주거 부담이 낮아지지 않는다. 이 역시 동거보다 결혼이 더 매력적으로 느껴지지 않는 이유가 된다.

바이에른주처럼 가톨릭 종교 색깔이 짙은 보수 지역에서는 결혼에 대한 가족들, 주변 사람들의 기대와 압박이 높다. 뮌헨 근교 소도시에 사는 친구, 엘리자벳의 어머니는 아주 개방적이고 현대적인 어머니인 것 같으면서도 여전히 내 친구가 나이 서른 넘도록 결혼을 못할까 조마조마해 하신다. 남편, 즉 친구의 아버지가 돌아가시며 남겨 주신 유산을 몽땅 아들에게만 주겠다고 하였는데 그 이유는 어차피 엘리자벳은 다른 사람의 가족이 될 것이고, 그 남편의 유산을 받을 것이기 때문이란다. 그토록 보수적인 부모님도 여전히 존재한다. 그렇지만 평균적으로는 독일에서 결혼에 대한 사회적 기대와 부담이 눈에 띄게 적어졌다. 또한 매년 더 적어지고 있다. 20~30대 친구들과 대화하면 확연히 "굳이 결혼해야 하나…. 지금처럼 계속 같이 살아도 될 것 같은데? 자식을 낳아 기르고 싶다면 자식을 위해 결혼을 할 수는 있겠지만."이라는 의견이 대다수라는 걸 금방 느낀다. 이 동거 얘기를 우리 부모님이나 친척이 듣는다면 나도 이런 '못된 생각'에 물들까 봐 엄청 걱정하실 것이 분명하다. "우리 나래는 아직 남자랑 자본 적도 없는 순진한 딸인데 동거라니!!!"이러면서 하하하. 올겨울 남자 친구를 처음으로 한국에 데려가는데 한국에서는 같은 방에서 잘 수 없다고 이야기했더니 "그래 한국 문화를 이해할게."라면서도 얼굴에 실망감이 가득하다. 독일 부모들은 우리가 각기 다른 방에서 잔다고 하면 무슨 일이냐며 걱정을 할 거라고 웃는다. 그러면서 그나마 우리는 같은 집에서 지낼 수라도 있어 다행이란다. 알고 보니 자신의 친구 중에는 6년을 사귄 중국인 여자 친구 고향에 함께 인사차 내려갔는데 같은 한 집은커녕 20km나 떨어진 게스트하우스를 예약해 주어 완전 섭섭, 짜증에 중국 여행을 다 망쳤다는 에피소드가 있었다. 귀여운 녀석….

### 독일인 로맨스 III - 독립적인 남녀, 독립적인 관계

친오빠는 요리를 꽤 잘하는 편이었다. 학창시절 엄마가 아르바이트하느라 식사를 챙겨 주지 못할 때 오빠는 집에 있을 때마다 내 끼니를 참 잘도 챙겨 주었다. 오빠 요리의 특징은 냉장고에 있는 것 없는 것을 모두 꺼내 어울리지 않는 것처럼 보이는 재료들마저 모두 합친 국적 불명 짬뽕 세트를 만들어 주는 것이었는데 보기엔 이상해도 먹으면 정말 맛있었다. 예컨대 카레를 만들면 그 위에 참치에 계란까지 최소한 이중으로 올려줬다. 계란 요리를 매번 다르게 한다고 이것저것 시도하다 세상 간편하고 맛있는 전자레인지 계란프라이까지 발명했으니 조금 더 고집했으면 제2의 김풍을 꿈꿔볼 수 있지 않았을까 상상해 본다. 그런 오빠를 두어서인지 나는 우리 세대 남자들은 다 어느 정도는 하는 줄 알았다. 스무 살 이후 남자들을 만나면서 일생에 밥 한 번 지어본 적 없는 남자가 수두룩하다는 걸 알고 놀랐다. 남자들이라고 했지만, 물론 남자들의 문제는 아니다. 나 역시 독립해서 살 때까지 요리를 거의 해 본 적이 없었다. 누가 없으면 라면이나 끓여 먹었을까…. 나서서 라면 이상의 음식이란 것을 만들어 먹은 건 친구들과 여행 갔을 때뿐이다. 집안일이라고 해 보았자 엄마를 도와 청소하고 설거지하고 쓰레기 갖다 버리는 정도였지 진짜 스스로 집안일을 책임지고 시작한 것은 가족의 울타리를 떠났을 때였다. 엄마도, 아빠도 그리고 엄마를 대신해서 요리해준 오빠도 없는 곳에서 20살이 넘어서야 모든 것을 처음 배우기 시작했다. 독일에 나와 보니 우리는 참 결혼이란 것을 할 때까지 남자고 여자고 할 줄 아는 것이 너무도 없다는 생각이 든다.

한국 젊은이들, 특히 남자들이 여태 집안일을 잘 못했던 것은 다 나와 같은 이유이다. 할 기회가 없어서, 할 이유가 없어서 그리고 누구도 뭐라 하지 않아서다. 결혼할 때까지 모든 것을 도와주는 부모와 가족의 품에서 사는 이상 솔선수범 어머니를 제쳐두고 본인이 요리, 청소, 빨래를 도맡아 할 사람 별로 없다. 결혼할 때까지 세탁기에 시작 버튼을 누르는 방법도 모르고 살다 결혼하고 나서 모든 것을 갑자기 하려면 스텝이 꼬일 수밖에, 스트레스가 두 배가 될 수밖에 없다. 그래서 배우는 과정이 재미있기보다 부담으로 다가온다. 집안일로 신혼 때 가장 많이 싸운다는 것은 독립해 본 적 없는 세대에게 너무 필연적인 결과이다. 정반대의 이유로 유럽 남자들, 특히 독일부터 북쪽으로 갈수록 남자들이 평균적으로 집안일도 잘하고 가정적이다. 독립하면서부터 본인이 스스로 집안일을 해야 하는 환경에 놓이기 때문이다. 18살, 19살부터 그런 것을 차차 하면 아무리 집안일 바보라도 기본은 익힌다. 특히 셰어하우스에 살다 보면 한국인이 결혼 후 겪는 집안일 갈등과 싸움도 미리미리 경험할 수 있어 꽤나 좋은 경험이 되기도 한다.

남자든 여자든 부엌일을 잘하는 사람이 매력적인 것은 만국공통이다. 남자 친구를 만나 처음으로 맞는 크리스마스였다. 친구 커플까지 세 커플이 모여 크리스마스 파티를 집에서 열기로 했다. 한국이었다면 대개 나가서 먹거나 집에서 여자들이 요리했을 텐데 이 파티는 시작 전부터 여자들은 아무것도 하지 말라고 으름장을 놓는다. 촛불과 꽃으로 꾸며진 테이블에 여자 셋을 앉혀 놓고 너희들은 와인 마시면서 수다 떨고 있으란다. 남자 셋이 뚝딱대더니 에피타이저에 두 가지 메인 메뉴를 내어 온다. 배가 찢어질 것 같은데 직접 구운 사과 케이크 디저트까지 준비했다. 게다가 코스마다 바뀌는 술의 종류! 그 순간에는 세 명이 다 제이미 올리버보다 멋있어 보였다. 집에서 능숙하게 요리하는 남자는 아무래도 너무 멋있다. 이날부터 무척 친해진 우리는 자주 집에서 음식을 만들어 먹었는데 우습게도 나를 제외하곤 여자 친구들보다 남자들이 훨씬 부엌일을 잘해 여자들은 늘 받아먹기만 했다. 이런 조합은 독일에서는 참 흔한 것이었지만 한국에서는 현실보다 드라마에서 더 자주 보는 것이었다.

남자 친구와 한국 드라마를 종종 같이 시청했다. 자막이 없어 그냥 나 혼자 보려고 틀어 놓은 건데 남자 친구는 한국 드라마는 등장인물들 표정과 몸짓만 봐도 무슨 이야기인지 스토리가 다 예상이 된다면서 끝까지 함께 했다.

그러다 종종 "나 지금 저 사람들이 무슨 대화하는지 알 것 같아!!!"라며 상상하는 대사를 막 읊어 줄 때면 한국어를 알아듣는 것이 아닌가 소름이 끼칠 정도로 잘 맞히는 적이 많았다. 기승전, 로맨스로 끝나는 드라마가 99%인지라 그냥 보고만 있어도 그들의 사랑이 어디로 흘러가는지 알 것 같단다. 함께 드라마를 본 시간이 꽤 되던 어느 날 남자 친구가 물었다. 왜 한국 드라마에서는 맨날 부엌에서 일하는 도우미 아주머니가 등장하는지, 왜 아버지들은 맨날 소파에 앉아 신문을 보고 있는지, 그리고 결혼 허락을 받으러 부모님 댁에 가서 무릎을 꿇는 남자나 뺨을 맞는 여자가 이렇게 많은지 말이다. 본인도 한국에 있는 우리 부모님 집에 겨울에 놀러 가면 저렇게 해야 하냐고 묻는다. 난 결혼 생각이 아직 없으니 너는 그냥 친구처럼 자연스럽게 지내면 된다고 했더니 왜 연인인데 친구처럼 지내느냐고 또 꼬치꼬치 묻는다.

독일 사람들은 부모에게서 독립하는 순간부터 자신의 로맨스도 독립시킨다. 여자 친구와 남자 친구를 사귀는 것은 당연하고 결혼할 때도 부모와 가족의 '허락'을 구하지 않는다. 그저 연인 간에 결혼을 결정하면 가족들에게 소식처럼 알린다. 진지한 관계가 아니면 부모님을 잘 소개하지 않는 한국과 달리 독일은 연인 관계일 때부터 서로의 부모님과 가족들을 자주 만나 함께 시간을 보내기 때문에 우리나라 드라마처럼 느닷없이 듣도 보도 못한 파트너를 데려와 결혼을 허락해 달라고 하는 일은 없다. 독일 부모라고 자식이 만나는 파트너가 다 좋을 리는 없다. 그러나 자식에게 "난 네 여자 친구 싫어"라고 관계 자체에 반기를 들며 직설적으로 호불호를 얘기하고, 헤어지라고 강조하는 부모는 찾아보기 어렵다. 그렇게 얘기하면 자식의 연인 관계가 망가지기보다 부모와 자식 간 관계가 망가지기 십상이라고 생각하기 때문일까? 엘리자벳이 7년을 사귀다 헤어진 남자 친구와의 이별을 가족에게 알렸을 때 어머니는 처음으로 "네 이별을 기쁘다고 하면 안 되지만 사실 네가 그 자식과 헤어져서 엄마는 너무 다행이라고 생각해."라 말했다. 엘리자벳에 따르면 엄마는 그 7년 간 스테판이 좋거나 싫다는 말을 한 번도 한 적이 없어 헤어져서 다행이라는 엄마 말을 들은 그제서야 그동안 엄마가 그 남자를 싫어했단 걸 깨달았단다. 얼마 전 남자 친구와의 결혼 소식을 알린 동료 카타리나에게 나는 축하 인사를 던지다 참 바보 같은 질문, "부모님도 남자 친구를 맘에 들어 하시냐"를 물었다. 그 바람에 시작된 대화에서 독일 동료들은 결혼 상대가 마음에 설사 안 들더라도 독일의 평범한 부모들은 다 자식이 결정한 대로 그냥 따라갈 것이라고 말했다. 본인 결혼이 아니라 자식의 결혼이고, 자식은 이미 본인들로부터 독립한 성인이니 가타부타 찬반을 할 입장이 아니라는 얘기다. 누가 봐도 망한 결혼 같아도 별 수 있나, 갔다 돌아오는 한이 있어도 결국은 본인들이 원하는 대로 일이 흘러갈 수밖에 없다.

남자 친구 부모님 댁에 놀러 가면 손 하나 까닥 못한다. 그 집은 자신의 집이고 나는 초대 받아 놀러 온 것이니 먹고 치우는 것도 하지 말라고 몇 번을 당부한다. 남자 친구 집에 부모님을 초대하면 물론 우리가 모든 일을 다 한다. 결혼을 해서 한 가족의 구성원이 되어도 우리는 다 각자의 생활과 관계를 관리하는 개별 인격체일 뿐 모든 것을 공유하고 간섭하지 않는다. 그래서 결혼을 알린 뒤에도 결혼을 진행하는 것은 당사자 연인의 몫이다. 필요한 부분은 세분화하여 친구와 가족들에게 각각 도움을 요청하면 된다. 장소 섭외부터 날짜, 파티에 초대할 사람까지 다 연인의 몫이다. 독일도 잘 사는 부잣집은 필요한 자금에 도움을 주기도 한다. 평범한 사람들은 다 자신들이 모은 돈으로 결혼을 하고 이제껏 살아온 것처럼 함께 월세를 내며 살다 대출을 받아 집을 산다. 가끔 생각한다. 한국에 복귀하면 내가 결혼이란 걸 할 수 있을까? 아무리 생각해도 나는 요즘 유행처럼 번지는 결혼 포기자, 비혼 주의자가 될 수밖에 없을 것 같다. 결혼 허락부터 결혼식까지 모든 것을 가족과 상의 하고 주변인들을 고려해야 하는 것, 그의 가족을 위해 해야 하는 며느리의 의무. 그리고 독립을 안 해본 남편이라면 그에게 집안일을 1부터 100까지 다시 가르치며 맞춰 가야 하는 그 모든 과정을 극복할 자신이 하나도 없다. 노처녀로 늙어 죽을 확률이 다분하다. 그러고 보니 한국에선 결혼할 때까지 독립을 못한다고 적었던 것을 고쳐야 할 것 같다. 우리는 결혼을 한 뒤에도 완전한 독립은 못한다고.

# 01
## 독특한 독일의 얼굴

○ ○ ○

### 예쁘지 않아도 괜찮다

팀원들과 점심을 먹는 중 한 멤버가 처음으로 본인 남자 친구 사진을 보여 주었다. 사진을 보니 너무 다정해 보이는 것이 우리가 흔히 말하는 미남은 아니지만 따뜻하고 좋은 사람이라는 인상을 받았다. 사진을 보며 이런 흐뭇한 생각을 하는 와중 나도 모르게 순간 갈등이 생겼다. 사진에 대해 무언가 평가를 해야 할 것만 같은, 남자 친구 잘생겼다며 칭찬이라도 해야 할 것 같은 정신적 압박…. 그러나 잘 생겼다는 맘에도 없는 말은 맘 깊이 꽉 부여잡고 남자 친구 진짜 좋은 사람 같다, 너를 예뻐하는 게 사진에서조차 느껴진다고 말했다. 고맙다는 대답과 함께 마무리를 짓고 다른 대화 주제로 넘어가는 순간

맘속에 '아, 내가 독일에 사는 동안 누군가에게 예쁘다, 잘 생겼다는 외모 평가를 들은 게 언제더라….' 하는 질문이 떠올랐다. 독일에 온 뒤 외모에 대한 평가나 집착 압박에서 해방되었다고 생각했는데 이날처럼 누군가의 사진을 볼 때 다시금 외모에 대해 무언가 코멘트를 해야 할 것만 같은 압박을 느끼는 거 보면 아직도 한국 정서가 어딘가에는 뼛속 깊이 남아 있나 보다.

한국에서는, 그리고 해외에 있는 한국 회사에서는 모든 상황에 외모 평가가 빠지질 않고 따라다닌다. 태어나서부터 아줌마 아저씨가 되어서까지 그놈의 외모는 가장 흔한 질문이자 대화 주제, 나아가 누군가를 설명하는 가장 중요한 특징으로 회자된다. 남자 친구가 생겼다고 하면 "남자 친구 잘생겼어?", "어떻게 생겼어?"를 가장 먼저 묻는다. 신입 사원이 뽑혔다 하면 "오 이번 신입사원 예쁜가?"를 묻고 누가 아기를 낳았다고 하면 "아기가 엄마 닮아서 예쁘겠다"라며 모든 얘기를 외모로 풀어낸다. 왜 우리는 누군가가 어떤 사람인지 묻지 않고 어떻게 생겼는지에 집착해야 하는지 안타깝다. 나조차도 한국에 사는 동안에는 그냥 그 모든 것을 당연한 것으로 받아들였고 누가 예쁘고 잘생겼는가 하는 쓸모없는 생각과 대화에 참으로 많은 에너지를 쏟아부었던 것 같다. 독일에 살기 시작하면서부터 한국의 지인들은 "독일 남자들 잘생겼다는 데 진짜야?", "독일 여자들은 예뻐?", "너 남자 친구는 키 커?", "유럽에서는 박경림 같은 스타일이 인기가 많다는 데 진짜야?" 같은 질문을 참 많이도 받았다. 참고로 미에 대한 기준은 세계 어딜 가나 비슷하다. 적어도 한국보다는 미에 대한 기준이 더 다양하고, 다양함을 조금 더 포용하는 분위기라는 것이 다를 뿐, 한국에서 못생겼는데 다른 나라에서 절세미인이 되거나 한국에서 잘생겼다고 하는데 다른 나라에서 추남이라 하는 경우는 없다.

나는 코뼈가 많이 튀어 나온 매부리코를 가지고 있어 어려서부터 항상 코 때문에 놀림을 받아왔다. 중학교 시절 별명은 코가 부리 같다고 웅부리였다. 어디 가서 코 맞고 왔냐, 앞모습은 괜찮은데 옆모습이 안습이다를 귀에 못이 박히게 들었다. 소개팅하거나 좋아하는 남자와 데이트를 할 때면 초반에는 어떻게든 코를 안 보여 주려고 옆자리보다 앞자리에 앉히려고 눈물 나는 노력을 한 적도 있다. 한 번은 학교에서 서울 대공원으로 소풍을 가 단풍 길을 걷고 있는데, 거리에 앉아 있던 점쟁이 할아버지가 코뼈 때문에 복이 다 튕겨 나가는 것 같으니 성공하고 싶으면 코를 깎으라고 원치도 않는 조언을 해 주셨다. ('웃기고 있네'라고 생각했지만 사실은 요즘도 일이 잘 안 풀리면 그 할아버지 말씀이 생각이 난다. 역시 깎을 걸 그랬나봐….) 지금도 한국에 가서 친구들을 만날 때마다 여태 코 수술 안 했냐고 핀잔을 듣는다. 대학만 가면 코 수술 바로 하려고 마음먹은 적이 있었는데, 막상 병원에 가서 검사를 받아보니 잘라도 코뼈가 또 자랄 수 있다는 무시무시한 의사의 말을 듣고 그럴 바엔 300~400만 원의 수술비 아껴 외국이나 갔다 와야겠다고 마음을 돌렸다. 외국에 와서도 한국 회사에 있는 동안에는 늘 살이 쪘느니 안 쪘느니, 피부가 좋니 안 좋니 하며 머리부터 발끝까지 내 외모에 대해 훈수를 두는 동료 직원이 꼭 한 명은 있었다.

독일에 와서는 외모에 대한 질문을 받아 본 적이 없다. 친구 중 누구도 내 남자 친구의 사진을 보고 어떻게 생겼다고 의견을 말한 사람도, 새로 들어오는 직원이 잘생겼는지 가십을 떤 적도 없다. 독일에 와서 내 콤플렉스인 매부리코가 대화의 주제가 된 적은 딱 한 번, 내가 먼저 그 이야기를 꺼냈을 때였다. 술자리에 친구들과 놀다 본인에 대해서 싫은 점, 고치고 싶은 점을 이야기하던 중이었다. 다들 성격이든 외모든 하나씩 꺼내 놓던 중 코가 싫다는 내 말에 친구들이 보여준 반응은 참 신선했다. '아~'가 아니라 '왜?' 하는 그 얼굴. 그러다 한 친구가 "너도 나처럼 비염이 심해?"라고 묻는 것이었다. 빵 터졌다. 비염이라니…. 이런 반응에 "아니 나 코뼈가 꼴 보기 싫어서"라고 하려니 왠지 스스로가 너무 한심해지는 것 같달까. 덤벙거리고, 일 처리 못하고 무지하고 이기적이고 게으르다 등 고칠 것이 너무나 많은데 하고많은 것 중 싫다고 꺼내든 게 코뼈라니 부끄러웠다. 그날 이후로 내 남자 친구는 일부러 나를 퍼핀(부리가 매부리코를 닮은 북유럽에 흔한 새)이라고 부르기 시작했다. 내 콤플렉스가 너무 바보 같아서 놀려야겠단다. 퍼핀이라고 놀리면 너도 네 코가 퍼핀처럼 귀엽다고 생각하게 될 거라나. 그리곤 어느 날 이케아 가구점을 구경하다 퍼핀 인형을 발견하곤 하나를 사와 온종일 퍼핀 부리를 쓰다듬는다. 부리가 뭐 어떻다고…라고 말이다. 이런 반응은 내가 그동안 만난 남자들이 한 번도 보여준 적이 없는 것인지라 당최 어떻게 대응해야 하는지 감이 잡히지 않았지만 마음은 참 편안해졌다.

그래서 독일에서는 예쁘게 보이려고 꾸미고 포장하는 데 욕심내지 않게 된다. 액세서리를 산 지도 굉장히 오래되었고 옷도 심플한 것, 어느 것과도 잘 어울리는 것을 사게 된다. 결혼한 중년 여성처럼 화장도 안 하고 돌아다니게 되었다. 한국에서는 동사무소를 갈 때조차 화장하던 나였는데. 남자 친구에게 들킬까 아침마다 해대던 아이라인은 포기한 지 오래. 그래서 외모에 들이는 돈이 한국보다 1/10로 줄었다. 어차피 내가 아무리 여기서 꾸며본 들, 남들은 한껏 멋 낸 중국 사람이라고 생각할 테니 투자 대비 기대할 회수 가치가 없다. 물론 역효과는 있다. 한국에 휴가를 갈 때마다 인천 공항에 발을 내려놓는 순간, '아 젠장, 나 너무 촌스럽네, 당장 내일 머리부터 하러 가야겠다. 이대로 친구들을 만나러 가면 욕만 먹겠어….'라고 생각하게 되는 것이다. 급한 변신은 늘 부족하다.

외모에 대한 집착을 내려놓고 나니 한국에 살 때 보다 마음이 훨씬 편하다. 아무도 내 외모에 대해 적어도 겉으로는 평가하지 않겠구나 하는 안도와 신뢰가 쌓여 사람들을 만날 때 전보다 더 여유가 생겼다. 동시에 다른 사람들에게도 나 역시 관대해진다. 사람이라는 게 참 신기하게도 외모에 대해 이야기를 하지 않으면 그런 생각들도 함께 무뎌지게 되고, 생각이 무뎌지면 그 기준도 흐릿해진다. 결국 그러다 보면 누군가를 만났을 때 그 사람이 어떻게 생겼는가가 아니라 그 사람이 짓고 있던 표정, 했던 말, 풍기는 느낌 등 다른 특징들에 더 집중하게 되고 그래서 더 다양한 사람들에게 관심과 호감을 느끼게 되는 것이다. 완벽한 선순환이다. 언제쯤 우리도 이 미에 대한 욕심을 내려놓고 타인과 본인 모두를 평가에서 해방할 수 있을까? 우리도 맘대로 어쩌지 못하는 이 몸뚱이와 얼굴은 언제쯤 삶을 짓누르는 수많은 압박 요소에서 자유로워질 수 있을까?

## 독일은 왜 외국 영화를 여전히 더빙할까?

한국에 있을 때 등산을 제외하고 가장 좋아한 취미 활동은 영화와 라이브 공연 보기였다. 거의 2주에 한 번은 극장을 갔을 정도로 좋아했다. 독일에서 답답함을 느끼는 이유 중 하나는 이렇게 좋아하는 문화생활을 마음껏 하지 못해서이다. 독일에서는 참 선택권이 많지 않다. 가격 부담도 한국보다 큰 편이다. 우리나라에서는 물론 대도시에 문화 혜택이 집중되어 있다는 단점이 있긴 하지만, 1,000원짜리 재즈 콘서트도 있고, 날 좋은 날 어딜 가면 시민들을 위한 무료 공연들도 있는 데다 공연 규모도 다양하여 가격이나 주제에 맞게 원하는 공연을 매일 선택하여 볼 수 있다는 장점이 있다. 독일은 기업이나 지자체 후원으로 기획되는 저렴한 문화 프로그램이 많지가 않다. '독일에는 거리의 악사들이 많지 않나요? 오스트리아 비엔나처럼….' 하며 반문하는 사람이 있을 것이다. 우리 예상처럼 그리 낭만적이지는 않다. 거리 공연으로 생계를 유지하는 사람들이 매일 같은 장소에서 똑같은 음악을 반복하여 연주하기 때문이다.

라이브 공연이 별로 없다면 그나마 쉽게 선택할 수 있는 것이 영화나 TV 관람이다. 그러나 외국인으로서 이마저도 맘껏 누릴 수 없는 이유는 독일이 여전히 모든 외화 프로그램을 더빙한다는 것이다. 아 더빙이라니!!! 물론 공중파에서 방송하는 외국 영화나 만화는 우리도 여전히 더빙한다. 그러나 적어도 극장에서 상영되는 영화만큼은 80년대를 마지막으로 자막으로 모두 대체 되었다. 자막 영화에 익숙한 세대로서 독일이 여전히 더빙을 고수한다는 것은 충격이자 실망이었다. 지금도 생각나는 것이 독일에서 한국 영화 〈마더〉를 독일어로 본 경험이다. 사랑하는 원빈과 존경하는 김혜자가 독일어를 그토록 유창하게 구사하는 모습이란…. 아주 어렸을 때 '나 홀로 집에'를 보며 금발 머리 외국 아이 케빈이 한국어를 잘한다는 것에 놀랐던 그 충격과 비슷했다. 독일어가 유창하지 않아 더빙이 싫은 것은 아니다. 그리고 놀랍게도 독일의 더빙 싱크로율은 다른 어느 나라 기술보다 좋으니 더빙 품질에 대해서도 불만은 없다. 다만 그 배우와 촬영 현장에서 나오는 감정과 소리를 그 배우로부터 온전히 전달받을 수 없고, 배우가 아닌 사람이 재해석한 음성과 감정을 입히는 그 필터링이 싫다. 완전히 다른 영화, 다른 연기를 보는 느낌이다.

더빙에 많은 시간이 소요되다 보니 영화 신작 개봉일이 한국보다 독일이 더 늦는 일이 많다. 작년에 한국 친구들이 모두 라라랜드를 보며 감탄을 자아냈을 때 나는 언제나 개봉하려나 목을 빼고 기다렸다. '독일 같은 선진국에 살면서 영화에 뒤처져야 한다니!! 역시 독일은 적어도 문화 선진국은 아니었어….'라며 자조했다. 그나마 다행인 것은 외국인 유입률이 높은 프랑크푸르트, 베를린 같은 대도시를 중심으로 최근 5~6년 사이 대형 멀티플렉스가 많이 생겼고, 그 멀티플렉스 극장에서 외국 영화 중 블록버스터급만 골라 오리지널 버전으로 상영하기 시작한 것이다. 다만 이 오리지널 버전은 자막 지원조차도 없는 날 것 그대로의 오리지널이다. 물론 이는 독일 전체에 해당하는 트렌드는 아니다. 그저 대도시에 외국인이 많아 오리지널로 상영했을 때 예상되는 수요가 다른 도시보다 높다는 이유에서 아주 한정된 상영 횟수로 제공하기 때문이다. 그렇다 보니 타깃 관객이 독일인은 아니다. 외국어를 편안히 이해할 수 있는 독일 사람이 아니라면 자막도 없는 영화를 10유로가 넘는 금액을 투자하긴 쉽지 않다. 이런 이유에서 독일에서도 더빙이 외국어에 대한 거부감을 줄이고 보다 쉽고 자연스럽게 배울 기회를 박탈하는 것이 아니냐는 비판의 목소리가 나오기도 한다. 더빙이 주류인 독일, 프랑스, 스페인 같은 나라가 자막이나 오리지널 버전이 주류인 북유럽 국가보다 영어 실력이 현저히 떨어지는 것이 비판의 근거이다.

'왜 독일에서는 더빙이 여전히 자막보다 많이 쓰일까?' 질문에 대한 역사적 배경은 대부분의 독일인도 잘 모르는 흥미로운 부분이다. 더빙이 자막보다 훨씬 비싸고 시간도 오래 걸리는데 독일처럼 합리성과 효율성을 중시하는 국가에서 더빙을 고수하는 것이 아이러니하여 역사적 배경을 찾아보았다. 그저 더빙 산업을 장려하기 위한 정부의 지원이 아니었을까 예상했는데 생각지도 못한 이유를 발견했다. 물론 이는 사실이라고 할 수는 없고 누군가의 합리적인 주장에 더 가깝지만 그 주장을 들여다보는 것만도 굉장히 흥미롭다. 독일이 1차, 2차 세계대전을 치르기 전까지만 해도 자막과 더빙의 비율에 큰 차이가 없었다. 오히려 2차 대전 전에는 자막이 더 우세한 때도 있었다. 그러다 2차 대전에서 미국이 연합국에 참전하게 되었고, 연합국에서 수

입하는 영화는 독일 내에서 모두 상영이 금지되었다. 그리고 2차 대전이 끝난 뒤 전쟁으로 인한 상처를 치유하고, 전쟁을 치른 국가들에 대한 적개심을 무디게 하는 여러 가지 방안 중 하나로 연합국에서 영화 상영과 TV 방영 같은 대중 엔터테인먼트 산업을 장려하기 시작했다. 이때 연합국은 영화나 방송이 대중에게 가장 효과적으로 메시지를 전달하고 다름 또는 차이를 편하게 수용하게끔 만드는 채널이라는 것을 알게 된다. 그리고 자막보다 더빙이 어린 아이서부터 나이 많은 노인, 식자부터 문맹인을 포함한 가장 큰 범위의 대중에게 훨씬 효과적이라는 것을 깨닫고 더빙을 자막보다 장려한 것이다. 이때부터 1949~1950년 사이 더빙 산업이 급격히 발전했다고 한다. 이 과정을 거쳐 현재까지 독일의 더빙 산업은 그 어느 나라보다 우수한 산업이 되었고 덕분에 독일인들도 더빙 프로그램에 오랜 시간 익숙해지게 되었다.

이미 발전된 산업을 사양길에 접어들 게 할 수도 없는 노릇이고, 자막을 찾는 독일인의 수요도 워낙 적은 데다 오히려 독일, 오스트리아, 스위스까지 독일어를 쓰는 국가들의 더빙 수요가 지속적으로 높으니 독일 입장에서는 이제 와서 더빙 대신 자막 산업을 장려할 이유는 없는 것 같다. 그래도 외국을 활발하게 드나드는 요즘 같은 시대에 젊은 독일인들은 자막을 선호하지 않을까? 적어도 트렌드는 자막이라는 방향으로 가고 있지 않을까? 하는 의문이 있지만 설문 조사에 따르면 여전히 독일에서는 세대를 불문하고 더빙 선호율이 자막보다 훨씬 높단다. 역시 변화를 싫어하는 독일인답구나 싶었다. 처음에 자막이 있는 영화를 볼 때 배우의 움직임에 온전히 집중하지 못하고 자막을 읽는 데 정신이 팔리는 것이 싫다는 친구들의 말을 들으면서 아, 앞으로 향후 몇 년 안에 독일에서 자막 영화를 보며 문화생활을 만끽하긴 글렀구나 하는 아쉬움이 들었다. 그 정도는 욕심부리지 않을 테니 제발 블록버스터같이 한정된 영화라도 상영 횟수를 조금만 늘려달라고 소망해 본다.

### 화장실 이야기 – 유럽에서 가장 깔끔한 공중 화장실

작은 고백을 하나 해 보자면, 나는 서양의 건식 화장실이 너무나 싫다. 바닥에 배수구가 없고 욕조와 세면대에만 있는 구조는 청결에 대한 결벽증이 있는 나에게 늘 청소에 대해 아쉬움을 안겨 준다. 여기저기 박박 닦아 물을 쫙 끼얹고 헹구어야 속이 시원한데 늘 바닥에 물이 튈까 노심초사하면서 청소 액체로 닦기만 해야 하니 속이 터질 수밖에. 특히 변기 청소는 더욱이 성에 안 찬다. 나 같은 사람이 꽤나 많은 건지 독일은 화장실 청소 액체와 도구만 청소 목적과 재질에 따라 아주 다양한 종류를 생산한다. 슈퍼에 가면 몇십 개가 넘는 청소액체들을 볼 수 있는데 화장실 청소액만도 바닥 청소액, 변기 청소액, 스텐리스 소재 청소액, 유리 청소액 등 셀 수 없이 많다. 한국에선 만능 청소액 락스 하나로 모든 걸 해결했던 것 같은데….

이런 건식 화장실은 독일 남자들을 양변기에 앉히는 데 큰 역할을 했다. 미국이나 영국 등 대부분의 서양 국가들이 모두 건식 화장실을 쓰는데도 불구하고 앉아서 소변보기가 독일 남자들에게만 보편화 되어 있다는 것은 독일인들의 위생과 청결 기준이 더 높다는 것을 반영하는 것 같다. 아무리 서서 조심해서 본다 해도 눈에는 안 보이는 그것들이 다 의자에 튀게 되어있는데 그 의자에 본인도 앉아 대변을 봐야 하므로 본인들도 서서 볼일 보기를 무척 꺼릴 수밖에 없다. 한국에서도 몇 년 전부터 남자도 앉아서 소변을 봐야 한다, 변기 커버를 올려라 내려라 등 남녀 간의 신경전이 있었다. 그래도 여전히 아주 소수일 뿐 대부분은 앉아서 소변 보는 것을 남자답지 못한 것, 부끄러운 것으로 여긴다. 그래서 우리 집에 한국 남자 친구들은 초대를 많이 못했다. 몇 번 초대했지만 때마다 내가 그렇게 부탁을 했는데도 화장실에 들어가 보면 꼭 변기 커버가 올려진 채 노란 방울들이 맺혀 있어 그 뒤로는 마음을 접어 버렸다. 뮌헨 셰어하우스에서 아프리카계 프랑스인 남자아이를 하우스메이트로 들였을 때 나머지 두 명의 독일 남자 하우스메이트들이 그 남자아이에게 변기에 앉아 소변보기를 열심히 설명했던 것이 생각난다. 그 친구가 술에 잔뜩 취해 규칙을 무시하고 서서 소변을 보았다가 다음 날 다른 하우스메이트에게 걸려 엄청 욕을 먹고 오후 내내 화장실 청소를 해야 한 적도 있었다. 내 남자 친구의 아버지는 조금 보수적이라 오랜 시간 습관을 고치지 못하고 버텨오다가 몇 년 전 작은 막내딸이 생기고 난 뒤 바로 변화했다. 독일도 한순간에 바뀐 것은 아니다. 그렇지만 독일에 오는 한국 남자라면, 특히 다른 사람 집에 초대받았다면 반드시 '앉아서 소변보기'가 기본예절임을 알고 가기를 바란다.

'화장실을 어떻게 사용하는가가 당신의 인격을 보여줍니다'라는 문구를 한국의 공중 화장실에서 본 적이 있다. 내가 어렸을 때만 해도 공중 화장실은 공포의 대상이었다. 학창 시절 내내 학교 화장실이 너무 싫어 몰래 교사용 화장실을 쓰기도 하고 집에 갈 때까지 참기도 했다. 아주 짧은 시간에 공중 화장실 위생, 청결이 개선되고 있다. 지하철역과 휴게소 화장실에서는 향기가 나기 시작했고 공원의 화장실도 예전보다 훨씬 관리가 잘 되어 가고 있다. 인천 공항의 화장실은 단연 전 세계에서 가장 깨끗하고 쾌적하다. 그렇지만 한편으로는 작은 식당, 빌라 건물에 딸린 화장실에는 여전히 손 세정제나 비누도 없고 화장실 문을 열 때마다 왠지 무언가 원치 않는 것을 마주치게 될까 긴장하게 된다. 화장실 뚜껑이 덮여 있는 곳은 그냥 돌아서기도 한다. 선뜻 용기가 나지 않는다.

여러 나라를 돌아다니고 보니 비단 공중 화장실의 위생은 한국만의 문제는 아니라는 것을 알게 되었다. 오히려 우리나라보다 프랑스나 스페인, 이탈리아 같은 유럽 나라가 훨씬 뒤처진다. 프랑스에서 여행할 때는 좋은 식당이나 호텔에 가기 전까지는 마음 놓고 물을 마시지도 못했다. 그만큼 프랑스 공중 화장실은 거의 공포에 가까운 존재였고 백화점같이 쓸 만한 곳은 화장실이 꼭꼭 숨어 있거나 동전이 꼭 필요한 경우가 많아 불편했다. 프랑스 친구들은 프랑스인 중 누구도 지하철역에 있는 화장실은 쓰지 않는다고, 화장실이 있는 역이 거의 없기도 하지만 행여나 있다면 절대 들어가지 말라고 경고했다. 스페인에 있는 클럽이나 바에 가면 여자 화장실에 변기 커버와 의자가 애초에 없는 경우도 많다. 아예 앉을 생각을 하지 말란 소리다. 새벽 2~3시가 넘어 그런 화장실에 가면 술에 잔뜩 취한 여자아이들이 두 명씩 화장실에 들어가 한 사람이 소변을 볼 동안 다른 한 친구를 붙잡고 지탱하는 것을 볼 수 있다. 술 취해 변기에 힘이 풀려 앉아 버리는 사태를 방지하기 위함이다. 우습고도 슬픈 광경이 아닐 수 없다.

독일은 그나마 유럽에서 가장 깨끗한 공중 화장실을 자랑하는 편이다. 어느 도시나 장소를 가든 평균 이상은 간다. 그리고 아무리 허름한 장소를 가도 손 비누가 준비되어 있다. 한국 백화점 화장실처럼 빛과 향기가 가득한, 심지어 앉아서 쉬었다 갈 수 있는 그런 쾌적함은 절대 기대할 수 없지만 기본적으로 관리가 잘 되어 있다. 취객이 가득한 맥주 축제의 간이 화장실을 가도 더러운 변기를 보는 일은 거의 없다. 대개 그런 곳도 팁을 받으면서 화장실을 관리하는 직원이 있다. 그리고 가장 중요한 것은 일반 사람들이 공중 화장실에 대한 기본적 에티켓을 잘 지킨다는 점이다. 예컨대 독일에서는 공중 화장실에서도 칸마다 변기 솔이 반드시 갖춰져 있고 실제로 사람들이 잘 사용한다. 화장실을 나올 때 다음 사람에게 부끄러운 사람이 되지 않기 위해서, 욕을 먹지 않기 위해서 기본적인 점검과 뒷마무리를 하고 나온다. 뮌헨 사무실에서 근무할 때 주재원 한국 직원들이 올 때마다 독일 직원들이 변기 솔 사용법을 가르쳐 줘야겠다고 불평하던 적이 있었는데 진심으로 부끄러운 순간이었다. 우리도 조금 더 다음 사람을 배려하여 한 번 더 사용한 자리를 확인하고, 나와서는 꼭 손을 세정제로 씻는 기본을 지켰으면 좋겠다. 적어도 어디 가서 한국 사람이 더럽다는 소리는 듣지 않도록.

## 투박스런 독일 음식 그리고 숨겨진 맛

그 나라의 음식은 그 나라의 국민성을 대표한다더니 딱 맞다. 다혈질에 다채롭고 꾸미기 좋아하는 한국인과 정반대로 독일은 사람만큼이나 음식도 투박스럽다. 독일에서 유명한 음식이라고 인터넷에 검색하면 나오는 것이 소시지, 슈니첼, 학센, 감자튀김이 아닌가? 그것들마저도 사실 독일 음식이 아니라 독일어권 음식이라고 해야 맞다. 오스트리아, 스위스도 다 비슷한 음식 문화를 가지고 있기 때문에 저 음식들이 세 나라 중 정확히 어디서 유래했는지 정확히 아는 사람이 없다. 감자튀김도 프랑스, 벨기에, 네덜란드까지 모두들 자기들이 원조라고 하니 독일 음식이라고 맘껏 소리도 못 질러보고 끝난다. 빵에 버터, 각종 치즈와 건조 햄 종류를 올려 먹는 찬 음식을 제외하고 독일에서 가장 흔한 가정식은 사실 전통 음식이 아니다. 대개 파스타, 샐러드 같은 이탈리아 음식을 제일 자주 먹는다. 독일 음식이 큰 고깃덩어리를 튀기거나 굽거나, 수프로 만드는 등 무겁고 다소 조리하기 귀찮은 것들이 많아 독일 음식은 대개 집에서 해 먹기보다 외식 메뉴로 더 선호하는 경향이 있다. 영국의 유명한 셰프가 텔레비전에 나와 독일 음식은 고기, 감자, 소금, 후추 딱 네 가지만 있으면 된다고 한 적이 있는데 실제로 독일은 향신료나 조미료, 소스가 발달하지 않아서 온갖 종류의 재료를 넣어 소스를 만드는 한국 음식을 보면 감탄을 금치 못한다. 사실 우리는 한국 음식은 다 빼고 마늘, 고추장, 간장, 설탕만 있으면 못할 것이 없다는 것을 알지만 독일인이 보기에 우리나라 음식은 쉽게 엄두 낼 수 없는 요리 분야다.

사정이 이러니 독일에 오는 한국 방문객들은 대개 가장 유명한 학센, 슈니첼 그리고 소시지와 맥주만 마시고 떠난다. 그렇게 며칠을 먹다 보면 내 몸이 고기인지 고기가 내 몸인지 분간이 안 갈 정도로 온몸이 묵직한 기분이 든다. 아 독일인들은 음식보다 맥주를 먼저 발명하고, 맥주에 어울리는 음식만 차차 개발해 나간 것이 아닌가 하는 의심도 든다. 독일에 2주를 머물다 간 주재원 중 한 분은 몇 날 며칠 독일 맛집을 검색해 찾아다니다 마지막엔 너무 질린 나머지 슈니첼을 시켜 놓고 집에서 가져온 케첩을 뿌려 먹었단다. 도대체 소스가 없는 튀긴 고기를 저들은 어떻게 저렇게 두세 조각을 먹느냐며 이래서 우리가 키가 작은 가보다고 나름의 논리까지 펼쳐대며 말이다. 나도 초반엔 뭘 먹어야 할지 몰라 값싼 케밥과 감자튀김을 신나게 먹어대다 금세 몸무게가 늘었다. 고기를 평소에 좋아하는 편이 아니라 몇 달 뒤부터는 또 빵만 종류별로 주야장천 먹어대다 버터를 조각 채로 투하하는 버터 브레첼에 꽂혀 또다시 몸무게가 늘었다. 생각해보니 독일은 발효 빵으로도 세계적으로 유명하지만, 그런 빵조차도 겉이 크고 딱딱한 돌멩이같이 생긴 식사용 빵이라 온 힘을 다해 우리는 투박하다고! 광고하는 것 같다.

독일 음식 중에 앞서 말한 세 가지처럼 한국인에게 유명하지는 않지만, 맛있고 고기를 좋아하지 않는 사람들도 먹을 만한 음식도 몇 가지가 있다. 특히 나처럼 탄수화물 중독자에게는 맞춤형 음식이다.

### 1. Käsespaetzle(캐제슈페즐러, 독일식 치즈버터파스타)

독일의 남부 지역에서 가장 사랑받는 음식 중 하나. 요즘에는 다른 지역에 가도 독일 식당에서 흔히 볼 수 있다. 주로 채식주의자 메뉴 아래 나와 있다. 사실 음식의 비주얼만 보면 아~무것도 없는 듯 단조로운 마카로니 같은 것이 저게 뭔가 싶어 처음엔 잘 시켜 먹지 않게 된다. 남자들을 데려가 그 음식을 주문해 나오면 고기도 안 들어간 이런 탄수화물을 왜 시켰냐고 한 소리를 듣다가도 막상 음식을 먹고 나면 맛있다고 금방 해치운다. 슈페즐러는 계란, 우유, 밀가루를 섞어 넣고 만든 반죽을 물에 삶아 만든 쫀득쫀득한 면이다. 이 면을 버터에 버무려 사이사이 양파와 에멘탈 치즈를 넣어 프라이팬에서 조리하거나 오븐에 넣어 굽고, 그 위에 튀긴 양파와 치즈를 조금 더 올려주면 끝이다. 재료는 별 것 없지만 맛이 고소하고 짭조름한데 쫄깃쫄깃거리는 식감이 더해져 한국인 입맛에 잘 맞는다. 치즈와 버터가 가득한데도 까르보나라보다 훨씬 덜 느끼하다.

### 2. Knödel mit Champignonsoße(버섯소스 크뇨들)

눈사람 할 때 만드는 눈 뭉치같이 생긴 주먹만 한 덩어리로 딱 보면 만득이 만두를 연상시킨다. 크뇨들에는 두 가지 종류가 있다. 하나는 감자 전분으로 만든 것, 또 하나는 식빵 덩어리로 만든 것이다. 재료들을 넣어 반죽을 동그랗게 만든 뒤 물에 동동 띄워 삶아 만들어 쫄깃쫄깃하다. 집에서 식빵 크뇨들을 직접 만들어 본 적이 있는데 생긴 것에 비해 일도 많고 삶아 건져 내는 작업이 오래 걸려 다신 안 하겠다고 마음먹었다. 고작 덩어리 하나 먹고 배가 부르랴 싶지만 그 한 개가 워낙 크기가 크고, 그 안에 압축된 탄수화물이 많아 소스와 함께 먹으면 금세 배가 불러온다. 독일 비어가든에서 삶은 돼지 요리를 시킬 때 종종 사이드디쉬로 함께 나온다.

### 3. Kaiserschmarn(카이저슈마른)

탄수화물의 최고봉이다. 언뜻 보면 그냥 조각 내놓은 팬케이크 같이 생겼다. 만드는 재료도 거의 비슷한데 약간의 차이라면 카이져슈마른을 만들 때 계란 흰자를 분리하여 완전히 거품을 낸 후, 이 거품을 완성된 반죽 위에 부어 섞는다는 점이다. 이렇게 하면 팬케이크보다 훨씬 부드럽고 반죽이 익으면서 부풀어 오르는 걸 볼 수 있다. 반죽에 30분 동안 럼에 재워 놓은 건포도를 함께 넣는 것이 보편적이다. 이렇게 만든 반죽이 프라이팬 위에서 다 익으면 먹기 좋게 조각을 내어 바짝 익힌 뒤 사과 소스와 함께 곁들여 먹는다. 이 음식은 등산 후 먹는 음식으로 유명하다. 특히 남부 지방에서 인기가 좋은데 그 지역에 알프스산맥을 탄 등산 코스가 가장 많기 때문이다.

Epilogue

# 나는 왜 여전히 독일에 있는가

친한 친구들은 마치 인사말처럼 매일 언제 독일을 떠날 거냐고 묻는다. 도망치듯 와버린 독일에 여전히 사는 이유를 설명하기 쉽지 않다. 한국인을 만날 때마다 이 질문이 오가는데 묻는 사람도 대답하는 사람도 참 뜸을 들이게 된다. 공부하러 온 사람 중에는 독일이 학비가 가장 저렴해서, 배우고 싶은 학문이 독일이 가장 유명해서라는 이유를 가장 많이 댔다. 유학생 중 졸업 후 끝까지 독일에 남겠다는 후배들은 거의 만나보지 못했다. 공부를 마친 뒤 한국에 돌아가겠다는 사람, 경력을 조금 쌓고 돌아가겠다는 사람, 이도 저도 잘 모르겠다는 사람이 비슷한 비율로 존재했다. 가장 특이한 건 독일이 너무 좋아서, 계속 살고 싶다는 사람은 단 한 명도 만나보지 못했다는 것이다. 독일 생활에 만족한다는 것과 독일을 좋아한다는 것은 많이 다른 것 같다. LA에 있을 때만 해도 미국, 특히 캘리포니아를 너무 사랑해서 영주권을 따고 싶다는 한인들을 많이 봤는데 독일이란 곳은 이런 관점에서 보면 참 쉽지 않은 나라라는 생각이 든다. 나는 심지어 중간에 생활을 모두 정리하고 한국에 갔다가 3개월 만에 다시 돌아왔다. 독일을 사랑하지는 않아도, 사는 데 단점보다는 장점이 조금이나마 더 많았기 때문이었다. 그동안 자세하게 적어 내려간 합리적이고 자유로운 회사 생활과 저렴한 생활비, 반면 지루함과 외로움, 외국인으로서의 고충 등을 제외한 작은 장단점으로는 사회적 압박으로부터의 자유, 쉬운 해외여행, 모이지 않는 돈과 단절되는 느낌, 한국 복귀의 어려움이 있다.

### 각종 사회적 압박으로부터의 자유

한국에서 소개팅했을 때였다. 상대 남자가 나에게 물었다. "나이가 있으니 모아둔 돈이 꽤 있으시겠네요, 얼마나 모으셨어요?"라고. 당황스러웠다. 내게 모아 놓은 돈은 숫자를 얘기하기도 창피할 정도로 바닥이었다. 나중에 듣고 보니 본인도 서른 중반을 향해 가고 있어 연애보다 결혼을 생각하고 여자를 만나고 싶다, 그리고 그 여자는 본인처럼 준비된 여자였으면 좋겠단다. 나는 언제나 그렇듯 준비가 전혀 되어 있지 않은 여자였다. 우리 사회에선 내 나이에 맞게 기대하는 것들이 다른 어느 나라보다 많은 것 같다. 열심히 잘 살고 있다고 스스로 칭찬하다가도 주변에서 들리는 말 한마디 한마디에 나도 모르게 위축이 되어 버릴 때가 많았다. 질문을 받는 그 순간에는 미꾸라지처럼 잘도 웃고 넘기다가도 혼자 남겨지면 그 질문들이 다시 되돌아와 마음을 찔렀다. 독일에서는 이런 압박이 전혀 없는 데다 누군가 가타부타 내게 이렇게 살아야 한다고 가르치는 사람도 없으니 마음이 가볍다.

### 근접 국가로 여행이 용이한 지리적 특성

독일 밖으로는 원래 계획한 것 보다는 많이 여행하지 못했다. 그래도 유럽의 한 가운데 있다 보니 마음만 먹으면 몇 시간 안에 갈 수 있는 곳이 많다는 것이 정말 큰 장점이다. 뮌헨에 거주할 때는 한두 시간이면 오스트리아와 스위스에 닿았고 에센에서는 네덜란드와, 벨기에, 프랑스를 언제든 쉽게 왕복할 수 있다. 휴가를 하루만 써도 긴 주말 동안 다른 나라를 값싸게 다녀올 수 있다는 생각만으로도 일상의 스트레스가 해소된 적이 많다.

### 세상과 단절되는 느낌

독일에 살다 보면 한국에서 일어나는 일들에 대한 정보도 잘 모르고 한국에서 뭐가 어떻게 변하고 있는지도 모른다. 출근 준비하는 동안 한국 뉴스를 시청하고 휴가를 갈 때마다 한국에 있는 책을 한가득 들고 오지만 그래도 역시 한국에 살 때보다 시사나 세상 돌아가는 일에 약해진다. 그렇다고 독일에 관해 잘 아느냐 물으면 그것도 아니다. 여전히 독일 정치와 시사에 무지하다. 독일의 정치적 역사를 잘 이해하지 못하면 현 정치도 이해하기가 어려운 편인데 별도로 그에 대해 공부하지 않으니 가끔 뉴스나 신문을 접해도 '그런 일이 있었구나' 정도만 이해한다. 누군가 한국인은 고3 때 제일 똑똑하다던

데 나는 요즘 종종 '한국에 살 때가 제일 똑똑했다'고 얘기한다. 힘들여 찾아 보지 않아도 접할 수 있는 정보의 양과 질이 높기 때문일까, 사람들과의 대화에서 얻어지는 것이 많기 때문일까, 워낙 경쟁 사회이다 보니 실제 공부를 더 많이 해서인지는 잘 모르겠다. 독일에서는 어쩐지 아무리 노력해도 이곳, 저곳에도 속하지 않는 단절된 사회에서 혼자 발버둥을 치고 있는 느낌이다.

### 벌어도 벌어도 모이지 않는 돈

참 이상하다. 어느덧 독일에서 일한 지 내년이면 5년 차에 접어드는데 통장의 잔액은 신입 사원 때와 비슷하다. 당최 생활이 나아지는 것 같지가 않다. 세금을 반을 떡 떼어 준 뒤 집세와 생활비, 각종 공과금을 내고 남는 돈을 어떻게 쪼개어 적금을 든다. 그러나 그 적금마저도 돈이 좀 모였을 때 한국에 장기 휴가를 다녀오면 그 모였던 돈이 어느덧 바닥을 친다. 비행기에 선물값, 가족들과 친구들을 만나 쓰는 돈, 독일에서 살 수 없었던 것을 한국에서 한꺼번에 쫙 사고 오면 그렇게 바람처럼 없어진다. 한국에 있었다면 염치없는 캥거루족의 일원으로 부모님 곁에 살며 집세를 고스란히 모았을 텐데 …. 상상하니 괜히 배가 아프다. 부모님께 손 벌리지 않고 사는 것만 해도 어디냐 자랑스러워할 판에 그러지 못한 것을 배 아파하다니, 나는 역시 철이 들려면 멀었다.

독일에서 더 괘씸한 것은 개미처럼 적금을 들겠다는데 잘했다고, 장하다고 이자를 얹어 주지는 못 할망정 통장 관리비를 매달 빼 간다는 것이었다. 이자 따위는 개나 줘버려-라는 듯이 미소 짓는 수수료에 괜히 짜증이나 이럴 거면 금고를 사서 돈을 저장하는 게 낫겠다 싶은 맘도 들었다. 게다가 스페인에서 유학하던 시절만 해도 1유로가 1,900원에 육박하더니 독일에서 일하기 시작한 이후로는 당최 1,300원을 넘질 못하니, 외화벌이도 제대로 못하는 불쌍한 외노자가 된 것 같다. 2015년, 2016년은 환전 수수료를 제하면 과장 조금 보태 유로 대 원화가 거의 1:1로 맞바꿈이 되었다. 그러니 힘들게 1,000유로를 모아 가져와도 100만 원 값어치밖에 못하는 상황이 된 것이다. 쓸모없는 신방과를 전공해서 독일 대기업까지 왔으니 그래 내가 이 정도 했으면 열심히 잘 산 거 아닌가, 이 정도면 조금은 자랑스럽지 않은가 싶다가도 가끔 몇 천만 원을 모았다는 친구들 얘기를 들으면 나는 무슨 부귀영화를 누려보겠다고 독일에 와 세금만 미친 듯 내며 독일 사람들 좋은 일만 하고 있나 울화통이 터진다. 독일 초콜릿을 있는 대로 입에 처넣으며 나는 부모님께 손 벌리지 않고, 내 의식주를 내가 해결하며 빚이 없는 것만 해도 괜찮다고 억지로 위로해 본다.

## 한국 복귀의 어려움

독일에 체류하는 기간이 길수록 한국에 복귀 또한 어려워진다. 독일에서 쌓은 경력으로 한국에 돌아가기가 생각보다 쉽지 않기 때문이다. 한국과 독일의 일, 기업 문화, 직급 체계가 모두 다르다 보니 그렇다. 작년 한국에 복귀하려고 했을 때 가장 고민했던 것도 이 부분이었다. 우선 독일에서 받은 연봉을 기준으로 한국 연봉을 책정하기가 쉽지 않다. 세전으로 책정하면 독일 연봉이 한국보다 월등히 높고 세후로 측정하는 건 일반적 기준에 어긋난다. 그렇다고 유로로 받던 연봉에 환율을 곱해 그것보다 많이 받겠다고 할 수도 없는 노릇이다. 한국의 평균 임금 수준을 고려하여 조정할 수밖에 없다. 특정 직급이 없이 근무하다 한국 회사로 돌아가려면 직급을 달아야 하는 데 회사 입장에서는 어떤 직급을 주면 좋을지 고민이 된다. 그리고 무엇보다 독일에서 편하게 일하신 분이 빡센 한국 회사에서 다시 일할 수 있겠냐는 의심을 받는다. 조금 힘들어지면 다시 해외로 나가고 싶지 않겠냐는 합리적 의심이다. 이래저래 후퇴하는 느낌이 든다.

좋은 직장과 따뜻한 친구, 아낌없이 사랑을 베푸는 연인이 있는데도 돌아서면 마음이 한없이 허해지는 것은 가족에 대한 미안함과 그리움이 가장 크다. 독일 삶이 아무리 만족스럽다 한들 지금 내가 누리고 있는 이 모든 것들이 내가 인생에서 가장 중요하다고 생각하는 가치, 가족을 희생시켜야 할 만큼 가치 있는 것일까? 그동안 내가 하고 싶었던 모험을 충분히 했다면 이제는 나이 들고 약한 부모님에게 보답할 때가 아닐까? 엄마와 아빠가 조금이라도 더 건강할 때 함께 많은 시간을 보내며 추억을 쌓아야 하는 것이 아닐까? 거의 10년 내내 가족을 지켜달라는 부담을 하나밖에 없는 오빠에게 다 던져버리고 이기적으로 살아왔으니 이제는 오빠에게도 내가 기댈 수 있는 동생이 되어야 하는 것은 아닐까? 이런 질문이 꼬리를 물기 시작하면 가족에 대한 미안함과 행여 무슨 일이 생겨 보답할 기회를 얻지 못하면 어쩌나 하는 두려움에 휩싸인다. 한 해 한 해 나이가 늘수록 한국 복귀 여부와 복귀 시점에 대한 고민이 깊어지는 가장 큰 이유이다.

게다가 외국인, 그중에서도 소수인 한국인으로 독일에서 평생 사는 것은 또 어떤가. 뼛속까지 한국인인 내가 독일에서 10년, 20년 행복하게 살 수 있을까 자문해보면 성이든 행복이든 또 그냥 지금처럼 우주의 먼지마냥 평범하게 사는 것이든 종착역은 한국이면 조금 더 좋겠다는 생각도 가끔 든다. 오랜 여정 끝에 하고 싶은 일은 한국에서 더 빛을 발할 수 있는 일이기 때문이다. 결국 1장에서 말했듯 끊임없이 스스로에게 던져야하는 질문은 독일이나 한국같은 장소에 있는 것이 아니라 '무엇'을 할 것인가이다. 그래서 독일 취업 이민을 준비하는 사람들이 독일에서 누리고자 하는 삶이 의미하는 장점과 단점이 무엇인지, 그리고 그 장점이 한국에 버리고 와야 할, 수많은 것들을 대신 할 만큼 본인에게 가치 있는 것인지 다시금 진지하게 고민해 보았으면 좋겠다.

Ich arbeite in Deutschland